图3-16 双色餐巾折花

图3-15 鲜花装饰餐巾折花

图3-19 中式国宴花坛

图3-20 西式“圣诞之夜”宴会花台

图3—17 高杆型节日庆典宴会花台

图3—18 中式婚宴花台

图4—1 竹签形菜单

图4—2 皇帝圣旨形菜单

图 4–3 烟花炮竹形

图 4–4 扇形菜单

图10—1桂林山水宴

图10-2 商务宴会

图10-3 学士宴

图10—4 壮乡迎宾宴

图10–5 茶宴

图10–6 万寿无疆宴

图10-7 万寿无疆宴

图10–8 平安祝福宴

主题宴会设计

高级酒店服务与管理专业主干课系列教材

主　编：刘澜江　郑月红
副主编：杨新乐　肖　丽
参　编：赵新民

中国商业出版社

图书在版编目(CIP)数据

主题宴会设计/刘澜江，郑月红主编.—北京：中国商业出版社，2005.9(2023.3 重印)

(21 世纪高级酒店服务与管理系列教材)

ISBN 978－7－5044－5280－1

Ⅰ.主…　Ⅱ.①刘…②郑…　Ⅲ.宴会－设计－教材　Ⅳ.TS972.32

中国版本图书馆 CIP 数据核字(2005)第 088918 号

责任编辑:刘树林

中国商业出版社出版发行

010－63180647　www.c－cbook.com

(100053　北京广安门内报国寺 1 号)

新华书店经销

北京军迪印刷有限责任公司印刷

787 毫米×1092 毫米　16 开　13.5 印张　12 页彩插　220 千字

2005 年 9 月第 1 版　2023 年 3 月第 3 次印刷

定价:48.00 元

*　*

(如有印装质量问题可更换)

编 写 说 明

科学化是21世纪高级酒店服务与管理的主流，这就要求各类酒店企业必须拥有一批掌握高新技术和具备高级管理能力的酒店类专业人才。为促进和推动服务与管理，适应酒店专业教学发展需要，我们受全国职业培训教学工作指导委员会商贸专业委员会的委托，组织编写了这套高级酒店服务与管理专业系列教材，计11本。分别由中国商业出版社和中国物资出版社出版。

本系列教材根据部颁教学计划的要求，将重点放在学科体系、内容体系、结构体系创新上，既有简明易懂的理论知识，又侧重强化知识应用和可操作性，具有一定的科学性、新颖性、实用性和示范性。

本书作为高级酒店服务与管理专业系列教材，对主题宴会的基本概念、宴会部组织机构设计、主题宴会台面设计、主题宴会菜单设计、主题宴会服务设计、主题宴会环境设计与气氛营造、主题宴会酒水设计、宴会成本核算与控制、主题宴会营销、典型主题宴会餐台设计实例等内容作了详实介绍，是培养酒店服务与管理专业复合性、实用性人才的必修课教材。

本书由广西桂林旅游高等专科学校刘澜江、郑月红任主编，江苏省(常州)轻工职业技术学院周丽、西安商贸旅游学院杨新乐、广西桂林榕湖饭店肖丽任副主编，西安商贸旅游学院赵新民参编，桂林艾登莱茵广告公司邓霆、广西南宁饭店颜永强负责图片拍摄，刘澜江负责总纂，广西烹饪协会会长姜振杰、尚岩为本书总顾问。

本书编写过程中，参阅了大量的专著和书籍，在此对被参考和借鉴书刊、资料的作者深表谢意。同时本书在编写过程中得到了全国商业职业教育教学指导委员会副主任康书民、湖南省商业职业技术学院、广西桂林烹饪旅游高级技术学校等院校领导和老师的热情帮助和大力支持，在此一并致谢。

由于编写时间仓促，本书疏漏之处在所难免，我们企盼在今后的教学实践中，能有所改进和提高。恳请读者不吝赐教，以便进一步修订，使之日臻完善。

高级酒店服务与管理专业教材编委会

2023年3月

目　录

第一章　主题宴会概述 ………………………………………………… (1)
第一节　主题宴会特征与作用 ………………………………………… (1)
第二节　主题宴会的起源与历史沿革 ………………………………… (4)
第三节　现代主题宴会的种类 ………………………………………… (8)
第四节　主题宴会发展趋势 …………………………………………… (12)

第二章　宴会部组织机构设计 …………………………………………… (18)
第一节　宴会部组织机构设计 ………………………………………… (18)
第二节　宴会部工作人员素质要求和岗位职责 ……………………… (22)

第三章　主题宴会台面设计 ……………………………………………… (33)
第一节　主题宴会台面设计基本要求与方法 ………………………… (33)
第二节　主题宴会台形设计 …………………………………………… (38)
第三节　主题宴会摆台基本技法 ……………………………………… (43)
第四节　主题宴会餐巾折花设计 ……………………………………… (51)
第五节　主题宴会花台设计 …………………………………………… (55)

第四章　主题宴会菜单设计 ……………………………………………… (63)
第一节　主题宴会菜单的种类与作用 ………………………………… (63)
第二节　主题宴会菜单的设计原则与设计方法 ……………………… (67)
第三节　主题宴会菜单实例 …………………………………………… (75)

第五章　主题宴会服务设计 ……………………………………………… (90)
第一节　主题宴会服务设计的作用与原则 …………………………… (90)
第二节　主题宴会服务基本程序 ……………………………………… (92)
第三节　主题宴会服务设计 …………………………………………… (107)

第六章　主题宴会环境设计 ……………………………………………… (123)
第一节　主题宴会环境设计的作用与原则 …………………………… (123)
第二节　主题宴会环境设计的内容与方法 …………………………… (125)

第七章　主题宴会酒水设计 ……………………………………………… (136)

第一节　主题宴会酒水设计的作用与原则 …………………（136）
第二节　宴会常用酒水与服务 …………………………………（139）
第三节　主题宴会酒水设计 ……………………………………（143）

第八章　宴会成本核算与控制 ………………………………（155）
第一节　宴会成本的控制 ………………………………………（155）
第二节　宴会菜单定价 …………………………………………（162）
第三节　宴会成本核算 …………………………………………（167）

第九章　主题宴会营销 ………………………………………（180）
第一节　主题宴会营销策略 ……………………………………（180）
第二节　主题宴会促销 …………………………………………（184）

第十章　典型主题宴会餐台设计实例 ………………………（200）

参考书目 ………………………………………………………（206）

第一章　主题宴会概述

● **本章提要**

随着社会的不断发展和进步，主题宴会已超过单纯的风俗礼仪概念而成为一种新的文化产业现象，对其进行系统的研究，不仅具有积极的理论意义，而且对于指导餐饮企业及其他饮食服务机构进行宴会设计与管理亦具有现实的参考价值。在本章中，我们将对主题宴会特征与作用、起源与历史沿革、类型与发展趋势做简单介绍。

● **学习目标**

1. 主题宴会的概念。
2. 主题宴会的特征与作用。
3. 主题宴会起源与历史沿革。
4. 主题宴会的类型。

第一节　主题宴会特征与作用

主题宴会在现代宴会中的比例越来越突出。主题宴会是普通宴会的更高层次，它与普通宴会相比具有自己的特征与作用。下面首先对主题宴会的概念、特征和作用进行简单的介绍。

一、主题宴会的概念

宴会通常被人们称为“筵席”或“宴席”，除此之外，还有“筵宴”、“酒席”、“酒宴”等不同的称谓，具体含义是指人们为了某种社交目的，以一定规格的酒菜食品和礼仪来款待客人的聚餐方式。

主题宴会是通过一系列围绕一个或多个历史文化或其他主题为吸引标志，向顾客提供宴会所需的菜肴、基本场所和服务礼仪的宴请方式。它的最大特点是赋予宴会以某种主题，围绕既定的主题来营造经营气氛，宴会的菜品、服务、色彩、灯光、摆台、装饰以及活动都为主题服务，使主题成为顾客容易识别的特征和产生消费行为的刺激物。

宴会一词是由筵席发展而来的，只是叫法不同而已，古人席地而坐，筵和席都是铺在地上的坐具。《周礼·春官·司几筵》中记载：“凡敷席之法，初在地者一重即谓之筵，重在上者即谓之席。”《礼记·乐记》中记载：“铺筵席，陈尊俎，列笾豆。”清代《清稗类钞》说：“古人席地而坐，食品咸置之筵间，后人固有筵席之称。”由此可以看出，不论是筵席还是宴会，都是借助于餐饮而进行的一种聚会形式，只是聚会的目的各有不同而已，也就是说，宴会的主题性质不同，宴会活动的表现形式也有所不同。

二、主题宴会的特征与作用

(一)主题宴会的特征

主题宴会是指具有一定规格的、一定档次的、一定目的的款待客人的聚餐方式。它除了提供一般餐饮产品外，往往还有“致祝酒辞”、“歌舞助兴”、“音乐伴餐”、“礼仪安排”等诸多服务内容。主题宴会具有以下典型特征：

1. 群聚性

主题宴会是众人聚餐的一种群聚性餐饮消费方式。在宴会上，不同身份、不同地位的消费者在同一时间、同一地点，享用同样的菜点酒水，接受同样的服务，呈现出典型的欢聚一堂、聚集会餐的热闹氛围。

2. 社交性

不同的宴会有不同的目的和主题，或为庆贺特殊节日、或为贵宾接风洗尘、或为庆贺人生大事、或为祝贺大楼落成等，大到国家政府的国宴，小到民间举办的家宴都是如此。无论何种目的或主题，都离不开社交这一基本点。因此，人们把宴会称之为是“电话、书信之外的重要工具”。在宴会上，人们相聚在一起，品味佳肴的同时，叙亲情友情，谈公事私事，它既是一种礼尚往来的表现形式，也是人们增加了解、加深印象、改善关系、促进业务、增进友谊的重要手段。

3. 规格化

不管是何种类型的主题宴会，规范化、专业化的服务是不可或缺的。主题宴会不同于日常便饭、大众快餐、零餐点菜，它比较讲究进餐环境、菜肴组合以及服务礼仪。主题宴会在菜肴组合上均按一定的比例和质量要求，合理搭配、分类配合，整桌席面上的菜点，在色泽、味型、质地、形状、营养以及盛装餐具方面，力求丰富多彩，并因人、因事、因宴会主题及档次科学设定。在主题宴会接待礼仪和服务程序上，各个酒店都有自成一体的、严格的规范要求。同时，根据宴会的等级和主题，对宴会环境进行合理布局，对宴会台面进行巧妙摆设，力图使宴会环境、宴会台面、宴会菜品等与宴会主题相吻合，达到和谐统一，给人以美的享受。

4. 主题鲜明性

主题宴会并不是盲目举办的，它的最大特点是赋予宴会以鲜明的主题，并围绕既定的主题来营造经营气氛，选择菜肴风味、举办场所、灯光音乐、台面造型、服务方式的表现形式和就餐环境的装饰布置等等。如本章课后案例中的“红楼宴”就不管是环境设计还是菜肴设计以及服务安排，整个宴会都给人以浓厚的文化氛围，令人仿佛回到了曹雪芹笔下所描写的红楼梦中。从红楼宴的成功可以看出，可以选择的主题宴会的题材是广泛的，可以是红楼宴，也可以是水浒宴或西游宴，还可以是节日团圆宴或庆功宴等等，不论是何种主题宴会，宴会活动的开展必须围绕宴会的主题来营造气氛。

5. 丰厚性

主题宴会的高档次，高要求，必然带来高消费、高收益的特征。一般而言，主题宴会的毛利率往往远远高于普通宴会，它是饭店餐饮业务中平均每位客人消费额最高的业务之一。经营成功的饭店，丰厚的主题宴会收入及利润往往成为餐饮的主要经营效益。如杭州某酒店曾推出的18万元的“仿清满汉全席”大宴可谓中国饮食文化的经典之作，并因其豪华的“天价”而成为当年杭州餐饮界的一大新闻。这家酒店承办这次“满汉全席”高档宴会既达到了树企业形象、打品牌的目的，又获取了丰厚的利润。

(二)主题宴会的作用

1. 满足消费者需求，提供饮食和精神方面的享受

对现代社会来说，人们都希望在有可能的情况下，远离厨房，换一种方式生活，而不同类型的主题宴饮形式恰好满足了消费者的需求。新的餐饮经营理念和经营方式为消费者提供了各种类型的消费环境和消费品种，在品尝美味佳肴的同时，客人得到的还有精神上的放松与满足。

2. 满足人们社交的需要

政治、经济、文化、艺术、民族等各方面交往的需要必须借助于一定的形式进行，而宴会作为一种高级的聚餐形式，也是一种很好的社交形式。在其乐融融的就餐环境中，宾主双方娓娓而谈，主题宴会成了一座友谊的桥梁和传递信息的媒介。

3. 体现饭店服务和管理水平的一个重要标志

主题宴会是一种高规格的聚餐形式，与普通餐饮形式相比，从形式和内容上来说都更为复杂，因而宴会的组织、设计、服务、管理水平的高低是体现一个饭店经营水平的直接体现。精心的设计、严密的组织、优质的服务是宴会成功的关键，更是饭店在管理和服务水平上的展示。人们在选择酒店举办主题宴会的同时，都会综合考虑不同酒店在宴会经营方面的实力和特色，尽量选择具有丰富经营经验和特色的酒店，以保证宴会举办的圆满成功。

4. 主题宴会收入是酒店收入的重要组成部分

主题宴会是整个餐饮部门中盈利性质最高的服务项目，尤其是对一些档次高、规模大、知名度高的酒店，宴会的盈利性更为可观。因此很多酒店都非常重视对主题宴会产品的开发和设计及宣传销售工作，旨在通过举办宴会获得更多的经济收益。

5. 对于酒店人才的培养以及产品、服务的创新具有一定的推动作用

主题宴会服务的系统性、规范性和灵活性对工作人员提出了更高的要求，每一次主题宴会服务工作的开展都是一次技能的提高、经验的积累，可以使宴会的服务和管理人员不断地提高自我，挑战自我。同时，不同主题的宴会在菜式品种、环境、服务上的要求不尽相同，因而宴会工作人员只有针对客人的需求，不断地进行调整和创新才能赢得客人的认可和满意。如上海浦东的一家五星级酒店根据市场需要专门成立了婚宴服务部，为年轻朋友策划美伦美奂的婚宴运动，另外，还在酒店的一角特辟“婚礼展示厅”。在这个展示厅里有蛋糕装饰、婚礼服饰、鲜花摆设、场景布置等各种婚宴用品和陈设；婚宴服务部还不定期地举办婚宴展示会和爱情相约联谊会等营销活动，营销活动有喜气洋洋的中式婚礼和浪漫典雅的西式婚礼仪式，婚纱摄影展，美容美发表演，花艺茶艺演示，调酒技艺表演，婚礼场景布置艺术展示，精美台面展示等，酒店通过服务人员的精湛技艺和充满甜蜜味道的活动吸引着广大年轻朋友趋之若鹜，使得婚宴的生意越来越红火。酒店婚宴服务部的“人性化”服务和强劲营销攻势一方面赢得客人的认可和满意，另一方面对于酒店人才的培养和产品、服务的创新具有一定的推动作用。

第二节　主题宴会的起源与历史沿革

主题宴会的产生、发展和不断完善是一个漫长而持久的历史过程。经过世代的继承和创新，形成了今天这样丰富多彩的古今中外各式名宴。随着社会经济的发展，还会更加丰富和完善。本节就主题宴会的产生与发展作简单介绍。

一、主题宴会的起源

宴会最早起源于原始社会末期和奴隶社会初期祭祀、礼俗等活动。生产力水平的低下，使人们当时无法理解一些自然现象和社会现象的发生，只能唯心地理解为上天或祖宗的灵魂、意图所致，于是就产生了对天地神灵、祖宗的各种祭祀活动。在祭祀时，为了表示对祭祀者的尊重，要摆放各种祭品和祀器，最为隆重的是牛、羊、猪三种牲畜组成的“太牢”，其次是羊和猪组成的“少牢”。祭祀完毕，若是国祭，君王就将祭品分赐于大臣；若是家祭、祖祭，亲朋好友即围坐一处，分享祭品，于是祭品就转化为席上的菜品，各种盛装用的礼器转化为餐具，显示出宴会的初期雏形。今天，这种祭祀形式在很多地方甚至家庭中仍然存在，尤其是在年节时分，人们用各种酒肉以祭祀祖宗，祭祀完毕之后家人再享用。

二、主题宴会的历史演变

(一)先秦时期

先秦时期，宴会逐渐成为上层社会统治者享乐的一种生活方式，有各种不同类型的宴会形式，而下层社会只有婚宴、寿宴和年节时分祭祀祖先的祭祀宴等等。

《诗经》是我国最早的一部诗歌总集，其中就有许多关于宴会场面的描写。如《大雅·韩奕》中写道："韩侯出祖，出宿于屠。显父饯之，清酒百壶。其肴维何，炰鳖鲜鱼。其蔌为何，维笋及蒲……"从中，我们已经可以看出当时宴会的一些格局了。《周礼》是儒家的经典之一，在其中的某些章节记述了周王室的饮宴制度、宫廷名馔等，如《周礼·天官·膳夫》中所言："凡王之馈，食用六谷，膳用六牲，饮用六清，羞用百有二十品，珍用八珍，酱用百有二十罋。王日一举，鼎十有二，物皆有俎，以乐侑食。"从这段文字中，我们可以看出，当时王室的饮宴制度已经十分讲究，而且进食还要有乐队伴奏，以调和气氛，增强食欲，相当于今天的宴会的气氛营造了，说明古人对宴会已具有审美的要求了。作为儒家经典之一的《仪礼》中也有许多关于宴饮的记述，如《乡饮酒礼》中记载的是古代基层行政组织定期举行的以敬老为中心的酒会形式，其主题在于尊长和养老；《燕礼》记载的是诸侯及大臣举行酒会的详细礼节；《公食大夫礼》记载的是国君举行宴会招待外国大臣的礼节等。虽说《仪礼》是从"礼"的角度来记载当时的宴饮情况，但说明对于不同性质的宴会而言，都有一个明确的主题及要求，从而达到某种宴饮的目的。除此之外，《礼记》作为先秦时期各种礼仪论著的选集，也详细介绍了许多古代宴饮的礼节和饮食卫生要求，如"凡进食之礼，左肴右胾；共食不饱，共饭不泽手；勿抟饭，勿放碗，勿流歠"等等。上述有关文字的记载都从不同方面展示了我国社会早期宴会的一些形式和要求。

(二)秦汉魏晋南北朝时期

这一时期，中国古代宴会不断向前发展，出现了各种不同名目的主题宴会，如帝王登基宴、封赏功臣宴、省亲敬祖宴、游猎宴、登高宴、团年宴及民间的婚宴、寿宴、素食宴等，宴会的目的性非常明确，如左思的《蜀都赋》中写道："若其旧俗，终冬始春，吉日良辰，置酒高堂，以御嘉宾。金罍中坐，肴槅四陈。觞以清醥，鲜以紫鳞。羽爵执竞，丝竹乃"等，描述了当时主题宴会举办的目的和场面及气氛的营造。

(三)隋唐五代和宋元时期

这一时期是中国宴会发展的重要时期，尤其是盛唐时期，经济的强盛使得饮食业的发展更为迅速，宴会中所用的各种器物较以前相比更为进步，菜食酒水更为讲究，宴会的名目更加繁多，宴会的情调和气氛性更强。如唐中宗时，宫廷中有一种制度，即大臣拜官后照例要献食天子，名叫"烧尾"。韦巨源在公元780年"尚迁书左仆射"，故举办了"烧尾宴"。"烧尾宴”食单中记载的菜点有58种，品种非常丰富，而且此类菜点的命名都非常讲究。同时，这一时期还有许多具有情趣性的主题宴会，如村宴、乡宴、家宴、船宴等，都以其别致的情趣取名。

宋时有许多规模巨大的主题宴会，如西湖游宴、宋皇寿宴等，宴会的铺设华丽，人数众多，菜点丰盛，席间有歌舞等娱乐节目助兴。还如南宋周密在《武林旧事》中的记载，宋高宗赵构驾幸河郡王张俊府，张俊以盛宴接待，名曰“御宴”，宴会中有海陆珍肴佳馔、各式蜜饯点心、时令鲜果二十盘等，而且烹调方法颇为讲究，讲究食品菜肴的造型，令人叹为观止。陆游在《老学庵笔记》中曾记载过“集英殿宴金国人使”的宴会情景，书中写道:“集英殿宴金国人使，九盏:第一肉咸豉，第二爆肉双下角子，第三莲花肉油饼骨头，第四白肉胡饼等，看食:髓饼、白胡饼等”，食单中体现了当时国宴的规格和内容形式，并且针对金国人的饮食习惯，所选的菜肴、点心都充分考虑了这一特点，宴会设计中已有一定的“客人主导意识”。

(四)明清时期

古代宴会发展至明清时期，已日趋成熟并达到顶峰。餐桌、餐椅、餐具的使用更为讲究。明朝时有了八仙桌，在安排席位方面更为合理，有八人桌、十人桌等，而清朝时圆桌的出现更是体现了中式宴会“团团圆圆”的寓意;餐具有金、银、玉、瓷等不同的质地，而且制作精良，式样美观，应了清袁枚的观点“美食不如美器”。这一时期，宴会的设计更加注重主题的突出，在菜肴的命名、台面的装饰布置和其他细节设计方面都紧紧围绕宴会的主题进行，而且明清人非常讲究宴会的环境、氛围，对内外环境的布置、设计要求很独特。宴会可根据季节不同设在不同的地方，如春在花榭，边饮边食边欣赏春日的美好景色;夏天可选在林中开宴，环境凉爽怡人;秋天可在楼台亭阁设席，秋高气爽，美不胜收;冬日温室中其乐融融，而无严寒之苦，宾客可开怀畅饮。在清顾禄所撰的《桐桥倚棹录》中有关于对“餐船”聚会宴请的记载，颇有特色，“艄舫有灶，酒茗肴馔，任客所指。船之大者可容三席，小者亦可容两席。凡治具招携，必先期折柬，上书水窗候光，舟泊某处，舟子某人。相沿成俗，入夜羊灯照春，凫壶劝客，行令猜枚，欢笑之声达于两岸。迨至酒阑人散，剩有一堤烟月而已”，可以看出古人已不满足于在白天茶楼酒馆的宴请，月光之夜邀亲朋好友泛舟于江上，猜拳行令，通宵达旦，食已成为一种形式，更侧重于的是寄情于山水之间的美好意境了。古人在宴会的选址方面巧妙地借用了天时、地利的思想，与今人在宴会选址方面的某些思想是不谋而合的。

明清时期宴会的发展到达顶峰，从满汉全席中可窥一斑。满汉全席创制于清宫饮膳，由清朝满、汉两族菜组成，通常以燕窝、鱼翅、烧猪、烤鸭四大名菜领衔，汇集四方名菜珍品而成，菜点达108种之多。满汉全席的菜点味道精美，色形俱佳、意境奇美，当时在上流社会盛极一时，以互请为荣。除此之外，还出现了各种全席，如全羊席、全鱼席等，可见宴会的发展已经形成了多元化的趋势。

民国时期，宴会有“去繁就简”的趋势，满汉全席因不合时尚，逐渐消失，取而代之的有燕翅席、海参席等。

新中国成立后，宴会在改革创新方面有了较大的发展，各地都结合自身在餐饮方面的优势，研制出一些具有特色的主题宴会形式，如江苏的“红楼宴”、西安的“饺子宴”、广东的“荔枝宴”、浙江的“西湖十景宴”等，极大地丰富和发展了宴会的主题和内容。

三、历代著名主题宴会

（一）周代八珍宴——最早的宫廷宴会

这是我国迄今发现最早的宫廷宴会。八珍宴由六菜二饭组成，专供周代天子食用。所谓的“八珍”是指：“淳熬、淳母、炮、捣珍、渍、熬、糁和肝”。八珍宴的出现，说明了我国当时烹饪技艺的精美性，并对后代产生了重要影响；而且，当时天子就餐时已经非常讲究宴会的气氛和情调，还有乐队的伴奏，以促食欲。八珍宴反映了当时奴隶社会统治者的饮食风气。

（二）战国时期的楚宫盛宴

反映了两千多年前长江流域楚宫宴饮的场面。楚宫盛宴从菜肴的选料上来说非常精细，制作方法多样，菜与点的组合比较合理，对后代宴会的发展起到了一定的奠基作用。

（三）唐代的烧尾宴

盛行于唐中宗时期，专指士子登科或官位升迁而举行的宴会，是中国欢庆宴的典型代表。“烧尾宴”食单中记载的菜点有58种，品种非常丰富，而且此类菜点的命名都非常讲究。

（四）洛阳水席

洛阳水席与洛阳牡丹、龙门石窟并称为“洛阳三绝”，有“天下第一席”之称，距今已有一千多年的历史。洛阳水席的产生与当地的地理气候有很大的关系。洛阳四面环山，地少而干燥，古时天气异常寒冷，因此民间惯用汤类，并加酸辣以抵御严寒，当地人习惯用本地出产的淀粉、山药、萝卜等制作汤水宴席。由于此宴席的上菜方式是吃一道换一道，如行云流水一般，故名“洛阳水席”，共计24道菜，冷热、荤素、甜咸、酸辣皆而有之。

（五）宋皇寿宴

以为宋皇祝寿为主题的宴会形式。将歌舞、奏乐、杂剧、饮酒等环节穿插于寿宴的进行过程中，充分展示了寿宴的欢乐、祥和之美。比如，寿宴以九杯奢寿酒为主线展开，每杯酒都配以不同的节目，或歌或舞，杂技、足球、摔跤等不一而足。

（六）张俊供奉宋高宗御宴

据南宋周密在《武林旧事》记载，宋高宗赵构驾幸河郡王张俊府，张俊以盛宴接待，名曰“御宴”，宴会中有海陆珍肴佳馔、各式蜜饯点心、时令鲜果20盘等，而且烹调方法颇为讲究，特别讲究食品菜肴的造型，令人叹为观止。

(七)元大都赏花宴

元大都贵族以赏花为主题的宴会。宴会进行中，可边欣赏鲜花美景，边品尝美味佳肴，而且还有音乐弹唱和杂技表演。从中可以看出古人已非常讲究宴饮的氛围，注重宴会的选址，寄情于景，达到怡情美食的双重目的。

(八)清千叟宴

千叟宴盛行于清朝，是清宫中规模最大，与宴者最多的盛大御宴。

乾隆五十年(1785 年)农历正月初六，为庆祝乾隆登基 50 年而设，御宴设在紫禁城皇宫内，请来三品以上的“古稀”大臣及陪宴老人约 2000 人；乾隆六十一年(即嘉庆元年，1796 年)正月，请大臣、三品以上官员、古稀老臣近 3000 人在皇宫内举办御宴，即席赋诗三千余首。后人称千叟宴是“恩隆礼洽，为万古未有之举”。

(九)满汉全席

这是中国古代宴会发展的巅峰之作。满汉全席是满汉两族风味肴馔兼用的盛大宴会，宴会的规模宏大，程式复杂，菜肴多达上百种，汇四方异馔和各民族珍品，是中国古代宴会发展的顶峰。

(十)孔府宴

孔府是孔子及其子孙后代居住和生活的地方。由于孔子在中国历史文化中所处的特殊位置，其家族也具有极高的政治、经济、文化地位。孔府举办过各种不同类型的宴会，集中国宴会之大成，兼具了等级森严、礼仪庄重、品类繁多、款式高贵、技艺精湛、用料考究等典型的贵族气派和私家风格。

历史上还有一些著名宴会，如“曲江宴”(唐)、“鸿门宴”(汉)、“凌虚宴”(北齐)、“临光宴”(唐)、“灯宴”(唐)、“红云宴”(五代)等。

第三节　现代主题宴会的种类

主题宴会的名目繁多，种类纷呈，按照不同的划分标准，可以将宴会划分为不同的类型。

一、按照主题宴会的菜式划分

(一)中式主题宴会

中式主题宴会使用中式餐具，食用中国菜，采用中国式服务的宴会。中式主题宴会的礼遇规格高，接待隆重，多用于接待重要的客人及外宾。中式主题宴会中又有高档、中档、低档宴会之分。中式主题宴会的台面设计、环境布置、菜肴酒水、服务方式、宴会礼仪等都必须遵照中国的文化传统，体现中国特点。目前，中式的婚宴、寿宴及迎宾宴会等已非常普遍。

（二）西式主题宴会

西式主题宴会是一种采用刀叉等西式餐具、采用西式摆台、食用西式菜肴，提供西式服务的宴会形式。西式主题宴会主要体现西方的饮食文化特色，根据菜式与服务方式的不同又可分为：法式宴会、日式宴会、俄式宴会、美式宴会等。目前，西式主题宴会在我国也比较普遍和流行。

（三）中西式合璧主题宴会

由于中西饮食文化的交流，许多中餐菜肴都采用了中菜西吃的用餐方式，即保持了中菜的特点，又吸收了西菜用餐方式的长处，这是一种值得推广的宴会形式。

二、按照主题宴会的形式划分

（一）正式宴会

一般是指在正式场合举办的气氛隆重，讲究礼仪程序的宴会形式。正式宴会中有时要悬挂国旗，奏国歌，主宾双方致辞等。正式宴会在席位的安排上非常讲究，一般主桌全部摆放席位卡，以便客人入席。宴会所选的菜肴点心要符合客人的饮食习惯，台面的设计、布置美观大方，服务人员的服务技能和水平高，宴会厅的整体环境布置要隆重、热烈。

（二）便宴

与正式宴会相比，便宴形式简单，不拘规格，不设席位卡，无致辞安排，宾主可随意交谈，气氛轻松。便宴有午宴、晚宴，也有早餐宴会。便宴一般无明确的主题和重要的背景，宜用于日常友好往来。

（三）冷餐酒会

冷餐会起源于西方社会，但因其轻松简单的就餐形式，特别适用于各种交往活动，因而，目前这种酒会形式在我国普遍受到欢迎。冷餐酒会是一种立餐形式的宴请活动，其菜肴的特点是以冷食为主，兼有热菜。有中式、西式或中西式结合的菜点，提前摆在餐桌上供客人自行取食。酒水饮料可摆放在饮料台上，也可由服务员端送。冷餐会不排座位，宾主之间可以广泛交际，自由交谈，拜会朋友。其消费可高可低，参加的人数可多可少，时间也较灵活。这种形式多为政府部门或企业、贸易界举行人数众多的盛大庆祝会、欢迎会、开业典礼等活动所采用。

（四）鸡尾酒会

与传统、正式的宴会相比，鸡尾酒会给参与者以轻松、随意的氛围，不受约束，非常符合现代人的交往心理，同时它也是一种时尚、简约的聚会、餐饮方式。鸡尾酒会也是一种立餐形式，不排座次，宾客来去自由，不受约束。它以供应酒水为主，附有各种小吃，如炸薯片、小串烧、春卷、炸元宵等，可由客人用牙签取食。酒水可分置于小桌上，或由服务员端送。整个酒会气氛轻松活泼，热烈和谐。鸡尾酒会一般适用于各种招待会、新闻发布会、签字活动仪式等，或是在一些正式的、大型的宴会开始前作为一种前奏曲，以营造宴会的气氛。

（五）茶话会

茶话会一般是社团、组织或单位在节假日或需要之时而举行的一种以茶点为主的聚会或答谢宴会形式，如“新春茶话会”、“联谊茶话会”、“老干部离休茶话会”等。茶话会的招待形式简单，重在欢聚，食在其次。茶话会一般不设座次，但人们习惯上有意识地将主人主宾安排在一起，其他人则随意入座。席间常安排一些文艺节目助兴。

另外，如果从主题宴会的规模来分，可将宴会分为大型宴会，中型宴会和小型宴会等。大型宴会多适用于国家、单位等大规模招待宾客需要；中型宴会可用于一些庆典、庆祝活动；小型宴会往往适用于亲朋聚会、商务宴请、家庭聚餐等，这类宴会具有很大的市场空间。

三、按照宴会的性质与主题划分

宴会主办者、主持者的身份以及举办宴会的目的决定了宴会的性质与主题。根据宴会的性质和主题通常将宴会分为以下几类。

（一）庆祝宴会

庆祝类宴会在人们的生活中非常普遍，也是酒店接待宴会中所占比例最大的一种宴会形式。此类宴会包含的主题非常广泛，如婚寿庆祝、开业庆典、乔迁大喜、庆功表彰等，而且随着社会交往形式的增多，将会产生更多性质和主题的宴会形式。庆祝类宴会的突出特点是讲究场面的隆重，气氛的热烈，喜庆的主题明显。如婚宴作为一种典型的庆祝类宴会，在场面的布置上宜突出喜气洋洋、和和美美、浪漫幸福的氛围。

（二）商务宴会

商务宴会是为了商务活动的需要而举办的宴会形式；在以接待商务型客人为主的饭店中，此类宴会举办得较多。与庆祝类宴会相比，商务宴请更注重环境的优雅与安静，气氛情调有品位，便于双方的交谈。一般来说，商务宴会的消费水平较高，对服务质量的要求也很高，服务人员应能根据客人的行为及时提供相应的服务。

（三）迎宾宴会

迎宾宴会是为了迎接远道而来的客人所举办的宴会，迎宾宴会的规格有高有低，可根据客人的身份、地位和宾主关系确定。为了突出对客人的尊重，宴会可设在独立的包厢，环境清雅，以便宾主双方畅所欲言，怀念叙旧。迎宾宴上所用菜肴点心应当以突出当地特色的名菜、名点为宜。宴会进行的时间一般来说可由客人自由决定，服务人员不可操之过急，以免引起客人的不悦。

（四）休闲类宴会

休闲类宴会是为了满足人们休闲与餐饮活动的双重需要而举办的宴会形式。随着生活和工作节奏的加快，人的精神压力越来越大，人们便产生了通过休闲活动缓解压力，调整生理和心理健康的需求。而将休闲与美食宴会结合在一起，是一种新型的消费方式，于是休闲宴会应运而生了。比如北京的凯莱大酒店的运动餐厅，就是以奥运五环为主题宴会，涉及足球、篮球、赛车等不同的运动项目，而且拥有运动门类众多的小餐厅，宾客所见之处皆是运动的气息和氛围。试想一下，如果你在此宴请宾朋好友，可以在吃的过程中运动，也可以在玩的过程中品尝美食，会带给人们一种全新的休闲运动饮食时尚。

(五)民俗风情宴会

是以体现不同国家、地区、民族的民俗民风为主题的宴会。此类宴会可以选择的主题非常广泛，关键在于如何突出民俗特色，给消费者以全新的消费体验。如我国是一个多民族的国家，不同民族就有不同的饮食习惯和其他民俗等，如果能够深挖某一民族的文化特色，将民族的服装、饰物、音乐、歌舞、餐具、菜点、习俗等表现出来，形成一个系统化的、完整的主题，就能够吸引消费者。

(六)农家乐宴会

这是以反映农家生活为主题的宴会形式。远离城市的喧嚣，回归到自然的怀抱已成为众多城市消费人群的选择，因而在每个城市的周围都有许多农家乐型的旅游和餐饮形式。这类宴会活动的主题是借助于体现农家生活的场景、氛围、环境、菜肴等，将消费者从原有的生活方式中脱离开来，体验一种具有农家风味和山野特色的餐饮形式。此类宴会的设计要求必须体现出农家生活环境、生活内容的原汁原味性。如上海佘山的森林宾馆就是一座建立在山麓上的宾馆,其以佘山特产兰花笋为原料所精制的兰花笋宴非常有名。

(七)保健养生主题宴会

以倡导健康饮食为主题，为客人提供有益保健养生的就餐环境和菜肴、食品的宴会。此类宴会的特点是就餐的环境、设施有利于客人的健康需要;菜点、食品的选择和烹调从营养、卫生、生态、健康的角度出发，意在通过饮食有效地为客人的健康服务。此类宴会中，较多地用到了中国传统文化中的药膳养生的食疗观念，并结合现代人所特有的一些健康问题，科学引导客人消费。如台北的“帝王轩”就是一家专门经营食补药膳宴的餐厅，依据四时节气的变化推出了许多药膳菜品，很受客人的青睐。

(八)怀旧复古类宴会

此类宴会以怀旧复古为主题，通过历史的再现，给客人以身临其境的感受。如西安的“仿唐宴”、开封的“仿宋宴”、湖北的“仿楚宴”等，都通过对历史文化的深度挖掘，融入现代科技和文化元素，创造一种怀旧复古的氛围。

(九)以节日为主题的宴会

借助于不同的节日，推出与节日的文化内涵相符的宴会形式，如“九九重阳登高宴”、“除夕团圆宴”、“中秋宴”、“圣诞美食宴”等。不同的节日都有不同的文化内涵及表现形式，开发节日宴会时应注意选择有针对性的消费群体，如“情人节”、“圣诞节”的主要消费对象目前在我国主要是青年人，宴会产品的开发应针对青年人的消费特征；而“中秋”、“除夕”宴会产品的开发则要针对家庭消费进行；“重阳”等节日宴会的开发要针对老年市场进行。

（十）会展主题宴会

这是以会展为主题所举办的宴会形式。一个国家或地区会展举办的多少，象征着这个国家或地区的政治、经济、文化、科技等多方面的雄厚实力。同样，伴随着会展就产生了会展旅游，而且会展旅游具有规模大、档次高、成本低、停留时间长、利润丰厚的特点，对当地的经济发展起着重要的推动作用。与会展服务相配套的就是会展餐饮，对于高标准和会展主题宴会来说，除了口味与品味外，更讲究的是氛围与气派。如2001年的APEC会议在上海国际会议中心的成功举行，就与大胆创新的会展宴会服务是分不开的。

主题宴会包含的内容十分广泛，有许多可以选择的主题类型，如以性别不同开设的特色餐饮，以年龄爱好不同所开设的宴会等，只要主题的定位准确，宴会的产品开发与主题相符，才有可能获得成功。

第四节　主题宴会发展趋势

跨入新的世纪，人们的生活追求将会发生许多新的变化，因而，主题宴会的发展也将呈现出新的趋势。这就要求饭店在进行宴会的设计与销售时，应掌握宴会的基本发展趋势。

一、主题宴会的特色化与主题化发展趋势

受诸多因素的影响，长期以来，宴会市场上呈现出千篇一律的格局，无法满足不同消费者的需求。因而，只有深入研究客人的兴趣、爱好，开发出具有特色的、主题明确的、富有个性化的宴会产品，才能吸引不同层次的消费者。为了迎合宴会特色化、主题化的发展趋势，在设计主题宴会时，应注意：第一要将本宴会的特色与竞争对手有效地区别开来；第二则要将本宴会的特色与目标顾客的需求有机地统一起来．只有做到这两点，这个“特色”或是“主题”才是有效的。

二、主题宴会的文化趋势

宴会作为一种高级的社会活动，往往是一国文化的高度体现。未来的宴会将更加注重宴会的意境和文化气息的营造，将更加关注宴会与文化艺术的产物有机结合。从餐厅的布置到台面的设计，服务员的装饰，菜肴的命名，餐具的配套，音乐的安排，艺术的表现，都将围绕宴会的主题，努力

创造理想的宴会艺术境界，给客人以美的艺术享受，使客人产生愉快，欢乐的情绪和难以忘怀的美好印象。餐饮市场上，阳春白雪式的贵族宴会可以成为主题宴会，而下里巴人式的平民宴会也可成为主题宴会中的一族。个中原因何在？就是因为有不同的文化相支撑。主题本身并无高低贵贱之分，主题的本质是文化。文化的雅和俗，文化的新和旧，文化的中和西，与主题的吸引力和产品的价格毫无关联，关键在于文化的独特性、惟一性和对口性。一个好的主题宴会，不仅是本身所具有的文化主题的高度凝结，形成一类主题文化的中心。同时，也是传统文化与现代文化的凝结。它能使传统文化、现代文化和自身主题文化相得益彰，同时又进一步形成不断的文化创新。主题宴会已成为宴会市场的“亮点”。如湖北武汉猴王大酒店注重从文学作品中挖掘精华，以此作为树立形象的直接手段。该店由店名“猴王”直接想到了中国古典名著中《西游记》中王母娘娘招待各路神仙的蟠桃会乃天上人间之至尊宴席，凡人若吃了宴席上的蟠桃，便可成仙得道。因此，该店从这个传说中找到发展的契机，本着“出新、出奇、出特、出名、出效益”的原则，以昔日美猴王大闹天宫，搅乱了王母娘娘的蟠桃盛宴；今日美猴王要重建蟠桃盛宴，奉献至尊宴席，创造崭新菜系，为弘扬古老而又年轻的中华饮食文化做出“齐天”之贡献为宗旨，成功推出了第一届“ 蟠桃宴美食节”，受到社会各界的欢迎。“蟠桃宴”在借鉴中国各大菜系，地方名肴和西洋菜之精华的基础上，吸收了中华古老餐饮文化之神韵，进行了重大的创新，它填补了中国四大古典名著人文宴席独缺“西游宴”这一历史空白，具有较高的文化、经济价值。此后，“蟠桃宴”不断发展创新，在蟠桃宴这一母体下已推出了“花卉宴”、“水帘洞宴”、“昆虫宴”等三大新秀宴席，还将推出“天宫宴”、“地府宴”和“西游记快餐”等，形成了系列产品，在当地称为餐饮文化一绝。因此，主题宴会整个氛围的营造、内部装修、台面创意、菜肴设计、音乐选择、服务方式等到处都可透出浓厚的文化气息，这就为文化竞争提供了强有力的基础，满足了现代顾客更多精神上的享受。没有文化就谈不上生命力，更缺乏竞争力。因此，追求文化底蕴和文化含量，正在成为餐厅竞争的共同行为。

三、主题宴会形式的多样化趋势

长期以来，受制于观念、技术等限制，宴会呈现出千遍一律的格局；而随着餐饮文化的深入研究，随着消费品味的提高，新式宴会格局不断涌现。中外结合宴会和仿制国外宴会已经出现；历史名宴被有组织的仿制；民俗主题宴会在餐饮消费上，更是呈现“百花齐放、各具千秋”的恢弘气势，广西南宁明园新都大酒店“壮乡迎宾宴”中依托有特色的民族物品铜鼓、绣球、壮锦、竹筒酒、竹排菜单、民族服饰、民族音乐、民族舞蹈、民族餐具、民族菜肴等全方位展现民俗文化；以中国悠久的古老文化为素材开设的“三国宴”、“开国大典宴”、“射雕宴”、“西游宴”成为许多餐厅举起的“文化兴店”的大旗；“农家宴”主题宴会获得顾客们的青睐；桂林市政府在桂林著名旅游景点的芦笛岩洞举行的“梦幻漓江”迎宾主题宴会，用如幻如梦的灯光、烟雾、音乐带嘉宾走进了人间仙境，欣赏着美丽的漓江山水风光、聆听著名赞美桂林的优美诗词、品味着壮乡美酒和桂林特色佳肴，真正过了一把神仙瘾；保健主题宴会在餐饮消费上日益受到顾客的关注，武汉食品研究所等科研单位研制出来的“健康饮食导向系统”，顾客在餐前只要把自己的年龄、性别、民族、职业、心理状况、病史等输入电脑，电脑很快就会打印出一份健康饮食指南，供顾客点菜参考，此招一出，前来就餐的顾客络绎不绝。

四、主题宴会的美食化趋势

美食是人们在饮食活动中美的创造成果和美的欣赏对象。它不仅给人以饮食生理之快感，而且使人获得饮食心理的满足，使饮食成为生活中的艺术享受。总之，美食是主题宴会高度文明的集中表现，随着社会物质文明与精神文明的高度发达，人们对美食的要求越来越高。宴会作为饮食的最高级表现形式，宴会美食化趋势已势不可挡。宴会的美食化主要表现在三个方面：一是质美，二是感觉美，三是意美。前两方面属于烹饪成品本身，意美则是美器、环境等烹饪成品本身以外的因素引起饮食者心理上的美好反应。前两方面是美食的基础，意美是美食的较高层次追求。意美由饮食器皿、饮食环境、社交礼节、上菜程序以及音乐演奏等因素相结合造成的意境和韵味美，它足以使饮食者产生愉快、欢乐的情绪和久久不忘的美好记忆。如杭州某大酒店推出的“仿宋寿宴”可谓中国饮食文化的经典之作。杭州是全国历史文化名城，南宋则是中国历史上的鼎盛时期之一，酒店二楼餐厅布置古色古香的喜庆寿堂，供台、筵席区、歌舞区、演奏区划分有致、对联、寿烛、檀香、寿桃、供品摆放有序。餐具全部仿南宋官窑“碎瓷”。宴会中每道菜、每道酒之间均按宋时民俗安排了古乐和歌舞助兴，司仪和服务员均着仿宋装。整场寿宴展现了浓厚的南宋京都民俗文化氛围，再现南宋京都的寿宴盛世。

五、主题宴会的节俭化趋势

随着我国的改革开放，人民的物质生活水平有了很大的提高，饮食的文明程度也得到提高。符合现代文明社会要求的价值观，工作方式，生活方式逐渐为我国人民所接受并日益成为人民的行为方式。所以，宴会将向热情有礼、节俭适度的方向发展。其主要表现为：一是宴会时间缩短。二是宴会菜点数量的适度控制，不会盲目“求多贪丰”。三是一些低档原料开始走进宴会，出现以低档原料烹制高档菜的趋势。四是节俭快捷，方便自由的自助酒会将成为宴请的主要方式之一，这种宴会菜点品种多，客人可各取所需，无须客人等菜，形式自由，因而将成为未来宴会主流形式之一。如现代的满汉全席从历史的奢华改革为如今的菜式精当。在全席菜肴设计中，对于一些有悖于动物保护条例的珍稀原料不再使用，而力求“仿珍”的路子，以素代荤，以普代奇，达到真假难辩的境界，同时，也体现了为大众消费的奉献精神，如用菇类代鲍鱼，口味口感及形状与真鲍鱼相差无几，但成本低且比较适合大众消费。因此，现代满汉全席既表现了当代厨师可贵的环保意识与奉公守法观念，又继承了祖国烹饪文化遗产。

六、主题宴会的营养化趋势

随着人民生活水平的提高，人们对健康的追求越来越显著。宴会作为饮食的最高级的表现形式，营养保健化趋势已非常明显，宴会的营养化趋势主要表现在三个方面：一是要求菜点荤素营养搭配合理。二是要求提供无污染的食品，保证卫生。三是尽量控制有害物质对身体的影响，如酒精，色素，防腐剂等。

宴会的营养化趋势，意味着合理的膳食结构与营养平衡。在我们国家，从实际情况出发，目前宴会配餐可适当减少荤菜的数量，而增加素菜的数量。具体配餐可参照中国营养学会推荐的人均月膳食标准来进行，具体指标包括每人/月谷类14.2kg、薯类3kg、蔬菜12kg、干豆1 kg、水果0.8 kg、肉类1.5 kg、乳类2 kg、蛋类0.5 kg、鱼虾0.5 kg、油类0.25kg。上述食物除以30天，再除以3即为每人每餐的膳食量。当然，宴会配餐可略高于人的日常膳食摄入量。具体做法主要有以下两个方面：一是根据国际、国内的科学饮食标准设计宴会菜肴；二是大力推选“四菜一汤”制度，给我国宴会开辟一个新的导向。可以肯定地说，四菜一汤是能够满足与宴者一顿中餐或一顿晚餐对营养的需求的。一切公宴或私宴都应该也能够朝这个方向发展。

七、主题宴会的大众化与国际化发展趋势

所谓大众化是指将宴会做成普通老百姓都能接受和消费的餐饮产品，成为一种普通的餐饮形式，从而扩大宴会的消费层面。如果只将宴会的消费定位于高端的消费市场，必将限制宴会发展的空间，使宴会成为少数人的专享品，只有走平民化的消费路线，拉近宴会与百姓的距离，才能获得更大的市场份额。因而宴会应该朝着国际化的趋势发展，即宴会的形式向国际标准靠拢，同国际水平接轨，而不能固步自封，闭门造车。随着中西方文化的交流，西方的烹饪文化必将对中国的饮食文化产生冲击和影响，对中国餐饮业的发展带来新的活力。中国的餐饮业必须直视中西方烹饪文化的差距，将中国的宴会产品做成国际上能够接受的餐饮消费品，从而扩大中国美食在国际上的影响力，在国际餐饮市场上占有一席之地。

【案例】

红楼宴

扬州“红楼宴”曾作为中国红楼梦艺术团的重要组成部分名扬新加坡，受到新加坡各界人士的好评。现在扬州红楼宴已成为扬州旅游的一项特色，它就是以中国四大名著之一的《红楼梦》中的描写来依据，运用外景内

移室内的手法，来设置场景，营造气氛的。在红楼厅口，悬挂着三个精巧的灯笼，上书“红楼厅”三字。步入富丽堂皇的红楼厅，迎面是一座皇家园林式的牌楼，四壁挂满黄绸软缎的幕帘。牌楼下是漆器大地屏，室内摆放着5张平磨螺甸漆器圆桌，室顶悬吊着两只巨大的粉红色的荷花灯。四周的镂花窗上镶嵌着十二金钗的仕女图。地屏前，一张古色古香的漆器炕榻床上放置着贾母、黛玉、宝玉、凤姐等人用过的衣冠服饰，宾客可随意穿戴，上炕品茗，如身临其境，亦可拍照留念。

一进门，耳边传来的是电视剧《红楼梦》的插曲，身着古装的“贾府丫环”轻盈地领你到圆桌旁就餐，细细地品味红楼菜肴。

“红楼宴”以淮扬菜为基础，根据《红楼梦》中菜肴原描写，取名与《红楼梦》出典或人物有关的特色菜肴，由四大部分组成。其一为观赏菜“大观一品”，由三个五彩缤纷的拼盘合为一个“品”字；其二为“广陵冷碟”，由六道造型精美、色香味俱佳的冷菜构成；其三为“宁荣大菜”，有造型奇特的“宝钗借扇”、“老蚌怀珠”等；其四为“红楼细点”，为红楼宴的主食，有“晴雯包”、“如意饺”等。

不管是环境设计还是菜肴设计和服务安排，整个宴会都给人以浓厚的文化氛围，令人仿佛回到了作者笔下所描写的红楼梦中。

【分析】

扬州红楼宴之所以能够名扬四海，与其依托文学描写，营造氛围是不可分离的。人们对红楼梦的了解一般只限于文字或想像及影视作品中，能够于现实模拟场景中亲身体味，对于消费者来说是一次难得的经历。

从宴会的命名、环境的布置、服务人员的设计和菜肴的命名、制作来说都紧紧围绕着文学作品的主题，在消费中体味《红楼梦》的深远意味。其实，从红楼宴的成功可以看出，可以选择的主题宴会的题材是广泛的，可以是红楼宴，也可以是水浒宴或西游宴等，只是说主题确立后，如何围绕主题来营造气氛是最为重要的。而且，现代社会多元化的消费趋势使主题餐饮的发展更具空间，只要能够敏锐地把握市场信息，捕捉市场机会，结合消费对象的主体精心设计，并不断融入现代科技的元素，肯定会获得成功。如从2004年开始，在广州、上海等地兴起了“私家菜”的风潮，远离酒店的喧闹，你可以在主人精心布置的家里细细品尝自家制作的美味佳肴，于悠然中体会不同的生活，极大地满足了现代人个性化的消费趋向。

【复习思考题】

1. 什么是宴会和主题宴会？试分析主题宴会的特征与作用。

2. 中国古代主题宴会的发展经历了哪些阶段？历代著名宴会有哪些？你还可收集一些古代名宴吗？

3. 主题宴会可分为哪些不同的种类？

4. 未来主题宴会的发展将会呈现什么样的趋势？

第二章 宴会部组织机构设计

● **本章提要**

建立结构合理、运转高效的宴会部组织机构，是宴会业务顺利开展，宴会企业创造最佳社会效益和经济效益的必要前提。本章着重阐述宴会部组织机构设计原则、宴会部工作人员素质要求和岗位职责。

● **学习目标**

1. 掌握宴会部组织机构设计的原则。
2. 熟悉宴会业务部门常见的组织形式。
3. 了解宴会业务部门日常组织管理工作的内容。
4. 熟悉宴会部工作人员素质要求和岗位职责。

第一节 宴会部组织机构设计

宴会经营与服务部门在餐饮企业通常被称为“宴会部”，它是餐饮部组织机构中的重要组成部分。它作为一个餐饮企业相对独立的部门是隶属于酒店餐饮部的下属部门，其主要任务是负责中西餐宴席、酒会、婚宴庆典会及招待会、茶话会等的销售和组织实施业务。实践证明，建立一个结构合理、高效运转的组织结构，是宴会业务能否顺利开展，并为所属餐饮企业或部门创造最佳社会效益和经济效益的必要前提。

一、宴会部组织机构设计原则

宴会部组织机构设计必须遵循一定原则，各企业可根据这些原则，结合企业本身的营运特点，设计出符合实际业务且具有特色的组织机构。

（一）根据宴会业务需要设计组织机构

宴会部的工作内容大体相似，通常包括主题宴会策划与销售、预订菜单设计、原料采购、原料验收、贮藏原料、加工烹调、宴会厅服务等业务活动。但不同的餐饮企业各有其特色和侧重点，因此，应从宴会需要出发设计组织机构，即把这些功能委派给具体的下属业务部门，使这些部门在机构中占有应有的位置。总之，任何宴会业务部门的组织机构都必须根据各自的实际情况和需要，如规模、性质、市场等因素综合考虑。例如，有的酒店与餐饮企业宴会部设立专门的部门进行主题宴会的策划与销售及菜谱的开发与创新；而有的大型酒店宴会部通常设立专门的部门负责宴会的预订工作、客户档案管理等宴会业务信息管理事宜。

（二）统一指挥，分层负责

宴会业务的环节十分繁杂，从宴席预订、制定菜单、经营计划、组织、实施到宴席结束以及宴后跟进等工作，都需要全体员工的共同努力方可完成。因此，其组织机构必须保证各种业务活动能在统一指挥下协调一致，克服和减少摩擦与混乱。另外很重要的一点是，组织结构必须保证组织内部各部门之间的沟通渠道畅通。在权责方面，要做到逐级授权，分层负责、责权分明，分工协作，以确保各项业务活动有条不紊地进行。

（三）因人制宜、各司其职

宴会部门在员工定岗或分配工作任务时，应根据员工的工作能力、技术水平，因人制宜，适当安排，才能充分调动其工作积极性，尽力发挥其主观能动性和聪明才智，完成部门的工作目标。

二、常见宴会业务部门的组织形式

由于各餐饮企业规模和经营思路各异等因素，宴会部组织机构形态不尽相同。下面简单介绍不同规模下的宴会业务部门组织机构设置。

（一）小型宴会部

小型宴会部一般不设专门的宴会餐厅，因此各类宴会业务均由餐饮部大型餐厅去落实完成。宴会部经理和宴会部接待员的主要业务和工作职责就是开展销售活动、承接宴会预订和进行宴会信息管理。

小型宴会部通常只设两个层次和两个岗位，如图 2－1 所示：

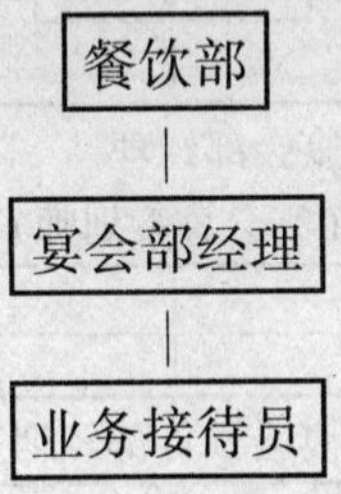

图 2－1　小型宴会部组织机构

（二）中型宴会部

中型宴会部一般下属一两个专门的宴会厅（多功能厅）。其管理层次和管理人员比小型宴会部略多，一般来说，其组织机构设有四个层次、两个部门，如图 2－2 所示：

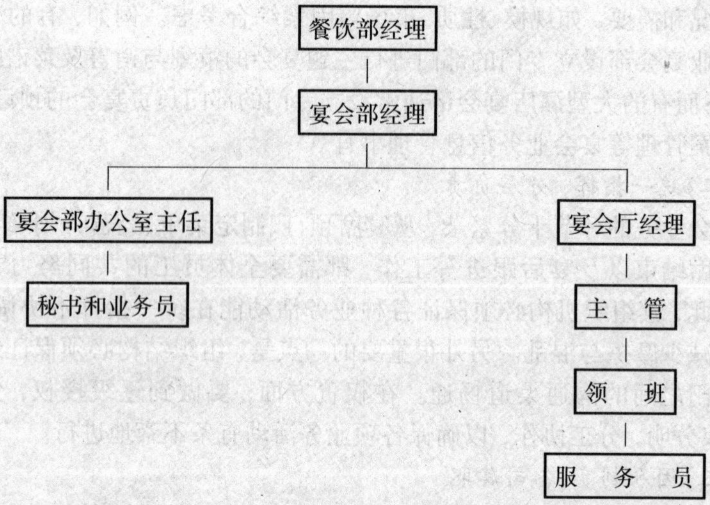

图2－2　中型宴会部组织机构

(三)大型宴会部

大型宴会部多见于大型酒店或餐饮企业，其经营面积大，台位数多，营业额高，并且由若干中小型宴会厅、多功能厅构成。除举办宴会外，还承办庆功会、招待会、研讨会、展销会、文艺晚会等业务。由于大型宴会部一般拥有举办大型宴会的环境设施和实际能力，所以它常常独立于餐饮部而成为一个独立部门，有时也隶属于餐饮部。

大型宴会部的组织机构体系通常包括四大层次，三大部门和二十多个岗位。下面是两种常见的大型宴会部组织机构。

1. 隶属于餐饮部的宴会组织机构(图2－3)

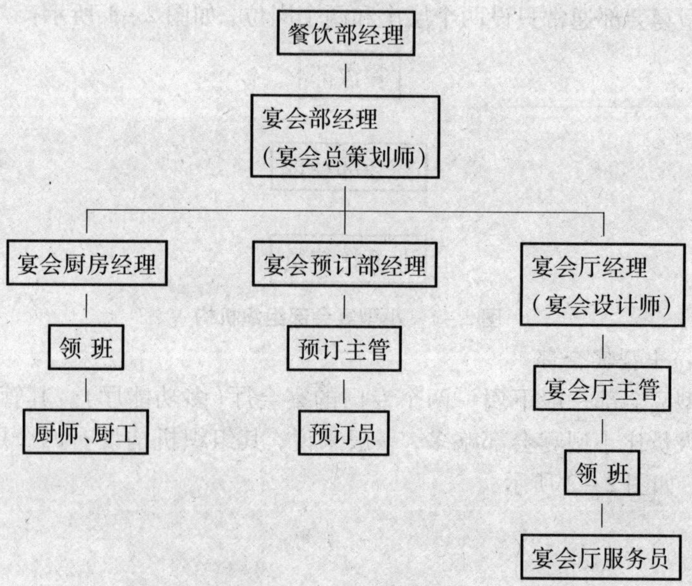

图2－3　隶属丁餐饮部的宴会部组织机构

2. 独立于餐饮部的宴会部组织机构(图2－4)

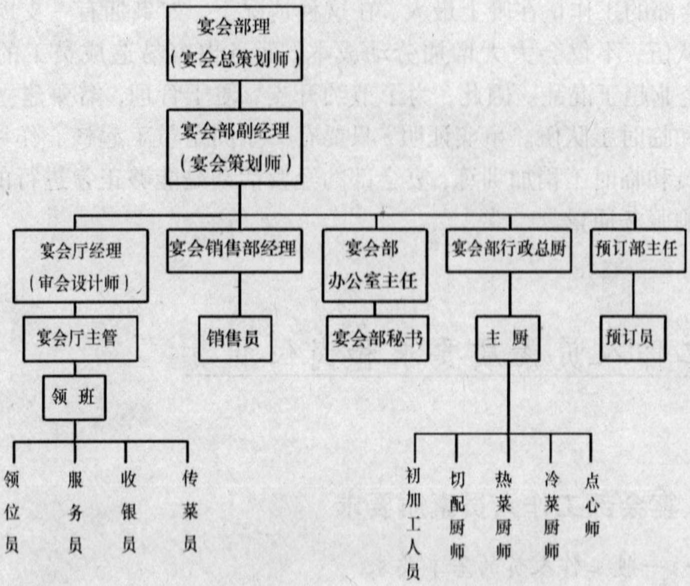

图2－4　独立餐饮部的宴会部组织机构

三、宴会业务部门日常组织管理的工作内容

(一)绘制组织结构图

宴会部组织结构图是根据管理权限与责任，以图解方式表示出宴会部各职务之间的关系，它可以使员工明确自己工作岗位在部门中的位置和各个奋斗目标。

组织结构图要求既能标明宴会部的详细结构及各部门之间的横向纵向关系，又能以可变换形式标出现在各工作岗位的工作人员姓名。

(二)编写工作说明书

工作说明书是有关工作的范围、目的、任务与责任的广泛说明，其主要目的如下：

(1)使员工明确各岗位工作及工作成绩的标准。

(2)简明任务、责任与职权，以确定组织机构。

(3)帮助评定员工的工作成绩。

(4)帮助招聘和安排员工。

这里所说的工作说明书的内容应包括业务要求，职责范围和主要工作。这种工作说明书必须与组织结构图配合使用，才能使员工对各岗位的职衔、部门、管辖范围、向谁负责、横向联络等获得充分了解。

(三)科学排班

合理安排班次，就是从宴会部实际需要出发，科学地组织和调配人员，使人员的投入与宴会部的效益形成了一个良好的比例。基本程序是制定科学合理的工作标准，经常预测营业额，使宴会部下属各部门负责人合理安排员工，去完成预定的工作，并使员工事先知道工作变动。一般来说，宴会部的工作量在晚上最大，在这种情况下，如果拥有一支庞大的固定员工队伍，不仅会大大增加劳动成本，而且也容易造成员工的懒散现象，使企业趋于混乱。因此，为了节约开支，便于管理，需要建立一支兼职人员和临时工队伍。事实证明，只要有一些固定员工起核心作用，并对兼职人员和临时工稍加训练，宴会部的经营活动是能够正常进行的，并且不会影响服务质量。

第二节　宴会部工作人员素质要求和岗位职责

一、宴会部工作人员素质要求

（一）一般工作人员的基本要求

由于宴会部是餐饮企业的一部分，所以宴会部的工作人员首先应该达到以下几个基本要求：

1. 身体健康，无传染病。

2. 具有良好的职业道德。

3. 具备一定的专业技能和专业知识。

4. 五官端正，气质端庄。

5. 良好的仪容仪表。

（二）管理人员的素质要求

1. 部门经理的素质要求

（1）教育背景：接受过系统的业务培训，如具有相关专业的高等院校大专以上证书；或获得国家有关部门颁发的职业资格证书，具有一门以上的外语会话能力。

（2）职业经验：具有五年以上的宴会业务管理和服务工作经验，其中包括三年左右部门管理经验和主管工作经验。

（3）业务能力：具有理解公司长期战略能力；具有根据市场的实际情况，精心策划主题宴会、创新菜品推出、环境营造、设计配套服务等能力；具有决策、营销、人员管理的突出能力；具有宴会销售和服务组织、人事财务管理能力，能够制定部门预算、书写工作计划；正确激发员工努力工作、善于培训员工能力。

（4）沟通和协调能力：能够有效地与部下及上级部门进行有效地沟通，并能够积极地与别的部门配合和沟通。

（5）身体素质：身体健康，心理素质良好。

（6）良好的应变能力：作为 个宴会部的管理人员，此项能力是非常重要的。因为在宴席的举办过程当中，现场的情况是多变的，所以管理人员应该具备良好的应变能力，以便在变化的过程中根据现场的情况做出较满意的决策，使客户得到良好的服务。

2. 办公室管理人员的素质要求

(1)教育背景:具有文秘专业大专学历或接受过文秘方面的相关专业培训，如取得文秘培训课程的结业证。

(2)职业经验:具有两年左右宴会基层管理与服务的工作经验或内勤、文员工作经验。

(3)业务能力:具有秘书、档案管理专业能力，文件、报告、报表起草能力，办公室计算机操作和物品、用具管理能力。

(4)沟通和协调能力:能够有效地与他人做好本部门的工作。

(5)身体素质:身体健康，精力充沛。

3. 宴会主管的素质要求

(1)教育背景:具有相关专业的学历证书或同等学历证书，如旅游专业的大专证书。并具有宴会基层管理与服务方面的知识和一门以上的外语会话能力。

(2)职业经验:具有三年以上的宴会管理与服务工作经验，一年以上宴会部领班的工作经验。

(3)业务能力:具有宴会活动业务组织和推销能力，项目管理和协调能力，一般人事、财务管理能力。

(4)沟通与协调能力:能有效地与他人沟通，并能有效地协调他人的工作。

(5)身体素质:身体健康，精力充沛。

二、宴会部工作人员岗位职责

由于各企业规模、业务重点各不相同，其组织机构设置也有所区别，这里仅介绍宴会部常见工作岗位的职责和工作内容，供各酒店及餐饮企业在设计组织结构和制定管理制度时参考。

(一)宴会部经理(宴会总策划师)

所属部门:餐饮部门。

服务单位:宴会部。

直属上司:餐饮部经理。

工作区域:宴会部办公室及主要宴会业务场所。

岗位职责:全面负责主题宴会的策划、营销、预订和接待服务，负责制定与落实营运目标，并进行成本控制，使其符合酒店与餐饮企业已设定的餐饮政策。

具体职责与工作内容:

(1)了解企业的经营管理方针和规章制度，认真贯彻餐饮部经理的管理意图，积极落实各个时期的工作任务，努力完成经营指标。

(2)分析客人需求、营业结构、消费状况及发展趋势，提出部门收入成本与费用等预算指标，报餐饮部经理审批。纳入酒店预算后，组织各级经理、主管和领班完成预算指标。

(3)加强对周边竞争对手及市场动态的了解，把握市场脉搏(饮食时尚、顾客需求、原料供应情况等)，及时采取有效措施，如策划主题宴会、编制创新宴会菜单、组织配套服务、强势营销活动。

(4)根据酒店规章制度和宴会部具体情况，提出部门管理制度和各经理主管与领班的具体任务、管理职责、工作标准，并监督贯彻实施，保证各项管理工作的协调发展。

(5)研究策划各种主题宴会的服务程序、质量标准、操作规程，并检查各环节人员的具体贯彻实施情况，随时分析存在的问题，及时提出改正措施，不断提高服务质量。

(6)控制食品和饮品的标准、规格和要求，正确掌握毛利率，抓好成本核算；加强食品原料及物品的管理、降低费用，增加盈利。

(7)保持与宾客良好的关系，建立健全客人档案，随时收集、征求客人意见，处理投诉，并分析宴会部服务质量管理中带倾向性问题，适时提出改正措施。

(8)负责宴会部所属厨房、餐厅、办公室的物资、设施及设备的管理，及时检查运行状况，做好维护保养工作，并做好餐厅安全和防火工作。

(9)授权批准所有菜单价格以及包房、设备的租金折扣，而一切重要决定须由餐饮部经理签认。

(10)加强宴会部收支情况、维修情况的控制，加强设备保养。检查与督促开源节流的情况，不断提高经济效益，最大限度地减少损耗与浪费。

(11)审核签发物品采购、领用、费用开支单据，按部门预算控制成本开支，提高经济效益。

(12)督导、管理和实施对宴会部工作人员的培训，确保属下员工有良好的专业知识、服务技能和正确的工作态度。

(13)制定部门人员的编制，参与人员的启用，并科学评估部门人员的工作表现。同时根据业务需要合理组织各部门人员以提高工作效率。

(二)宴会部秘书

所属部门：餐饮部门。

服务单位：宴会部。

直属上司：宴会部经理。

工作区域：宴会部办公室。

岗位职责：协助宴会部正常运行工作，使其工作高效流畅，并协助部门负责人及其他业务人员处理日常行政事宜。

具体职责与工作内容：

(1)整理宴会订席资料并详实记录相关内容，输入电脑打印后分发到相关部门。

(2)协助宴会部主管处理日常业务文件，例如业务信函，管理文件的编辑、打印、整理发送等，并将有关文件转交相关部门或当事人处理。

(3)出席部门沟通会议，并担任会议记录。

(4)协助部门对外通信联络，如接听、回答部门的电话，并交由适当人员处理，若当事人不在，帮助记录留言等。

(5)负责客户档案管理，保证客户信息资料的及时更新。

(6)维持办公室的整齐、清洁及秩序，并妥善保存办公室财产，需采购时应获主管同意，填写申购单。

(7)负责迎送部门来访人员，问明来意后介绍给有关人员接待。

(8)负责宴会部员工考勤汇总，统计宴会部员工福利款项及福利金发放等工作。

(三)宴会部销售经理

所属部门:餐饮部。

服务单位:宴会部。

直属上司:宴会部经理。

工作区域:销售部及相关业务场所。

岗位职责:全面负责宴会部的销售工作，包括制定销售计划、承接宴会预订和接待服务工作，制定切实可行的销售措施，确保宴会销售任务的完成，以达到年度预算目标收入目标。

具体职责与工作内容:

(1)根据宴会部的目标市场及顾客的潜在需要，制定本部门的销售工作计划。

(2)组织搜集、整理市场信息，在掌握准确、可靠的最新市场信息资料的基础上，完成对重要客户的预算额，并根据计划有步骤地开发潜在顾客市场;同时做好周、月及季度销售工作报告。

(3)建立健全客人消费资料库，及时收集、记录、归纳、分析客人特征和爱好等内容，并利用其进一步搞好营销和向宴会部经理建议调整经营策略。

(4)制定宴会部销售人员的工作计划，并合理调配人员。

(5)每周制定一次出外推销计划并提交宴会部经理，出访宴会客户，填写推销卡片，详细记录每次出访推销情况，并定期与宴会部经理共同回顾外出推销情况，作出口头总结。

(6)与有关部门协调，解决宴会客人的特别要求，并向客人提供必要的信息和建议以供客人参考。

(7)在宴会开餐前恭候客户的到来，实地检查接待准备情况，保证所有的安排妥当，与宴会服务经理协调，确保接待服务的落实。

(8)定期对下属进行绩效评估，按照奖惩制度实施奖惩，并组织实施培训，提高销售人员的销售技术和素质。

(9)接受宴会部经理指派的与宴会有关的其他特殊工作。

（四）预订部主任

所属部门：餐饮部。

服务单位：宴会部。

直属上司：宴会部经理。

工作区域：预订部及相关业务场所。

岗位职责：代表宴会部与其他部门沟通、协调，并协助上级督导部门的日常经营管理；负责接洽与推广宴会预订业务，搜集市场信息，协助制定策略，以达到企业的年度销售计划与经营目标。

具体职责与工作内容：

(1)完成部门经理所交待的每日事项，并负责督导预订部的日常工作。

(2)与现有客户保持良好关系，协助销售人员开发新客户，以增加业务量。

(3)收集市场信息以及客户反映，并及时反馈给相关部门；协助策划新的销售策略、新的产品与服务，以扩大本企业的影响和市场份额。

(4)负责接待工作，带领来访宾客参观饭店，同时介绍宴会厅的设施设备与服务功能；将重要客户介绍给部门主管认识，以争取预订确认。

(5)负责与客户沟通并协助客户确定最后的宴会内容安排与细节，并及早通知相关部门准备。若遇到困难，应报告经理代为协调。确保宴会通知单在举办宴会一周前完成，落实其内容并分发给各相关部门。

(6)在宴席开始前，检查及确认所有的宴席安排。宴席开始时应在现场招呼客人，与客人寒暄，保持与主办人及联络人的沟通，以确保宴席相关活动顺利进行。

(7)及时跟进与客户签约及掌握订金交付情况，以确保预订记录的准确性、完整性和及时性。

(8)每周上交工作重点摘要报告，包括已确定与待追踪的预订业务，每月上报预订业绩报告，并提出工作建议。

(9)通过媒体及报刊杂志、贸易展览会刊等，搜寻任何可能的生意机会；全力配合饭店的季节性促销活动，积极促销。

(10)及时总结失去预订的原因，并对预订人员进行培训与指导。

（五）预订员

所属部门：餐饮部。

服务单位：宴会部。

直属上司：预订部主任。

工作区域：预订中心。

岗位职责：代表饭店宴会部对外接洽宴会及订席的业务事宜，并负责拓展、开发宴会业务，以求达到饭店的年度计划及预算收入目标。

具体职责与工作内容：

(1)与单位主管所指派的客户群保持联系，同时应开发新客户。

(2)促销饭店现有的主题宴会产品、设施、场所与餐饮配套服务。

(3)将客户资料系统存档，并保持完整性及准确性。

(4)服从部门主管指派，到饭店外拜访客户、接洽业务，或勘察店外场地。

(5)负责带领来访宾客参观，介绍饭店宴会厅设施与服务，必要时由上级处理，以争取预订业务。

(6)追踪任何有潜力的生意来源，对市场信息保持高度警觉性，及时报告上级以制定应对策略。

(7)负责填写或录入相关预订信息，在授权范围内协助预订客户确定最后的宴会内容安排与细节，并及时通知有关部门准备。

(8)出席部门定期举行的业务沟通会议，每日早晚业务简报会议，以及其他指定出席的会议。

(六)宴会部服务经理(宴会服务设计师)

所属单位:餐饮部。

服务单位:宴会部。

直属上司:宴会部经理。

工作区域:宴会厅区域及对外接待场所。

岗位职责:坚持星级服务准则，通过决策、计划、组织、领导、协调及控制宴会接待业务，达成客人最高满意度。

具体职责与工作内容:

(1)协助宴会部经理做好中西宴会、冷餐酒会、鸡尾酒会等各种接待活动的策划，组织、协调、实施等，向客人提供尽善尽美的服务。

(2)参与年度预算的编制，严格控管并执行营业费用的支出。

(3)建立部门服务准则，负责服务人员的绩效考核，督导下属工作。

(4)就工作所需器皿的库存数量建立管理制度，保证充足供应。

(5)每天分时段向员工介绍及说明例行工作(分项备餐、摆台、服务、传菜)。

(6)每日执行与厨房部协调沟通的例行工作。

(7)处理客人对餐饮的投诉、要求及建议;建立客户往来记录表，维持良好的客源关系;督导前台工作人员在结账过程中遵守公司规定。

(8)每日记录工作日志，汇总客人或员工的意外报告，并将工作收益情况及客人意见上报给宴会部经理。

(9)安排服务员每周作息表，确保人力资源的配置符合业务量需求。

(10)制定员工培训计划和安排员工培训项目;指定培训专员，充实课程内容，并具体负责相关服务技能项目的培训工作。

(11)参加主管会议、餐饮部门会议及其他各项会议。

(12)督导宴会厅有关卫生、安全等各项工作。

(13)随时为客人提供热心且专业的服务，与员工、同事及其他部门保持良好的工作联系;执行任何临时分派的合理任务。

(七)宴会部领班

所属部门:餐饮部。

服务单位:宴会部。

直属上司:宴会部服务经理。

工作区域:宴会厅前台、后台区域及店外相关服务。

岗位职责:负责协助监督服务人员,以提供有礼貌、有效率的餐饮服务与满足顾客为目标。

具体职责与工作岗位:

(1)了解每日的宴会安排情况,并向每个班组布置任务和分配工作。

(2)遵照宴会单上的批示和操作守则,执行不同宴会形式的摆设标准;遵循前台作业流程。

(3)遵照员工手册准则;保持个人高水准的仪表及个人卫生;检查员工制服、名牌的穿戴情况及出勤情况。

(4)与客人建立良好关系,处理客人对餐饮方面的投诉、要求和建议。

(5)参加员工的相关活动及会议,与员工及各单位保持和谐关系。

(6)参加经理或培训员的培训课程;接受饭店的职务调动安排。

(7)协助员工增进服务技巧,加强专业技能培训,以使服务工作顺畅进行。

(8)督导员工遵循饭店员工手册,指导员工了解及遵循饭店有关防火、卫生、健康与安全等规定事项。

(八)宴会部服务员

所属部门:餐饮部。

服务单位:宴会部。

直属上司:宴会部服务经理、副经理以及领班。

工作区域:宴会厅前后台区域及店外相关服务场所。

岗位职责:负责提供有礼貌、有效率的餐饮服务。

具体职责与工作内容:

(1)根据订单为客人提供高效率、高品质的餐饮服务,并准备服务用品。

(2)熟悉宴会菜单内容;保持服务台及环境清洁;协调前台作息时间安排及作业流程。

(3)遵照员工手册准则,执行饭店有关防火、卫生、健康与安全的规定。

(4)工作时务必穿着制服、佩带名牌;保持个人高水准的仪表和卫生。

(5)尽量帮助客人解决就餐过程中的各类问题,必要时,将客人的问题和投诉及时汇报给领班,寻求解决方法。

(6)与同事及各单位维持和谐关系;当班结束后应与下一班做好交接工作,并于宴会结束后做好收尾工作。

(7)随时提供热忱、专业的服务;接受服务领班、副经理、经理对责任区的分配。

(8)接受安排的培训课程;接受饭店调派的工作和职务调动安排。

(九)宴会部领位员

所属部门:餐饮部。

服务单位:宴会部。

直属上司:宴会部服务经理、以及领班。

工作区域:宴会厅前台区域、相关的后台区域

岗位职责:欢迎并引导客人就座，宴会结束后送别客人

具体职责与工作内容:

(1)接受客人预约订位;安排适合客人需要的坐席位置。

(2)熟记每天预订宴席的相关资料，包括客人姓名、房间、公司名称等;亲切地引导顾客入席及送顾客离开。

(3)协助客人衣帽吊挂、保管，但不包括贵重物品和现金的保管;协助电话寻人服务，通知客人接听电话。

(4)了解饭店各层楼的营业情况，以答复客人的询问;协助餐桌的摆设及服务。

(5)遵照员工手册准则，执行饭店有关防火、卫生、健康与安全的规定。

(6)工作时务必穿着制服、别名牌;保持个人高水准的仪表及卫生。

(7)随时提供热忱、专业的服务;与同事及各部门保持和谐关系。

(8)接受经理、领班的指挥调度及相关培训课程。

(十)行政总厨师长

所属部门:餐饮部。

服务单位:宴会部。

直属上司:宴会部经理。

工作区域:宴会厅厨房区域。

岗位职责:全面主持宴会部厨房工作，使其高效运转以获得社会效益和经济效益。

具体职责与工作内容:

(1)负责厨房正常运转工作，制定标准菜谱，结合宴会部各式主题宴会设计新颖菜式，确保菜点质量，满足宾客的各种不同需要。

(2)负责菜肴的质量管理及成本控制。

(3)根据客情及库存状况督导食品原料的采购、验收、保管，把好原料质量关。

(4)出席部门例会，协调厨房与餐厅的关系，处理宾客对菜肴的投诉。

(5)检查各班组卫生情况和厨师的仪容仪表，出勤情况以及遵守饭店规章制度情况。

(6)负责对厨师绩效的考评和技术培训工作。合理调配员工，做到人尽其才，各尽所能。

(7)全面负责所管辖范围内工具、设备、设施的正常运用，清洁和维护保养，经常保持工作区域的清洁卫生。

(8)完成宴会部经理交办的其他工作事宜。

〔案例2-1〕

还是烛光晚宴好

一次，有高层领导在某高档仿古餐厅宴请美国贵宾。高级服务员池月和其他两名服务员担任宴会服务。宴会前，她们做了认真的准备。宴会中，池月认真做好每一个环节的服务，穿插介绍各个菜品典故，客人对池月的服务非常满意，每讲一个菜品的典故，客人都报以热烈的掌声，宴会气氛非常活跃、热烈。

就在宴会热烈进行的时候，餐厅的灯突然全灭了(事后得知是总电路发生故障了)，餐厅里顿时漆黑一团。客人中发生了一阵小小的骚动，这时，池月没有惊慌，镇静地说："非常抱歉！可能是线路出了故障，我想很快就会修好，不过请各位不要错过这个机会，正好体验一下宫廷用餐的情景。"池月边说边点燃蜡烛，放在临窗的条案上，接着池月又发挥道："您看这餐厅，在烛光的映照下，显得更加金碧辉煌，典雅华贵了，当年明代××贵族就是在这样的环境里用餐，此刻各位有什么感受呢?"片刻间，整个餐厅变成了富丽堂皇充满情调的宫廷烛光晚宴。一看这喜从天降的烛光晚宴，客人非常高兴，纷纷赞不绝口。过了一会儿来电了，池月想吹灭蜡烛，客人忙把她拦住。说："不要吹灭蜡烛，请关上电灯，还是烛光晚宴好!"

宴会结束后，宾客称赞池月的服务是一流的，说："你们这里的饭菜好，服务也很有特色，我们度过了一个难忘的夜晚。"

〔评析〕

冷静的头脑在处理各种突发事故时是至关重要的。在客人就餐过程中，餐厅突然停电，这对服务员来说本是很棘手的事，因为这种事故处理得不好很容易引起客人的惊慌，此时就要求服务员自己首先保持冷静。服务员池月能处惊不乱，冷静应对，使之变成了一件有情趣的好事，引导客人体验了一下古老的宫廷用餐风格，又得到意外的饮食文化享受。这是服务员良好应变能力的一个范例。要提供这种随机应变的创造性服务，需要服务员有较高的素质，更要有一种责任感和使命感，要有为祖国争光的信念，有了这种信念，就能通过一流的服务树立起新时代服务员的良好形象。

〔案例2-2〕

老王的餐馆

老王开了家只有20个座位的小饮食店，王太太掌厨，老王自己则是老板兼跑堂。因为所有采买、菜单选择、烹调方式的决策都在老王身上，所以两人的组织较单纯且容易协调。后来生意越做越好，老王将20个座位的店面扩充至500个座位，厨房和餐厅的阵容也要相应增加，可是不能直接增加25倍，找25个厨师。西方有句话："太多厨子坏了一锅汤"（Too mang cooks spoil the broth），指太多人会七手八脚，反而降低效率，于是老王在主厨下设置副主厨及其他助手。为了有效监督，提高生产力，老王还需要着手分配工作，使每一个人都能各司其职，各尽其才。

〔评析〕

组织最大功能就是集合企业的人力达成营运成功的目标。随着老王餐馆组织编制不断的扩大，同一性质或类似的工作可能不只由一个人来操作；为了方便活动的控制，老王于是将这些从事相似工作的员工集合至一个部门，使他们能更胜任工作和更愉快地工作；另外，老王也因企业规模扩大，无暇一一监督操作细节，于是在每一部门设置管理人员，并赋予相当的控制幅度，以利于局部的决策运用。因此，老王通过构架科学合理、充满活力、工作高效的餐馆组织机构，从而高枕无忧。

〔案例2-3〕

宴席优惠

一位客人带他的亲戚到酒店办婚宴，事前与酒店副总经理商议好，在调整修订个别菜的基础上，每桌宴席再优惠10%。而到办婚宴那天，由于酒店副总经理着急忙于其他工作，于是忘记把原订的口头协议告诉餐饮部，结果在婚宴结束结账时，主家与收银员发生争执。那位客人带着酒后的大红脸找到副总经理，开口就指责副总不讲信誉。这时副总经理猛然想起原来的协议没有告诉餐饮部，所以他立即向客人道歉，并通知餐饮部妥善处理此事。

〔评析〕

酒店经营时一定要讲"诚信"，一定要做到诚实，因为任何失误都会伤害到客户。而客户被伤害后，自然会失掉本酒店的客源市场占有份额，影响酒店经营效益。当然出现了问题就要马上修正，挽回影响，只要你对客人坦诚相见，客人会理解，这也是"诚信"的具体表现。

同时酒店经营管理一定要规范程序，不能因为管理级别高而超越程序，如果案例中副总能在接到预订的当天按规范的预订程序办理相关手续，就不会有类似事件发生。

【复习思考题】

1. 简述宴会业务部门组织机构设计的原则。

2. 宴会业务部门日常组织管理有哪些工作内容?

3. 简述宴会设计师的素质要求和岗位职责。

4. 结合实际情况，绘制当地某餐饮企业宴会业务部门的组织机构设计图并加以分析。

第三章　主题宴会台面设计

● 本章提要

主题宴会台面设计的最大特点是围绕既定的主题来营造宴会经营气氛，使主题成为顾客容易识别的特征和产生消费行为的刺激物。本章重点阐述主题宴会台面设计的基本要求与方法，探讨与研究台形、餐具摆设、餐巾组合、花台造型、物品装饰的布置艺术，以期获得主题鲜明、优雅大方、实用美观的主题宴会就餐台面。

● 学习目标

1. 主题宴会台面设计基本要求与方法。
2. 主题宴会台形设计。
3. 主题宴会摆台设计。
4. 主题宴会餐巾折花设计。
5. 主题宴会花台设计。

第一节　主题宴会台面设计基本要求与方法

主题宴会台面设计就是主题宴会经营服务者根据宴会的主题、规模、档次、餐饮风格、就餐环境、场地形状、客人特殊需求等要求，通过一定的艺术手法和表现形式，布置优雅大方、实用美观的就餐台面。

一、主题宴会台面的种类

在进行主题宴会台面设计之前，我们首先必须了解主题宴会台面的种类。主题宴会台面由于在形状、风格、用途等方面的不同，而分为许多类别。最常用的划分方法如下。

（一）按主题宴会餐饮方式分

1. 中式主题宴会台面

中式主题宴会台面用于中餐宴会，一般使用圆桌台面和中式餐具进行摆台设计，如筷子、骨碟、汤碗、汤勺、味碟及各种酒杯等。

2. 西式主题宴会台面

西式主题宴会台面用于西餐宴会。常用方型、长型台面，或用长型、半圆型、1/4 圆型等台面搭成椭圆、T 型、I 型等各式台面。西式主题宴会摆台设计时使用西式餐具，如金属餐叉、餐勺和各种酒具、银制烛台等。

3. 中西式合璧主题宴会台面

由于中西饮食文化的交流，许多中餐菜肴都采用了中菜西吃的用餐方式，即保持了中菜的特点，又吸收了西菜用餐方式的长处，这是一种值得推广的用餐形式。中西式合璧主题宴会台面就是针对这种就餐方式而设计的，可使用圆台或西餐各种台面。摆放的餐具主要有：中餐的骨碟、汤碗、筷子，西餐的餐刀、餐叉、餐勺及各种酒具等。

（二）按主题宴会台面用途分

1. 主题宴会餐台

主题宴会餐台也叫食台、素台，在饮食服务行业中称为正摆台。这种主题宴会台面的餐具摆放应按照就餐人数的多少、菜单的编排和宴会标准等来配备。餐台上的各种餐具、用具，间隔距离要恰当，清洁实用，美观大方，放在每位宾客的就餐席位前。各种装饰物都必须整齐一致地摆放，而且要尽量相对集中。

2. 主题宴会看台

主题宴会看台是指根据宴会的主题、性质、内容，用各种小件餐具、小件物品和装饰物品摆设成各种图案，供宾客在就餐前观赏。在开宴上菜时，撤掉桌上的各种装饰物品，再把小件餐具分给各位宾客，让宾客在进餐时便于使用。这种主题宴会台面多用于民间宴会和风味宴会。

3. 主题宴会花台

主题宴会花台，顾名思义就是用鲜花、绢花、花篮以及各种工艺美术品和雕刻物品等点缀构成各种新颖、别致、得体的主题宴会台面。这种台面设计要符合主题宴会的内容，突出宴会主题，图案造型要结合主题宴会的特点，要具有一定的代表性或者政治性，色彩要鲜艳醒目，造型要新颖独特。

（三）按主题宴会台面用途及风格分

现代主题宴会台面类型多种多样。其类型根据台面用途及风格划分可参见表 3－1。

表 3－1　　主题宴会台面类型比较

序号	主题宴会台面类型	台面风格特点	适用宴会
1	仿古宴	仿古代名宴的餐酒具、台面布局、场景布置，礼仪规格高	红楼宴、宋宴、满汉全席、孔府宴
2	风味宴	具有鲜明的民族餐饮文化和地方饮食特色	火锅宴、烧烤宴、清真宴、海鲜宴、斋宴、民族宴
3	正式宴会	主题鲜明、政治性强、目的明确，场面气氛庄重高雅，接待礼仪严格	国宴、公务宴、商务宴、会议宴
4	亲（友）情宴	主题丰富，目的单一，气氛祥和热烈，突出个性以及个性化服务	洗尘接风、红白喜事、乔迁之喜、添丁祝寿、祝贺高升、毕业宴请、家庭便宴
5	节日宴	传统节日气氛浓重、注重节日习俗	圣诞节、元旦、春节、元宵节、国庆节、中秋节、儿童节、情人节、美食节、重阳节等宴请
6	休闲宴	主题休闲，气氛雅静舒适	茶宴
7	保健养生宴	倡导健康饮食主题，就餐的环境、设施与台面设计有利于客人的健康需要	食补药膳宴、美容宴
8	会展宴	宴会的台面设计与会展主题相符，就餐形式多种多样	各种大型会展主题宴会、冷餐会、鸡尾酒会

二、主题宴会台面设计的基本要求

一个成功的主题宴会台面设计，既要充分考虑到宾客用餐的需求，又要有大胆的构思、创意，将实用性和观赏性完美地结合，所以在主题宴会台面设计时，至少要满足以下几个基本要求：

（一）根据宾客的用餐要求进行设计

在进行主题宴会台面设计时，每个餐位的大小、餐位之间的距离、餐用具的选择和摆放的位置，都要首先考虑到宾客用餐的方便和服务员为宾客提供席间服务的方便。

（二）根据宴会的主题和档次进行设计

主题宴会台面设计应突出宴会的主题，例如：婚庆宴会就应摆“喜”字席、百鸟朝凤、蝴蝶戏花等台面，如果是接待外宾就应摆设迎宾席、友谊席、和平席等；同时，主题宴会台面设计还应根据宴会档次的高低来决定餐位的大小、装饰物及餐用具的造价、质地和件数等。

（三）根据宴会厅装饰格调来进行设计

主题宴会台面设计必须与宴会厅装饰格调协调。如果餐具摆放、装饰物的造型色彩等与餐厅的环境相融、相得益彰，就好比锦上添花，再加上美味飘香、服务周到,定会令人如沐春风、似返故里。由此可见,根据宴会厅气氛格调和希望表达的状态设计餐具、装饰物的造型、色彩与质感是十分必要的。

(四)根据主题宴会菜点和酒水特点进行设计

餐具及装饰物的选择与布置,必须由主题宴会菜点和酒水特点来确定。不同的主题宴会配备不同类型的餐具及装饰物。如中式主题宴会应选用传统的中餐具;食用什么菜点应配备什么餐具;饮用不同的酒水也应摆设不同的酒具。

(五)根据主题宴会美观性要求进行设计

主题宴会台面设计在满足以上实用性的基础上,应结合文化传统、美学结构进行创新设计,将各种餐具加以艺术陈列和布置,起到烘托宴会气氛,增强宾客食欲的作用。

(六)根据主题宴会进餐礼仪进行设计

主题宴会台面设计时,应充分考虑到国际交往的礼仪,例如按照国际惯例安排翻译陪同的餐位;餐具、台布、台裙、餐巾颜色及所选用的插花或餐巾折花应适应宾客的民族风俗和宗教信仰等。

(七)根据主题宴会安全卫生的要求进行设计

安全卫生是饮食行业提供服务的前提和基础,也是主题宴会台面设计时应考虑的重要因素之一。要保证摆台所用的餐用具都符合安全卫生的标准,在摆台操作时要注意操作卫生,不能用手抓餐具、杯具的进口或接触食物的部分。

三、主题宴会台面设计的步骤与方法

成功的主题宴会台面设计,就像一件艺术品,令人赏心悦目,给参加宴会的宾客创造出了隆重、热烈、和谐、欢快的气氛,因此,主题宴会台面设计已成为现代宴会不可缺少的环境布置。下面我们就简单介绍主题宴会台面设计的步骤与方法。

(一)根据宴会目的与目标顾客特点来确定宴会主题

主题宴会台面设计首先要明确宴会主题,这与文学家创作诗文前要先有一个主题思想再以文字表达,画家先有了主题思想,再以画笔渲染成画的道理是相同的。主题宴会台面主题的确定依据是消费者的用餐目的、年龄结构、消费习俗、顾客心理、经济状况等因素。例如,为开业庆典而设计的台面,应该根据庆典的内容、性质及参加庆典人员多少、文化层次等来确定宴会台面的主题和格调。如参加者以年轻人为主,应以色彩明快、时尚新意的台面格调为主,表现奔放、热烈的主题,营造活泼、欢快的喜庆气氛。

(二)根据主题宴会台面寓义命名

大多成功的主题宴会台面,都拥有一个别致而典雅的名字,这便是台面的命名。只有给主题宴会台面恰当的命名,才能突出宴会的主题、暗示台面设计的艺术手法、增加宴会气氛。其具体命名如中国茶宴、珠联璧合宴、蟠桃庆寿宴、梦幻漓江迎宾宴、圣诞欢庆宴等。

(三)根据主题宴会场地规划台形设计

宴会厅场地和台形的安排方式，原则上必须根据宴会厅的类型、宴会主题、宴会形式、宴会厅场地大小、用餐人数以及主办者要求等因素，决定宴会场地的摆设规划。主题宴会台形设计方法详见本章第二节内容。

(四)根据宴会的主题创意设计台面造型

1. 主题宴会的台布选择与台裙装饰

每个主题宴会都有它的特定主题，当然也要有和主题相配合的装饰。因此台布、台裙的颜色、款式的选择要根据宴会主题来确定，以体现服务的内涵。台裙可以选用制作好的常规台裙，可以选用丝质桌盖，上铺台布，也可以选用高档丝绸来现场制作造型各异的台裙。如寿宴餐台可以选用红、黄相间的动感台裙，其色彩传统，其造型现代。红的热烈，黄的富贵，使寿宴主题尽显其中。

2. 主题宴会的餐具选择与搭配

现代餐饮市场上餐酒具主要有中式、西式、民族式、日式、韩式等不同风格，质地、形状、档次也有相当大的差异，宴会设计者大胆地把不同风格的餐用具引为自用或特制出精美的主题餐具，搭配出形态万千的摆台造型。不仅有满足顾客进餐的需要，同时也有渲染主题宴会气氛、暗示促销、美化餐台的重要作用。具体详见本书第十章的典型个案。

3. 主题宴会的餐巾折花造型

丰富多彩的各类各色餐巾通过一些折法的变化和手艺的创新，可以折制出千姿百态的造型，并能衬托出田园式的、节日式的、新潮式的、超豪华式等不同宴会主题和气氛。餐巾折花设计具体方法详见本章第四节内容。

4. 主题宴会的菜单设计、装帧与陈列

主题宴会菜单对宴会厅不仅有点缀作用、推销作用，而且还是主题宴会的重要标志，可以反映不同宴会的情调和特色，因此宴会厅的服务人员必须根据宴会的主题精心设计菜单的装帧及陈列方法。具体设计方法见本书第四章内容。

5. 主题宴会的花台造型

台面花台造型设计是主题宴会台面布置的一项艺术性很强的工作，要求服务员根据不同类型的主题宴会，设计出不同花型，既美化环境、丰富餐台造型，又增加了宴会的和谐、美好的气氛，体现出宴会的隆重。具体方法详见本章第五节内容。

6. 主题宴会的餐垫、筷套、台号、席位卡布置与装饰

在主题宴会台面布局中虽然餐垫、筷套、台号、席位卡是一个小的因素，但其作用不容忽视，设计者必须根据宴会的主题风格，花台的主色调，餐具的档次，宴会的规格、宾客的要求精心策划与制作。

比如在圣诞节主题宴会中的餐垫可设计成为灿烂的圣诞树造型。首先

在一张鲜绿色泽的硬纸板或布件背面画一棵圣诞树的轮廓，其长度和宽度约比玻璃餐盘的直径分别大约 10 ~ 20cm。用美工刀和钢尺把形状割下来。在各树梢的地方用强力胶贴上小装饰品。剪一个大的星形贴在树的顶端，然后贴上小星星亮片即可。

对于正式宴会来说，席位卡是不可缺少的，比如在红楼梦主题宴会中的席位卡可在江边收集漂亮光滑的鹅卵石，用金色或银色的笔在上面写上嘉宾的名字，然后用小圆木垫托起来，即突出了石头记的主题，手法又很新颖，又可反复使用。

7. 主题宴会餐椅的布置

餐椅的主要功能是供宾客就座之用。主题宴会餐台设计与布置中常用的餐椅多选用优良原木制成，它一般相对固定，而宴会设计师采用椅外增加纺织品坐垫、椅套等作为装饰，以改变其色调与风格，使其与餐台的其他用品协调，与整个宴会主题相符合。如在以红色和粉色为主色调的婚宴摆台中，可将粉色丝绸制成的蝴蝶结温馨飘逸地挂在椅后，一束粉色玫瑰插于蝴蝶结中的特有方式向新人表达美好的祝福。

第二节　主题宴会台形设计

主题宴会的台形设计是将宴会中所使用的餐桌根据宴会性质、餐厅的形状、餐厅内陈设的特点、就餐人数、主办人的爱好等要求组合成各种不同的格局。其设计的基本要求是：餐台主台突出，排列整齐有序，间隔适当，合理利用宴会厅场地，表现出宴会的主题，体现宴会的规格标准，方便宾客就餐及服务员宴会服务。

主题宴会类型的不同，台形设计也有一定的区别。

一、中式主题宴会台形设计

（一）小型主题宴会台形设计（1 ~ 10 桌）

1. 一桌主题宴会

餐桌应置于宴会厅的中央位置，宴会厅的屋顶顶灯对准桌心。

2. 二桌主题宴会

餐桌应根据厅房的形状及门的方位而定，分布成横一字形或竖一字型，第一桌在厅堂的正面上位。

3. 三桌主题宴会

如果厅堂是正方型的，可将餐桌摆放成正品字形；如果是长方形的，可将餐桌安排成一字型。

4. 四桌主题宴会

如厅堂是正方型的，可将餐桌摆放成正方形；如厅堂是长方形的，可将餐桌摆放成菱形。

5. 五桌主题宴会

如厅堂是正方形的，可在厅中心摆一桌，四角方向各摆一桌；也可以摆成梅花瓣形。如厅堂是长方形的，可将第一桌放于厅房的正上方，其余四桌摆成正方形。

6. 六桌主题宴会

正方形厅堂将餐桌摆放成梅花瓣形；长方形厅堂可将餐桌摆放成菱形、长方形或三角形。

7. 七桌主题宴会

正方形厅房可将餐桌摆放成六瓣花形，即中心一桌，周围摆六桌，长方形厅房可将餐桌摆放成一桌在正上方，六桌在下，呈竖长方形。

8. 八至十桌主题宴会

将主桌摆放在厅堂正面上位或居中摆放，其余各桌按顺序排列，或横或竖，或双排或三排。

(二) 中型主题宴会台形设计(11～20 桌)

如宴会厅够大，可将餐桌摆设成别具一格的图案。中型主题宴会无论将餐桌摆成哪一种形状，均应注意突出主桌。中型以上主题宴会均应在主桌的后侧设讲话台和麦克风。中型主题宴会台形设计如图 3－1 所示：

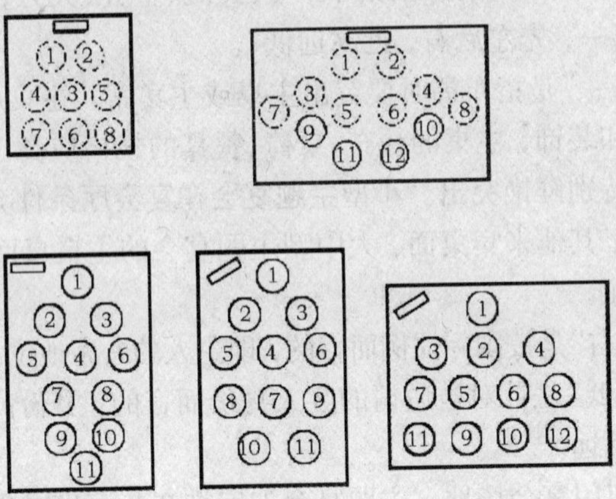

图 3－1 中型主题宴会台形设计

(三) 大型主题宴会的台形设计(21 桌以上)

大型主题宴会由于人多、桌多、投入的服务力量也大，为指挥方便，行动统一，应视主题宴会的规模将宴会厅分成主宾席区和来宾席区等若干服务区。主宾区，一般设五桌，即一主四副。主宾餐桌位要突出于副主宾餐桌位，同时台面要略大于其他餐桌；来宾席区，视宴会的大小可分为来宾一区、二区、三区等。主宾区与来宾区之间应留有一条比较宽的通道，以便宾主出入席间通行方便。

大型主题宴会的台形设计还要根据不同宴会性质规划好舞台、讲台、接待桌、乐队等的布局。大型喜宴台形设计如图 3－2 所示。

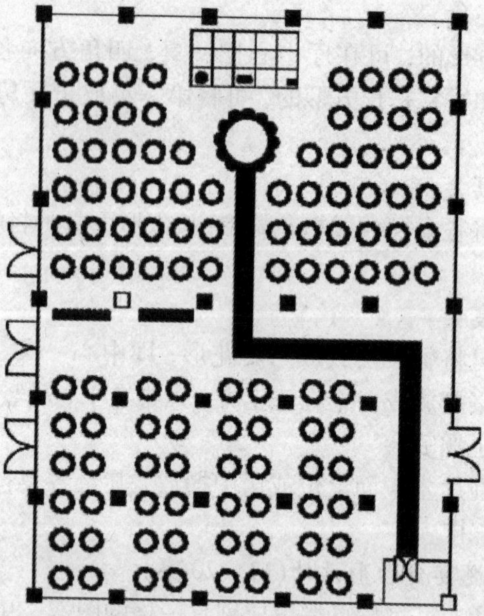

图 3－2　大型喜宴台形设计

(四) 中式主题宴会台型设计注意事项

1. 主题宴会餐桌安排应做到合理、美观、整齐、大方，其布局的一般顺序是“中心第一，先左后右，近高远低”。

“中心第一”是指布局时要突出主桌或主宾席。主桌放在上首中心，要突出其设备和装饰，主桌的台布、桌椅、餐具的规格应高于其他餐桌，主桌的花篮也要特别鲜艳突出。小型主题宴会在宴会厅条件允许的情况下，主桌桌面应大于其他来宾桌面，大中型主题宴会的主桌桌面则一定要大于其他来宾席桌面。

“先左后右”是按国际惯例而言的，即主人的右席地位大于主人的左席。

“近高远低”是针对被邀请的客人身份而言的，身份高的离主桌近，身份低的离主桌远。

2. 合理使用宴会场地。主题宴会如安排文艺演出或乐队演奏，在安排餐桌时应为之留出一定的场地。

3. 大型主题宴会除主桌外，所有餐桌都应编号。桌号架放在桌上，使客人从餐厅的入口处就可以看见。安排桌号时应照顾到宾客的风俗习惯，如有欧美宾客赴宴时，编排台号时应避开“13”号桌。

4. 多桌主题宴会餐桌之间的距离应不少于 1.5m，餐桌距墙的距离不少于 1.2m。

5. 主桌要专设服务桌，其余各桌可酌情设服务桌。服务桌摆设的距离要适当，便于服务员操作，一般放在宴会厅四周。

6. 一个宴会厅同时有两家或两家以上单位或个人所订的主题宴会，就应以屏风或盆景等布局手法将其隔开，以避免相互干扰和出现服务差错。

二、西式主题宴会台形设计(图3－3)

西式主题宴会一般使用长台。台形一般摆成一字形、马蹄形、n形、T形、正方形、鱼骨形、星形、梳子形等。主题宴会采用何种台形，要根据宴会的人数、餐厅的形状以及主办单位的要求来决定。餐台由长台拼合而成。椅子间的距离不得少于20cm，餐台两边的椅子应对称摆放。

1. 一字形台和豪华型台一般设在餐厅的中央位置，与餐厅两侧的距离大致相等，餐台的两端留有充分余地，便于服务员工作。

2. n形台横向长度应比竖向长度短一些。

3. M形台的三个翼长度一致，竖向要长于横向。

4. 教师形台，主宾席用一字形长台，一般来宾则用长方形餐桌或圆形餐桌。人数较多的西式主题宴会才用此种台形。

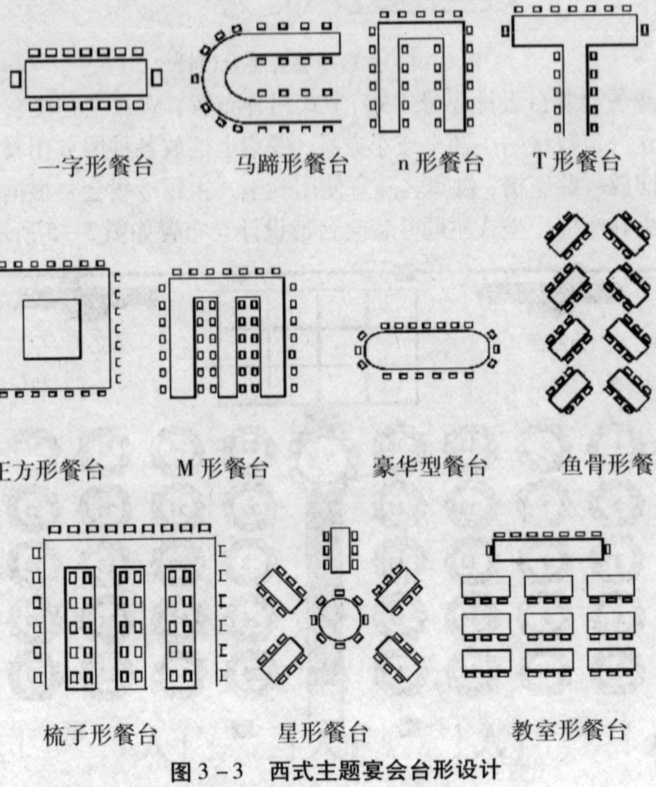

图3－3　西式主题宴会台形设计

三、自助餐主题宴会台形设计

(一)主题冷餐会台形设计

主题冷餐会餐台的设计首先根据宴会某一特定的主题来考虑菜肴种类、数量及盛菜所用的各种器皿，再考虑餐台上所用的各种装饰品，考虑各项物品所用的面积。另外，应根据主题宴会的人数来决定餐台的数量。人数较少的主题冷餐会只设一个餐台，菜肴点心、水果都可以摆在同一餐台上。人数较多的主题冷餐会就应考虑把菜肴、点心、水果等分开放在不同的台上。

食品台的形状，可根据宴会厅的形状而设计成长方形、V形、U形、L形、C形、S形、Z形及四分之一圆形、椭圆形。主题冷餐会餐台设计如图3－4所示。

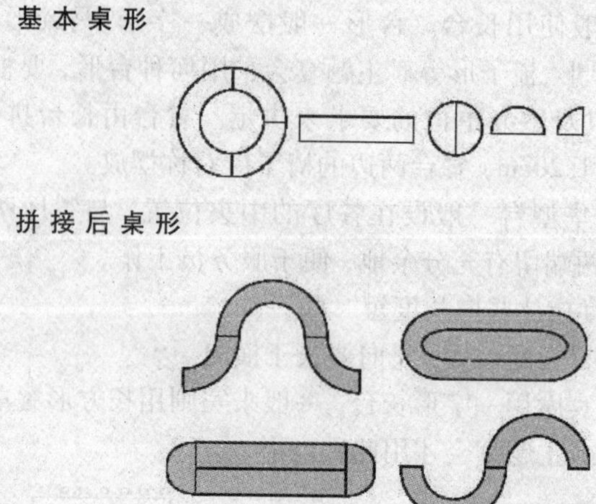

图3－4　主题冷餐会餐台设计

主题冷餐会餐台设计还分立式、坐式两种布置，立式主题冷餐会在餐台的四周设立一定数量的小圆桌或小方桌，餐桌上摆放各种服务用具。宴会厅的四周可摆放一些座椅，供宾客随意使用。坐式主题冷餐会要根据宾客的人数安排餐桌和座椅。坐式主题冷餐会台形设计与布置如图3－5所示。

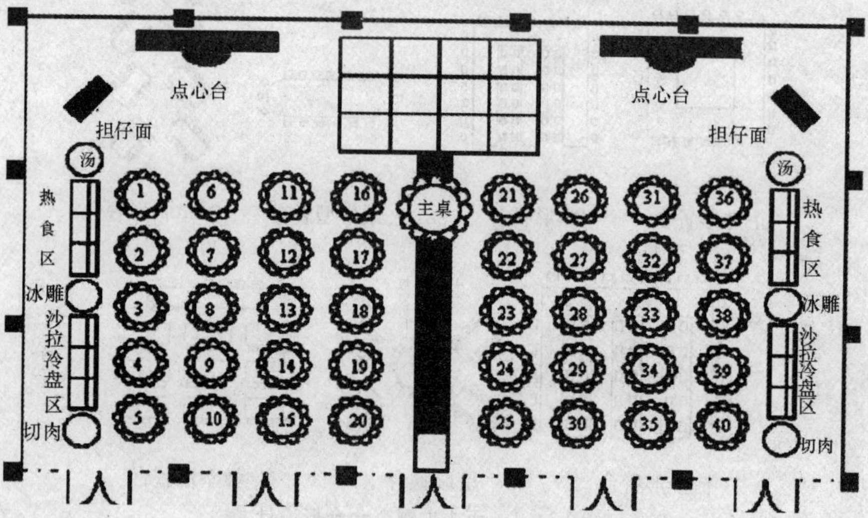

图3－5　坐式主题冷餐会台形设计与布置

（二）主题鸡尾酒会台形设计（图3－6）

主题鸡尾酒会的布局应有较大的空间，以便客人走动、交谈。主题鸡尾酒会一般不设座，只在会场的四周摆放少量的座椅，供需要者使用。主题酒会餐台设计的重点是规划酒吧台和菜台位置，并设计客户所欲表达的宴会主题。酒吧要摆设美观，酒水丰盛，其数量、位置要求与来宾的人数，会场的场地相适应，并且要考虑方便来宾点、取鸡尾酒与服务员为客人送饮料。食品摆放采用自助餐形式。另外，还应在会场内设立数量适当的小型餐桌，供参加酒会的来宾站立饮酒，用餐时使用。大型主题鸡尾酒会台形设计与布置如图3－6所示。

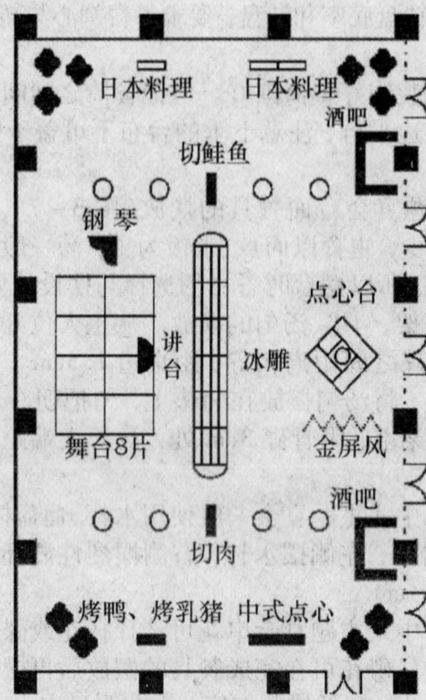

图3－6　大型主题鸡尾酒会台形设计与布置

第三节　主题宴会摆台基本技法

主题宴会摆台就是依据不同的宴会主题将精选或特制的布件、餐具、酒具、菜单及装饰用品按台面设计要求，运用一定的技法、遵循一定的程序摆放在餐台上。本节着重介绍中式、西式、自助餐主题宴会摆台的基本技法。

一、中式主题宴会摆台基本技法与席位安排

（一）中式主题宴会摆台基本技法

中式主题宴会摆台主要包括铺放台布、安排席位、摆放餐具、美化餐台等操作。但由于中国领域辽阔，民族众多，南北方饮食习惯上有很大差别，在主题宴会摆台上也有所不同，在这里分别加以介绍。

1. 餐台

中餐宴会一般选用木制圆台。圆台常用直径为160cm、180cm、200cm、220cm、240cm等规格的圆桌面。宴会组织者可根据用餐人数多少、场地的大小等，选择合适的餐台进行摆台。

2. 铺台布、台裙、下转盘

主题宴会台布铺设要求干净，不能沾地面，台布中间十字折纹的交叉点

正好在餐桌的圆心上，台布正面股缝朝上，中线直对正、副主人席位，四角要直线下垂，下垂部分与地面距离相等，铺好的台布图案在桌中间，平整无皱纹。在餐台中间摆上转盘底座和转盘，要求餐台圆心与转盘圆心垂合。

3. 围桌椅

从主人位开始把装饰好餐椅围好。每把餐椅之间间距相等，并正对餐位。餐椅的前端与桌边平行，注意下垂的台布不可盖于椅面上。

4. 餐具的摆设

(1)北方地区主题宴会台面餐具的摆放(图3-7)。北方地区宴会的特色是汤菜少，甜品少，主食以面点、米饭为主，汤一般在最后上，酒水比重大，且少茶水服务，所以摆台时餐具的选择与摆设的要求如下：

①骨碟、筷子、筷架、勺垫、汤勺的摆放。从主人位开始，按顺时针方向依次摆放骨碟，碟与碟之间距离相等，距桌边1.5cm。在骨碟正前方1cm处或左上角摆放勺垫，将汤勺摆放在勺垫上，勺把朝右。筷架置于骨碟的右上方，筷子架于筷架上，距骨碟3cm处，筷子尖端距筷架5cm，底端距桌边1.5cm。

②饮具的摆放。中式主题宴会一般使用水杯、葡萄杯、烈性酒杯组成的三套杯。葡萄酒杯居中，左侧摆水杯，右侧摆烈性酒杯，三杯横向成一直线，杯与杯之间相距1cm。

③餐巾的摆放。中式主题宴会巾花可选择杯花或碟花。杯花应摆插在水杯中后再摆放上台。碟花可在完成餐具的摆放后再摆在骨碟上。摆设的餐巾花要品种搭配得当，高低错落有序，主花明显突出，观赏面朝向客人。

图3-7 中式主题宴会(北方地区)台面餐具的摆放

图3-8 中式主题宴会(广东地区)台面餐具的摆放

(2)广东地区主题宴会台面餐具的摆放(图3－8)。广东地区主题宴会较注重汤菜，而且在开席后先上汤后上菜。菜肴讲究原汁原味，宾客可根据自己的需求自行调味，所以在餐具摆放时要考虑这一特性。

①装饰垫(布)、骨碟、口汤碗、汤勺、调味碟、筷子、金属汤勺、金属筷架的摆放。从主人位开始按顺时针方向依次摆放装饰垫(布)、骨蝶、碟与碟之间距离相等，距桌边1.5cm。口汤碗与调味碟摆放在骨碟的正前方，距碟边1cm，汤勺放于口汤碗中，勺把向左。在装饰碟右侧上方摆放金属筷架，如是动物型，头朝左。在筷架左边放金属勺，右边放上筷子，筷子底端距桌边1.5cm。

②饮具的摆放。在口汤碗与调味碟的正前方1cm处从左到右依次摆放水杯、葡萄酒杯、烈性酒杯。三套杯横向成一直线，杯与杯之间相距1cm。

③餐巾的摆放。一般多选用式样一致的碟花，主人花明显突出，观赏面朝向宾客。

(3)中餐西吃式主题宴会台面餐具摆放(图3－9)我国的菜肴闻名世界，为世人所喜爱。由于人们的生活习惯和对餐具的要求有所不同，为了适合对外宾旅游者的需要，亦可安排中餐西吃式主题宴会。中餐西吃式主题宴会台面餐具摆放布置一般是在西式台面布置的基础上，在每个客位上摆一双筷子，客位上的筷子应横摆在餐盘下方，也可摆在餐盘右边，如图3－9所示。

图3－9　中餐西吃式主题宴会台面餐具摆放

5. 公用餐具的摆放

(1)公用餐具的摆放。在正副主人位前各摆一个骨碟，碟内分别用筷架摆放一把公用金属汤勺和一双公用筷子。勺把向左，筷子手持端向右，放在靠桌心一侧。

(2)公用用具的摆放。

①牙签。摆放牙签有两种方法：一种是摆放牙签筒，摆放在公用餐具的右侧；另一种方法是摆放袋装牙签，摆放在每个餐位的右侧。袋装牙签一般都印有店名标志，要注意摆正。

②烟灰缸、火柴。从主人位右侧开始，每隔两个座位各摆放一个，烟灰缸的前端应在水杯的外切线上。烟灰缸的三个架烟孔，其中一个应朝向桌心，另外两个朝向两侧的客人。火柴摆在烟灰缸上，正面朝上。

③菜单、台号。10 人以下摆放 2 份菜单，摆在正副主人席位的右侧，菜单底部距边 1cm。12 人以上摆 4 份菜单，摆成“十”字形。高档宴会有时在每位宴客的席位右侧都摆放一份菜单。大型主题宴会应摆放台号，一般摆在每张餐台的下首。台号要朝向宴会厅的入口处，使客人一进餐厅就能看到。

6. 美化餐台

全部餐、用具摆好后，再次整理，检查台面，调整座椅，最后在餐桌中心摆上装饰物品，如花瓶、花篮等。

(二)中式主题宴会席位安排

在进行主题宴会台面设计时，应按照礼仪规范合理地安排好宾主的席位。

1. 单桌主题宴会的席位安排(图 3－10)

(1)主人席位的确定：第一主人(正主人)的席位一般面对宴会厅的入口处，以便环视整个宴会的进展情况。第二主人(副主人)位设于正主人位的对面，正副主人位与桌中心呈一条直线相对。

(2)宾客席位的安排：第一客人(主宾)应设于主人位的右侧，第二客人(副主宾)位应设于副主人位的右侧，使主宾位与副主宾位呈相对式；第三客人位与第四客人位分别在主人位与副主人位左侧，也呈相对式。如主宾、副主宾均偕夫人出席时，此座位则分别为夫人席位；主宾与副主宾的右侧分别为翻译席位；第三客人与第四客人位的左侧分别为陪同席位。

在国际交往中，安排席位遇到特殊情况也可以灵活，如主宾身份高于主人，为表示对宾客的尊敬，可把主宾安排在主人席位上，而主人则坐在主宾的席位上。主宾有夫人参加宴会，而主人的夫人未能出席时，可以请身份相当的妇女坐在副主人位或者把主人夫妇安排在主宾一侧。

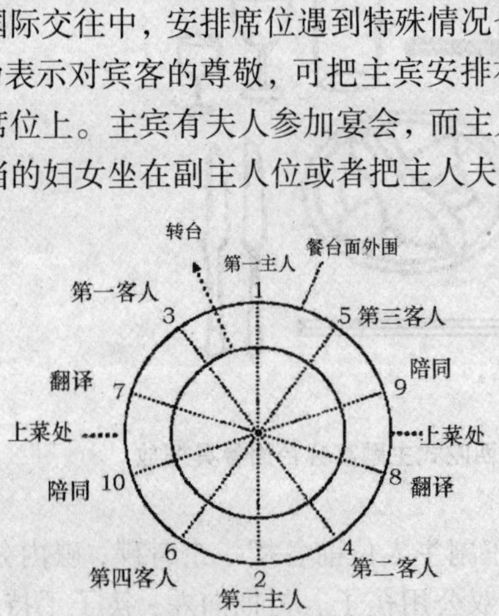

图 3－10　单桌主题宴会的席位安排

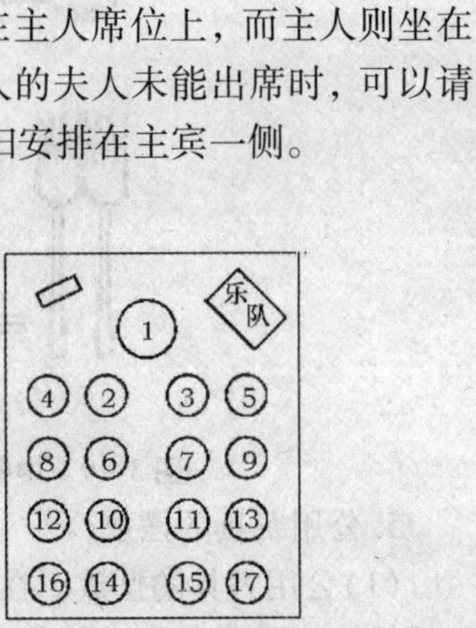

图 3－11　多桌主题宴会的席位安排

2. 多桌主题宴会的席位安排(图 3－11)

正式宴会一般均安排席位。大中型主题宴会往往只安排主桌席位，其他宾客则按照桌次就位。大型主题宴会可先将宾客席次打印在请贴上，使宾客心中有数，现场还可以安排礼宾员，引领客人入座。

多桌主题宴会的主桌要求居中摆放，主人席位又居于主桌的正中，而其他桌的主人席位应与主桌主人呈对面式或侧对式。根据习惯，桌次高低以离桌远近而定，右高左低。

二、西式主题宴会摆台基本技法与席位安排

(一)西式主题宴会摆台基本方法(图3－12)

西式主题宴会由于用餐方式、使用餐具等方面的不同，故在摆台上与中式主题宴会有明显区别。西式宴会摆台的基本要领是：展示盘或叠好的餐巾摆放于餐位正中，左叉右刀，刀刃向左。餐具与菜肴相配，根据食用菜肴的先后顺序，从里到外依次摆放。同时，由于用餐方式的不同，西式主题宴会餐具的摆放在各国、各地都有所不同，在此主要介绍西式主题宴会基本摆台技法。

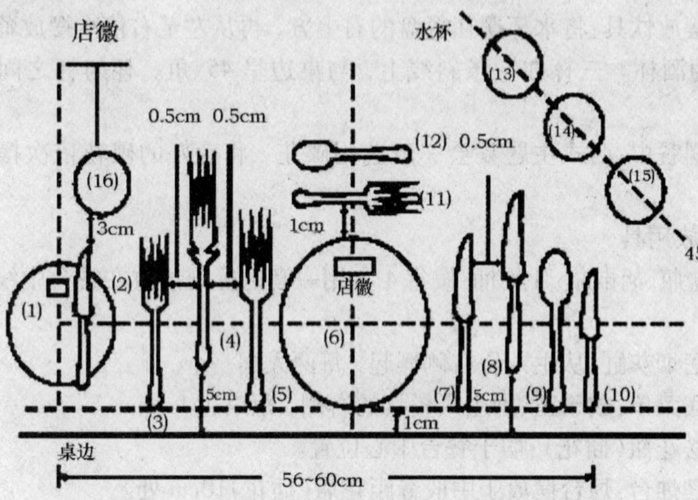

(1)面包盘 (2)黄油刀 (3)沙拉叉 (4)鱼叉 (5)主餐叉 (6)装饰盘 (7)主餐刀 (8)鱼刀 (9)汤匙 (10)沙拉刀 (11)甜点叉 (12)甜点匙 (13)水杯 (14)红酒杯 (15)白酒杯 (16)黄油碟

图3－12　西式主题宴会台面餐具摆放

1. 餐台

西式主题宴会多采用方形、半圆形、长方形、1/4圆所拼成的一字形长台、T字形台、U形台、椭圆形台等，在大型西式主题宴会中，有时也选用圆形餐台进行摆台设计。

2. 铺台布

铺一字形台时，服务员应站立于餐台长侧边，将台布横向打开。双手捏住台布侧一边，将台布送至餐台另一侧，然后再将台布从餐台另一侧向身体的一侧慢慢拉开。铺好后台布要求正面股缝朝上，四周下垂部分均等。铺一字形长台、U形台、T型台、椭圆台等，需要几块台布拼铺时，要求所有台布股

缝方向一致，连接的台布边缘要重叠，台布下垂部分应平行相等。

3. 摆放桌椅

如是偶数客人参加主题宴会，可采用面对面式方法摆放桌椅；如奇数客人，可交错摆放餐椅，使每位客人前面视野开阔，没有阻挡。餐椅要摆放整齐，餐椅边以恰好触及台布下垂部分为宜。

4. 摆放餐具、饮具

(1)摆餐盘(服务盘、展示盘)：从主人位开始，按顺时针方向依次将餐盘摆放在每个餐位的正中，距桌边1.5cm。

(2)摆餐刀、餐叉等：从餐盘的左侧由外及里依次摆放沙拉叉、鱼叉、主餐叉；从餐盘右侧由外及里依次摆放沙拉刀、汤勺、鱼刀、主餐刀。除鱼刀、鱼叉向前突出2～3cm外，其他刀、叉、勺把平齐，距桌边1.5cm 。

(3)摆甜品叉勺：在餐盘的正前方摆甜品叉、勺。其方法是：在餐盘正前方先摆甜品叉，叉把朝左，甜品叉的前方摆甜品勺，勺把朝右。

(4)摆面包盘、黄油刀：在头盘叉的左侧1cm处摆面包盘，在面包盘右侧上摆黄油刀。

(5)摆放饮具：将水杯摆在餐盘的右上方，再从左至右依次摆放葡萄酒杯、白葡萄酒杯。三杯在一条斜线上，与桌边呈45°角。杯与杯之间相距1cm 。

(6)摆餐巾：西式主题宴会一般选用碟花。将叠好的碟花依次摆放在餐盘上。

5. 摆放用具

(1)盐瓶、胡椒瓶、牙签桶：按每4人用一套的标准摆放在餐台中线位置上。

(2)摆烟灰缸：从主人位右侧摆起，每两人摆一个。

(3)摆菜单：放于正、副主人餐具的右侧，距桌边1.5cm

(4)摆花瓶(插花)：摆于餐台中心位置。

(5)摆烛台：烛台摆放于中股缝距花瓶(插花)10cm处。

6. 检查摆台

检查餐台上各种餐、用具是否齐全，每套餐具间距是否合适，餐具是否清洁无破损，座椅是否整齐干净，台布是否符合标准。

(二)西式主题宴会席位安排

西式主题宴会习惯男女参插安排，以女主人为准，主宾在女主人上方，主宾夫人在男主人右方。也可以根据宾客的习惯，将主宾夫人与主宾安排在一起。

一字形长台主题宴会席位安排有两种方式(图3－13所示)：一是将主人席位安排在餐台横向的上首中间，副主人(女主人)席位在主人席对面，即横向下首中间；另一种方式是将主人和副主人(女主人)席位安排在长台纵向的两端，这种安排可提供两个谈话中心，避免客人坐在末端。

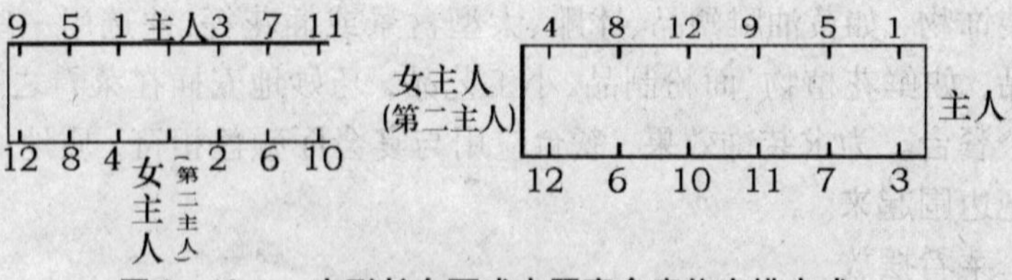

图 3－13　一字形长台西式主题宴会席位安排方式

N 形台、回形台、T 形台西式宴会席位安排如图 3－14 所示。

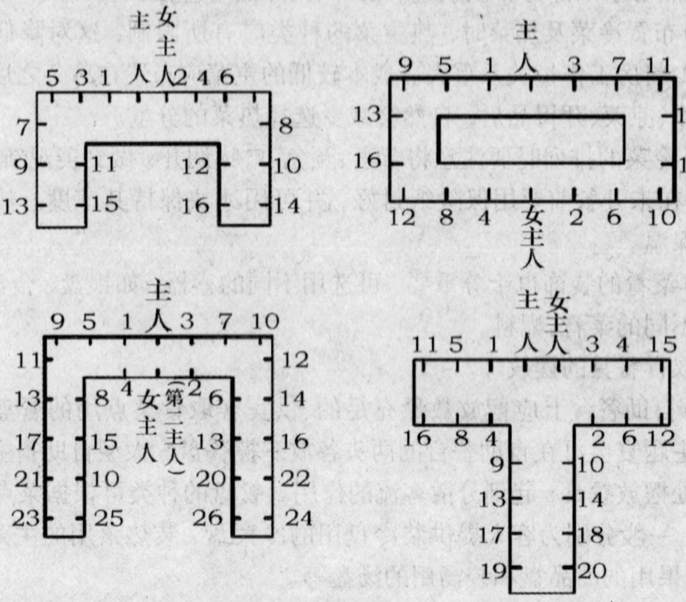

图 3－14　N 形台、回形台、T 形台西式主题宴会席位安排方式

三、自助餐主题宴会摆台方法

自助餐是一种用于冷餐会、鸡尾酒会等的餐饮服务方式，在大型主题宴会中的应用越来越普遍。它的重要特点是：

(1) 自助餐收费标准固定，无论宾客食用多少，统一收费，较为经济实惠。

(2) 菜点、饮料集中陈列，宾客各取所需。

(3) 以宾客自我服务为主，故服务的效率较高，能使用相对较少时间，较少人力组织大型的宴会接待。

自助餐主题宴会的摆台可以分为餐台(食台)和餐桌的摆台。

(一) 自助餐主题宴会餐台的摆放

自助餐主题宴会餐台的摆放主要依据自助餐宴会的主题设计菜肴食品和各种装饰物品的摆放，精心布置的餐台可以增加宾客的食欲，并给宾客带来艺术上的享受。

1. 装饰物品的摆放

自助餐主题宴会餐台的设计要突出主题，注意层次感和立体感，装饰物品的摆放要高低错落。通常在自助餐餐台中央摆放一个突出宴会主题的大型装饰物，如黄油雕塑品、冰雕、大型盆景或插花等；并选用一些小型的装饰品，如鲜花植物、面粉制品、小工艺品，巧妙地安插在菜肴之间，来装饰整个餐台。为求装饰效果，餐台应用与宴会厅颜色相符，质地好的平绒台裙把边围起来。

2. 菜肴摆放

(1)菜肴在摆放时顺序上要方便宾客取菜。一般可根据冷菜部分、热菜部分、点心水果部分分段放置。汤汁、调味品等应摆在相关菜肴的旁边。

(2)布置冷菜及热菜时，热主菜的种类应有所限制，这对降低食品成本和减少厨房工作量关系重大。成本较低的主菜应布置在冷菜之后。客人盛满沙律、凉菜、开胃品后，自然会减少选择热菜的分量。

(3)冷菜的排列时要注意将荤素、颜色、口味调开，做到美观新颖、色彩鲜明,并在未开餐前要用保险纸封好，并可用冰块保持其凉度。热菜要用保温锅保温。

(4)菜肴的装饰也十分重要，可选用不同的盛器，如银盘、金盘、竹篮来盛装不同的菜肴、配料。

3. 取食餐具的摆放

(1)自助餐台上应摆放数量充足的、供宾客取食菜点用的餐盘。小型自助餐主题宴会可在自助餐台的两头各放一摞餐盘。大型自助餐主题宴会可分几处摆放餐具，起到分散客流的作用。餐盘的种类可根据菜点的种类来选定，一般分别为客人提供装冷盘用的冷菜盘，装热菜用的主菜盘，装甜品、水果用的甜品盘和装汤用的汤盘等。

(2)如自助餐主题宴会为不设座的，应在自助餐上为宾客摆放相应的餐、用具，如主餐叉、甜品叉、汤勺、牙签等。

(3)在每盘菜前都应放上一副取菜用的公用叉、勺或餐夹，供客人取食时使用。

4. 酒水及杯具的摆放

如自助餐主题宴会中供应酒水，还应专门设计酒吧台，为宾客提供酒水服务。自助餐主题宴会中常供应的酒水有葡萄酒，啤酒，果汁饮料，汽水等。主题鸡尾酒会中还应为宾客调制鸡尾酒。

(二) 自助餐主题宴会餐桌的摆放

自助餐主题宴会根据是否为宾客设置餐位，而分为坐式自助餐主题宴会和站式(立式)自助餐主题宴会。

(1)坐式自助餐主题宴会:根据宾客的人数，安排餐桌和座椅。餐桌上餐具的摆放可根据宴会所提供菜点品种来决定。高级坐式自助餐主题宴会餐桌摆设同西式主题宴会餐桌的摆放要求。

(2)立式自助餐主题宴会:即宾客参加宴会采用站立式用餐方式。在宴会厅可不设餐桌椅，只是分区域设立小型的服务台，台上摆放烟灰缸、纸巾等简单用品，供宾客使用。也可以在大厅四周摆放几张桌椅，供宾客随意使用。

第四节　主题宴会餐巾折花设计

“眼睛也一起吃”这句话想你一定不陌生。如今人们就餐时非常注意吃以外的东西——装饰效果和宴会形式。主题宴会餐巾折花设计就是将餐巾折叠成栩栩如生的各种花型和惟妙惟肖的实物造型，并根据餐具的特点和台布的色泽进行巧妙的构思，不但表示各类宴会的主题，起到了美化席面的作用，而且给宴会增加了欢快的气氛，给客人一种艺术美的享受。

一、餐巾折花设计在主题宴会台面造型中的作用

餐巾的使用在我国只有一百多年的历史，随着近年来我国餐饮业的迅速发展，餐巾折花设计在各种酒席宴会台面造型中使用非常广泛。具体作用主要有以下几点：

（一）突出宴会主题，标志主宾席位

口布花的不同花型及摆放，可以点化宴会主题和标志主宾席位。如在婚礼喜宴上，在主人位上放上一对错落有致的双色餐巾折花“鸳鸯”或“喜鹊”，可表达对新人的美好祝福，又可使宾客辨认出新人的席位。在祝寿贺宴上，摆放“寿桃”“仙鹤”等折花，可令老寿星心清气爽、兴致勃发，也可起到烘托主题的效果。

（二）点缀、烘托餐台气氛

餐台布置的气氛可以通过餐具的摆放使其灵活或是古朴传统，也可以通过餐台插花来反映或影响餐台布置气氛，还可以采用丰富而变化的餐巾折花来烘托台面布置的气氛，如果主题宴会提供的是仿膳菜品，加上古色古香的木器家具，传统的青花瓷器，采用黄色餐巾，这种餐台造型设计一定会给客人留下富丽堂皇、兴奋热烈的感觉。又如民族风味宴会台面使用蜡染、壮锦、刺绣等手工餐巾配以相应的特色台布与餐具，营造浓厚的民族宴会饮食文化气氛，必定会给宾客赏心悦目的感觉。

（三）传播与融洽主客关系

餐巾折花是一种无声的语言，可以用他向宾主之间传递感情和友谊。如迎宾花篮餐巾花造型在迎宾主题宴会中表达了主人对宾客热烈欢迎的含义；“仙鹤”“红烛”餐巾造型在寿宴中表达年轻人对老人最真诚的祝福；餐巾折花完美的造型还提高了餐台造型设计中的档次，活跃了餐台布置的气氛，融洽了主客关系。

二、餐巾折花的种类与主题宴会应用

（一）按纺织材料分类

全棉和全麻混纺的正餐餐巾一般运用中、高档主题宴会。特点是吸水性强、触感好、色彩丰富，但易褪色、不够挺括、每次洗涤需上浆，平均寿命4~6个月，其规格为50~65cm边长的正方形。

化纤餐巾一般运用中低档主题宴会，其餐巾边长规格一般为35~45 cm。

维萨餐巾（VISA）由于色彩鲜艳丰富、挺括、感觉好，再配上漂亮的镶嵌物，可使丰富的宴会产生完美和谐的效果，常用于高档豪华主题宴会，它比较方便洗涤、不褪色，并且经久耐用，可用2~3年，但价格较高。

纸质餐巾的特点是一次性使用，成本较低，一般用在低档主题宴会。然而如今比较高档的纸质餐巾在国外大有取代布餐巾的趋势，因为纸餐巾非常卫生清洁，并且纸餐巾中的颜色应有尽有，便于人们根据餐桌的式样、宴席的类型、餐具台布以及桌上的装饰物相搭配，其中，混色纸餐巾折花尤其新颖别致。

（二）按色泽分类

可将餐巾分为白色和彩色两大类，白色餐巾在主题宴会餐台设计中运用十分普遍，因为白色可给人以纯洁、神圣、典雅文静、清洁卫生的感觉。彩色餐巾一般可分为暖色调和冷色调两大类。暖色调餐巾的颜色通常有粉红、酒红、淡雪青、淡黄、鹅黄、桔黄等。暖色调的餐巾可给人以兴奋热烈、富丽堂皇、鲜艳醒目的感觉，多用于婚宴、寿宴、迎宾宴等场合。冷色调餐巾的颜色常见的有：浅绿、淡蓝、灰色、棕色等。此种餐巾在适宜的季节、环境和花色台布的衬托下，则有平静、舒适、凉爽的感觉。总之，彩色餐巾的使用应以配合宴会主题为原则，选择得当可烘托气氛、渲染怡情，收到特有主题宴会台面摆台的艺术效果。否则将适得其反。

（三）按造型分类

餐巾花的品种众多，其造型一般有两种分类方法：

1. 按摆放的餐具不同进行分类

按摆餐具不同，可分为杯花和盘花两种。

杯花是将折好的花型放入酒杯或水杯内，若从杯中取出，花型即散，散开后餐巾皱折较多。常用于中式、日式、韩式主题宴会。

盘花是将折好的花型置于餐碟内或直接放置在台面上，花成型后不会自动散开。由于盘花造型简洁、美观、大方，现中式、西式宴饮场合都趋向于使用。

在自助餐主题宴会服务中，为方便客人，提高工作效率，常将餐巾折叠成简单的几何图形，然后用不同的色彩餐巾折成的正方形、长方形、三角形拼成一个整体图案，摆在自助餐前，供客人自行使用。

环花是盘花的一种折叠形式，是将餐巾平整卷好或折叠成造型套在餐巾环内。餐巾环也称为餐巾扣，有瓷制、银制、象牙、塑料的等等。此外，餐巾环也可用色彩鲜明、对比感极强的丝带或丝穗带代替，也可以配以鲜花，显得传统、简洁和雅致。常用于高档中、西式主题宴会。

2. 按外观造型分类

(1)植物类造型。是根据植物的花、叶、茎、果实等形状，将餐巾折叠成"神似"此形状的花型。

植物类造型餐巾花中以模仿花卉为多，且使用也最为广泛，寓意又适合中国传统文化对顾客的诸多影响。如扇面牡丹、凌波仙子、杏花迎春、玉洁冰清、莲芯结蒂等花类造型。单是从名字上就能产生无限美的遐想，加之与宴会的主题相适应，与就餐的不同顾客群的就餐目的协调设计，定能产生较大的影响。

(2)动物型造型。动物型造型餐巾花有的塑其整体，也有的取其特征，或选其寓意，形态上生动、活泼、可爱，文化上传神达意，取其吉祥、祝愿和欢迎的心理。动物类造型餐巾中，尤以飞禽类造型为最多，如"孔雀开屏"、"大鹏展翅"、"春燕闹春"、"喜鹊报春"、"鸳鸯戏水"、"和平白鸽"、"比翼双飞"等，其折叠也较易，寓意最丰富，造型美丽，漂亮动人。它同植物的花卉造型一同构成餐巾花造型的主体。

(3)实物类造型。此类花型是模仿日常生活中各种实物形态折叠而成的，如皇冠花开、精致僧帽、水仙盆景、同舟共济、迎风帆船、扇面送爽、祝寿蜡烛等。这些实物类造型折花大多以盘花形式出现，由于盘花配上餐巾环或对比感较强的丝带或丝穗带，以造型更为美观大方、雅致高档、技法简单、折叠迅速、餐巾褶皱少、操作清洁卫生等特点，深受人们喜爱，目前中高档主题宴会餐巾逐渐趋向于选择盘花。

三、主题宴会餐巾折花设计

(一)围绕主题宴会餐台总体设计风格来进行

餐台上任何一件器具都是围绕主题宴会餐台的总体设计和风格来进行的，台面餐巾折花所选用的餐巾必须与餐台设计中的其他要素色调和谐一致，起到点缀烘托作用。餐巾花型选择要求整齐美观、便于识别、方便观赏、不遮盖餐具，使用和操作均感方便。

(二)根据宴会的主题来进行

根据宴会的主题设计与之相适应的餐巾折花，易于突出宴请主题，渲染宴请气氛。如利用餐巾花可以组合成鸟语花香、友谊花篮、百花齐放、百鸟朝凤、蝴蝶闹席、花好月圆、寿比南山、大鹏展翅、繁花似锦、群芳争艳等富有寓意的台面。

(三)根据主题宴会的规模来进行

大型主题宴会一般设计为简单、快捷、挺括、美观、统一的花型，小型的则反之。

（四）根据主题宴会宾主席位来设计

宴会主人位上摆放的花成为主花，主花一般选用高大、醒目、美观的花型，如迎宾花、孔雀开屏、友谊花篮、企鹅盘花等，其目的是使宴会的主位更加突出。

（五）根据主题宴会接待宾客的宗教信仰和风俗习惯来设计

在宴请活动中，若选用来宾家乡的国花作为台面餐巾花，可以进一步增加与客人之间的友谊。如日本的樱花、印度的荷花、英国的红玫瑰、加拿大的枫叶、泰国的睡莲等，都可以用餐巾折成逼真的花型，摆设在餐桌上，使客人感到对他的尊敬。折花时要注意禁用客人忌讳的花型，如英国把孔雀看成是祸鸟，法国讨厌仙鹤；欧洲许多国家忌将菊花放在餐桌上等。

（六）根据主题宴会时令季节的变化进行设计

春季主题宴会酒席可设计迎春、月季等花卉花型，以示满院春色的气氛；夏季可选择荷花、玉兰花等花型，可令来宾感觉到清爽；秋季可选择菊花、秋叶等花型；冬季可选用梅花、天竹等花型。按季节选择花型，可给人以时令感。

（七）根据主题宴会冷盘的造型来设计

冷盘若是鸟的则折叠飞禽类花型，冷盘是花则以植物类花型衬托，花与菜肴相呼应，形成一种欢快活泼的气氛。

四、主题宴会餐巾折花造型设计实例

（一）鲜花装饰餐巾折花造型设计（见彩插图 3－15）

用迷人的鲜花、纯朴的绿叶给餐巾做些点缀能给宾客带来和谐的气氛、生活的气息、悦目的印象，常用于喜庆、休闲宴会。具体造型方法：用胶水把貌似皮革、容易弯曲的大叶子粘成一个圈。用草叶织成一条秀丽的绳子，卷起餐巾，穿过叶子圈，把草绳绑在中部，一朵鲜玫瑰从中插入，最后用金丝加以点缀。

（二）双色餐巾造型设计

设计精美的双色餐巾折花装点在台布、盘碟、花瓶、烛台或鲜花中，使得宴会餐桌的整体效果更加美观和具有个性化，这也正是当今的餐巾风格日渐别致、新颖独特的原因所在。彩插图 3－16 中的双色餐巾造型精妙之处在于：扇形折花与台布、餐具、花台的色彩和谐统一。清雅、明快的紫蓝、翡翠、白色为主色调，粉白色做画龙点睛之笔，餐桌整体色调亮丽、协调、悦目。烘托出高雅大方、隆重热烈的正式宴会气氛。

第五节　主题宴会花台设计

主题宴会花台设计是根据宴会主题、餐厅环境条件、宾主宗教信仰和民族文化传统，将自然界的植物以及工艺美术品或雕刻物品等主要素材，经过设计者的构思、加工组合，成为具有含义各异、姿态各殊的餐台插花艺术品。主题宴会花台设计是对整个餐台插花作品的内容与形式，包括构思、创意、内涵、构图在内的全部工作的总体安排。本节着重介绍主题宴会花台的作用、设计原则及方法。

一、花台艺术在主题宴会台面设计中的作用

（一）花台艺术具有美化主题宴会台面造型，烘托宴会气氛的作用

花台是主题宴会台面造型设计中最接近大自然的艺术手法，它能增加宴会厅美感，富于自然气息，美化餐台造型，使人怡神悦目，情趣无限；插花艺术还具有强烈烘托主题宴会气氛的作用，或喜庆热闹，或庄严肃穆，所以，开业庆典、婚丧嫁娶等各种主题宴会台面都少不了鲜花的衬托。

（二）花台艺术具有传递宾主情感，增进友谊的作用。

主题宴会花台设计者着意通过所插做的“无声的诗、立体的画”来表达宴会主题，向宴会宾客传递一种情感，暗示一种生活哲理，使人观之赏心悦目，从而增进主客间的友谊。

（三）花台艺术具有体现宴会档次，促进主题宴会经营与发展的作用。

随着人们生活质量和文化水平的提高，人们的生活观念和消费观念都在发生着变化。从某种意义上讲，顾客来到餐厅赴宴，除了基本的“吃”的满足外，更重要的是体现独特的个性和文化品位。而既体现自然，具有丰富的文化内涵感，又能美化就餐环境的餐台花台艺术就迎合了人们的这种要求。若在主题宴会餐台上插上主次分明、高低错落、研而不俗、雅而有韵、玲珑有致的鲜花，即能令来宾心驰神往，又能提高主题宴会的经营档次，还能促进宴会业务部门的经济发展。

二、主题宴会花台设计原则

要想成功地设计宴会花台造型，除了掌握插花艺术的基本原理，还必须遵循主题宴会花台设计的一般规律和原则。

（一）花台应突出宴会主题

宴会花台主题的确定是依据宴会的主题，比如大型中式国宴花台可制作为端庄大方、艳丽多彩、体量宜大、花材种类多样化的圆形为主的花台，以突出庄严隆重、和平友好的主题。为青少年举办的生日宴会，应突出其

纯真诚挚、前途美好的主题，花台宜活泼、常用盘状容器，以粉色蜡烛点题，烛光闪闪跳跃于粉色、白色的月季、香石竹组合的弧形面上，其间散布粉色或白色的霞草，边缘以唐菖蒲、蕨叶衬托，展示朝气蓬勃的气氛。

（二）花台应与主题宴会餐台设计风格相吻合

主题宴会台面造型设计虽多种多样，但大致多分为中式台面造型设计、西式台面造型设计和日式台面造型设计三大类，而插花的风格也有东方与西方之别、现代与传统之分。所以，宜采用与餐台造型设计风格相同的花台造型。

（三）花台应不阻挡宾客视线

主题宴会花台造型设计时，花的总体高度最好不要超过 25 cm 左右（高杆特殊型花台除外）。台花过高会影响用餐者的视线，也不利于用餐者的感情交流。

（四）花台应讲究卫生，防止食品污染

由于主题宴会餐台上主要供给的是饮食品，它关系到进餐者的健康，所以，插花盛器、花泥、鲜花、浇花水的选择及操作卫生应予以充分注意，防止食品污染。

（五）花台不能掩盖餐饮品

餐饮品是宴会经营企业中的核心产品，因此，主题宴会台面造型中的花台不能过分渲染，以避免影响和掩盖核心产品，造成喧宾夺主的情形；此外，花材不宜香味过浓，避免干扰和破坏餐饮品的香味。

三、主题宴会花台作品设计的步骤、技巧与方法

一个成功的主题宴会花台设计，就像一件艺术品，它通过巧妙的排列构成的以花卉的自然美和人工的修饰美相结合的艺术造型，令人赏心悦目，给参加宴会的宾客创造出了隆重、热烈、和谐、欢快的氛围，因此主题宴会花台制作已成为高档宴会中一种不可缺少的环境布置。下面我们就简单介绍主题宴会花台作品的创作步骤、技巧与方法。

（一）构思立意

构思立意是主题宴会花台制作的第一步。制作一个好的主题宴会花台作品需要事先构思立意，确定出明确的主题，根据主题选择特定的插花造型、适宜的花器及花材，表达作者的思想，创作出不同类型、不同风格、不同意境的宴会花台作品。可以说，有了好的构思立意，主题宴会花台制作就成功了一半。主题宴会花台作品的构思立意应注意以下几点：

1. 构思立意要明确插花作品的目的、用途以及创作主题思想

插花作品的构思要根据其用途来确定。例如：为开业庆典而设计的主题宴会花台的作品，应该根据庆典宴会的内容、性质及参加庆典人员多少、文化层次等来确定作品的主题和格调，如参加者以年轻人为主，应以节奏感强、色彩明快的格调为主，表现奔放、热烈的主题，营造活泼、欢快的喜庆气氛。

2. 构思立意要明确花台作品的陈设环境

主题宴会花台作品的构思要考虑宴会厅的环境、餐台设计风格、餐桌的大小等来进行创作。比如，花台作品必须适合餐台的大小，如果作品过大，就无法在餐台上摆放；如果太小，又起不到渲染宴会气氛的效果。

3. 构思立意要新颖创新

构思立意主题宴会花台作品时，选题与制作应该注意创新，不能惯用传统的或别人的立意。所谓设计，就应该有新意，打破旧框框，不被以往的模式所左右，让参加宴会的宾客见到的是以往没有见过的花台造型，才能够感到新奇，富有吸引力，从而达到一定的效果。

（二）选择花材

由构思进入选材阶段是主题宴会花台创作的第二步。选材主要根据构思设想，选择适当的花材和插花器皿，准备好插花工具。

花材选不好将直接导致插花作品的失败，因此选用的花材必须具备以下条件：即生长茂盛，无病虫害；花期较长，水养持久，花色鲜艳、形齐整或素雅洁净，花梗长而粗壮挺直；无刺激性气味，不易污染衣物。

正确地选择合适的花材必须注意以下几点：

1. 要了解花材的季节特色和花的寓意，合理选材，突出主题。四季花材各具特色，因而所表达的意境也不尽相同。如春花可表现生机盎然的情趣，秋花可显示寂寥凋零的气氛等。花的寓意是花卉本身性格的象征，是经过漫长的岁月，对千差万别的花卉，在栽培与鉴赏的过程中，对花的形象、色彩、特性、季节等进行一系列观察得出的“结果”，长期以来也就成为人类与花卉进行沟通的一种途径。如在寒冬腊月举办的“海外赤子留学回国”的主题欢迎宴会的花台可选择梅花为主花，因为梅花在雪花纷飞的季节吐苞开放，不畏寒冷，独步早春，是具有刚劲意志和崇高品格的象征。总之，把握了各季花材的特色和花的寓意，有助于正确的选择花材，借花寓意，准确地表现作品的主题，避免产生用花的误解。

2. 要注意各民族的用花习俗。

主题宴会花台选材时，一定要尊重不同国家、不同民族的用花风俗，选用最合适、最能表达主人心愿的花材，避免使用忌讳的花材。比如，在我国婚礼上，宜选用百合、月季花、郁金香、荷花，用以象征“百年好合”、“相亲相爱”、“永浴爱河”的寓意；给老人祝寿可选用万年青、龟背竹、鹤望兰、寿星桃等，以祝福老人健康长寿；用康乃馨、非洲菊配以文竹扎成以红色为主的花篮摆在母亲节主题宴会餐台上，以表示温馨的祝福；宴请日本人时一般不用荷花，荷花虽在中国表现了“出污泥而不染”的君子风范，而在日本认为是“妖花”；而在宴请日本皇室成员时，点缀几朵黄菊花，客人一定会非常高兴，因为黄菊花是日本皇室的专有贡花。

3. 要注意花器与花材的配用。

“花器”是主题宴会花台不可缺少的主要“构件”，容器的形状、色彩、质地、大小与花材是相辅相成的。容器种类繁多，有造型的多样性，风格的迥异性以及色彩的浓淡和花纹的繁简等，因而在选择容器时，必须强调与插花设计的风格、构思、构图、花材色彩、花枝疏密以其柔顺、挺拔等相吻合，以其达到加强花台作品意境的目的。例如，高长的花器适合插垂态形的花材，圆形花器适合插有点棱角的花材，角形花器适合插具有柔和曲线形的花材或多量组合花材，变形花器则宜插少量花以突出花材的特性等等。

4. 要注意花材色彩的和谐

由于不同的色彩会引起不同的心理反映，因此，在主题宴会花台花材选择时要根据宴会的主题灵活掌握花卉与花卉之间的关系。一般选材不宜过杂，以 1～3 种花色相配为宜；多色相配时，花色要有主次，切忌色彩平均使用，必须要有一个主色调，其他色彩起烘托作用，这样才可取得色彩的协调；配色不仅要考虑花材的颜色，同时要考虑花材与花器、花材与周围环境、花材与餐台造型风格、花材与季节色彩相协调，这样才能产生整体色彩和谐的美感。

（三）造型

造型即把主题宴会花台作品构思变成具体的形象，也就是在完成选材后，根据作品主题完成造型优美生动、别致新颖，花材组合得体、符合构图原理，视觉效果好的花台作品的过程。

主题宴会花台作品造型必须根据构思立意来选择。如果以装点礼仪、美化餐台、烘托气氛为主，宜选用西方插花造型来表现插花作品。常用的基本造型有半球形、椭圆形、高杆形、L 形插花、S 形插花等。可以选用单一造型来制作插花作品，也可以将两种造型组合在一起制作复合造型的插花作品。如果以借花寓意、抒发情怀、表达思想为主，宜选用东方式插花造型来表现插花作品。常用的东方式插花有直立型、倾斜型、平卧型、下垂型。如果表现自然美、生活美为主，宜选用写景式造型来表现作品。此外，还可以选用中西合璧的造型来表现作品，融汇了东方式插花与西方式插花的特点，既有优美的线条也有明快艳丽的色彩，更渗入了现代人的意识、追求变异、不受拘束、自由发挥、但求造型优美，既有装饰性也有一些抽象的意义。

四、主题宴会花台造型设计实例

（一）中西式普通宴会盘花造型

中西式宴会大多采用圆形、方形、长方形、椭圆形餐桌，用餐时人都朝向餐桌中心，所以插花宜放餐桌中间。对于圆形、方形餐桌的普通宴会，一般配以半球形盆花。长方形、椭圆形餐桌由于周长比较长，设计普通宴会的花台时一般可以选用椭圆形盘花造型。花材选择与宴会主题气氛相符合。

半球形盘花造型的设计方法：花泥 1/3 放在圆瓷盘中，第一枝花高度 25cm，插入花泥的中心位置，随后四枝花插入花泥的四面成对称的十字形，在十字形的空隙处插入四枝花，如花与花之间的空余太大就多插些，成米字形。底层第一圈插好后，再插第二、第三圈，而花材的长度要适当缩短，花量也要比第一层的逐渐减少，最后与第一枝连接。花与花之间插入绿色小叶补充。小台花半径可小些，大花台则需要大些。

椭圆形盘花造型的设计方法：较长的餐桌上可摆椭圆形的台花，插法同上，区别在于将两边花的距离适当拉长，这样就可形成椭圆。

（二）高杆特殊型节日庆典宴会花台造型

高杆特殊型花台造型适合节日庆典各式宴会，此类宴会花台新颖的创思，大胆的设计，高高的花架既不阻挡客人的视线，又像节日的礼花一样耀眼夺目。

高杆特殊型宴会花台造型的设计方法（彩插图 3 - 17）：插花师为了突出隆重节日宴请气氛，选用了约 1 米高的玻璃酒杯型花架将整个插花置放于客人视线上，用约 6 米长的红色丝绸将花器底部装点成红色莲花宝座形状的装饰手法，改变了顾客上重下轻的视觉效果，以热烈隆重的红色和尊贵吉祥的黄色两种主色调花材插成礼花造型，与黄色礼花造型餐巾以及黄红两色丝绸精心别致的波浪式台裙交相呼应，营造出盛大节日庆典气氛，为宴会平添无比的喜悦，向宾客传递节日美好的祝福。

（三）中式婚宴花台造型

5000 年的人类文明史塑造了中国特有的婚礼文化，每对新人都希望婚礼隆重喜庆、时尚新潮、别具一格，除了婚纱、头饰的装饰外，宴会花台设计成为众人瞩目的焦点。

中式婚宴花台造型设计方法（彩插图 3 - 18 ）：本组花台采用大堆头插花风格，造型丰满匀称，构图布局紧凑，花材色彩艳丽。百合玫瑰表示爱到永远，白色珍珠制成的多个心型图案分别插在鲜花中代表两颗相爱的心，朝夕相处，年年相守，鲜花正中穿着中国传统服饰的新郎新娘点出花台设计之主笔。整个作品，无论在选材、择色、构图，还是在花台与台裙和桌椅装饰等方面都注意了格局的统一，整体的协调，产生一种格调高雅，温馨飘逸的效果，显示出花台设计者祝福新人白头偕老，共筑爱巢的美好愿望。

（四）中式国宴花坛造型

国宴是国家元首或政府首脑为国家庆典活动或为欢迎来访的外国元首、政府首脑而举行的正式宴会，是接待规格最高、礼仪最隆重的一种宴会。实际上国宴也属于公务宴会的范畴，是一种特殊的公务宴会，它是公务宴会的最高级形式。

中式国宴花坛造型设计方法（彩插图 3 - 19）：本组国宴花台的中心主花与几组形态各异的小盆花，相互顾盼，融为一体，构成庄严隆重，气势宏伟的园形花坛。圆形，象征统一、团圆、永生，它串联着一圈圈圆满的生命，似有无尽的情感在其中传递，使人不禁浮想联翩……整个作品寓意深远，充分表现出中国人民呼唤和平、呼唤人类团结、共同发展的心声。

(五)西式"圣诞之夜"宴会花台造

圣诞节原是基督教徒为了纪念耶稣诞生而设立的节日，现为许多国家新年佳节，节日期间人们常常举行丰富多彩的庆祝活动，如扮演圣诞老人、摆圣诞树、送圣诞贺卡、点圣诞蜡烛、唱圣诞歌、互赠圣诞礼物。尤其圣诞大餐更是人们期盼已久、精心布置的庆祝活动。随着中西文化的相互交融，西方圣诞节文化对国人的影响越来越大。

西式"圣诞之夜"宴会花台造型方法(彩插图 3－20)：作者巧妙地采用金边复古相框、金绿双色丝绸花带、松枝玫瑰、点点烛光、蝶形餐巾折花组成的一幅圣诞之夜良辰美景，折射出悠长的西方文化，透析出浓浓的古典气息，以此表达人们对来年祈福平安之情，动人心弦。作品中长长的双色丝绸编织的"花环"从长桌的一端一直环绕到另一端，简单活泼、清逸律动。充满生机的松枝和一朵艳丽绽放的粉玫，勾画出鲜明的色调，向朋友传递着春的信息，激发着宾客的无限遐思……作品不以型大争美，不以费工取胜，而以构思巧妙，制作精细，取得了平中见奇、奇中存拙、拙中藏巧的艺术效果，十分引人注目。

〔案例 3－1〕

俞小姐的生日宴会

2004 年 11 月 25 日中午，D 餐厅预订处接到一位俞小姐的订餐电话，说下午会早来一会儿，要给她男友过生日。接到预订后，相关班组立即做好了接待准备，包厢服务员小 A 对房间做了精心布置：温馨的烛光、浪漫的轻音乐，红色玫瑰花瓣摆成了"Happy Birthday"和"心"形图案。俞小姐到后着实惊喜了一番，一个劲儿地夸奖酒店想的周到，有创意。

〔评析〕

在顾客对酒店服务要求越来越高的今天，想使顾客对酒店的服务要求表示满意，服务员仅仅完成每一个服务细节是远远不够的。更重要的一点就是要为顾客提供超值服务和个性化服务。只有这样才能使他们在惊喜之余，对酒店的服务留下深刻的印象。本案例中的服务员接到俞小姐预订后，针对顾客生日宴会的特点，将宴会环境精心布置了一番，台面用红色玫瑰花瓣摆成了"Happy Birthday"和"心"形图案表达俞小姐对男友的爱意与祝福。这些做法大大超过了顾客心里原先的期望，让他们有一种喜出望外的感觉，自然能大幅度提升顾客对酒店服务的满意度，起到一个意想不到的服务效果。

〔案例 3－2〕

盘瑶婚宴长桌酒

广西盘瑶是瑶族一种，盘瑶的婚宴与汉、壮族不同。汉、壮族婚宴在白天举行，盘瑶婚宴却在晚上，而且是通宵达旦，并在长桌酒上饮宴。这婚宴中的长桌酒又名连心酒，也称连合酒。连心是指新婚夫妻心心相连，长桌是取长长久久之意。这种连合，是几张或数十张四方的台，长长地连摆一起，极有气势。参加长桌酒的除新郎、新娘和双方的亲属外，还有村中和族中年纪最长的父老，外来贵宾，并邀请有名望的人物。凡是被邀请参加长桌酒会的人，都视之为一种光荣。

〔分析〕

5000 年的人类文明史塑造了中国少数民族特有的饮食文化。本案例中我们可以了解到盘瑶婚宴长桌酒是最富于人情味和热烈隆重气氛的餐饮形式，台形由几张或数十张四方的台连摆一起组合成各式造型，极有气势和寓意，寓含新人久久长远、心心相连的美满婚姻。

〔案例 3 -3〕

“爱尔兰狂欢节”主题宴会

某酒店曾成功地举办了 600 人的爱尔兰狂欢节，酒店不但为客人精心准备了美味的晚餐，同时对餐台的设计下了一番功夫。由于宴会主题是“爱尔兰狂欢节”，因此整个厅堂以白色、墨绿色绸垫布，配以墨绿色的菱形椅套，椅背上配白色蝴蝶型椅带。餐台的花台是另一个亮点，打破了传统花台的摆设，而选用了 1 米高的铁艺架子，架子中间摆放一个正方形的彩色蜡台，围绕着铁艺架子插满白色的玫瑰花，新颖别致的花架既点缀装饰了餐厅，又具有实用价值，使每张餐桌像一个迷你的花坛。当客人们步入厅堂时，随即传来了大家的赞叹声，而当客人享受到第一道美食时，全场响起了雷鸣般的掌声。这家酒店通过这一成功的宴会，从周边的五星级酒店“抢”了至少五个 500 人以上的大型宴会。

〔评析〕

有人说，餐桌应该美丽，应该是艺术的集萃，应该是生活的创意。某酒店“爱尔兰狂欢节”主题宴会不仅给宾客提供了美食和优质服务，还使宾客享受到别样的餐桌文化。的确，这一方餐桌虽非百亩方塘，却真的如诗、如画、如歌。鲜花与杯盏对话，烛光与美酒当歌，色彩与色彩争艳，线条与图形竞辉……彼此呼应，合理搭配，错落有致，层次分明，营造的是氛围，体现的是品位，浪漫情怀自然尽溢其中。因此，要想给客人耳目一新的感觉，必须在提高服务质量的同时，做好餐台创新工作，使客人不但能享受到，还能感受到与众不同的就餐氛围，并为此流连忘返。

【复习思考题】

1. 主题宴会台面设计必须遵循哪些基本要求？试加以分析。

2. 简述主题宴会台面设计的步骤与方法。

3. 中式单桌主题宴会席位如何安排？西式主题宴会T形台席位如何安排？

4. 大型主题宴会台形设计需要考虑什么问题？

5. 简述中国北方地区与广东地区宴会台面餐具摆放的区别。

6. 自助餐主题宴会摆台有什么讲究？

7. 餐巾折花在主题宴会台面造型中的作用是什么，主题宴会餐巾折花设计怎样进行？

8. 简述花台艺术在主题宴会台面设计中的作用。

9. 主题宴会花台设计的原则是什么，请加以分析。

10. 请依据主题宴会花台设计的步骤、技巧与方法，完成欢迎宴、寿宴、婚宴、谢师宴等主题宴会的花台造型。

11. 请结合本章所学内容完成民族宴、商务宴、节日宴、美食节、冷餐会、鸡尾酒会等主题宴会台面设计。

第四章　主题宴会菜单设计

● 本章提要

主题宴会菜单是主题宴会管理的前提与基础，也是宴会业务部门赖以获得优良经济效益的重要条件。为此，本章着重阐述了主题宴会菜单的设计原则、设计程序及要点，并采用了大量的宴会菜单设计实例作为参考资料，为现代宴会业务部门的营销活动、宣传和成本控制提供客观依据和竞争手段。

● 学习目标

1. 明确主题宴会菜单设计的原则。
2. 掌握主题宴会菜单的制定程序及要点。
3. 了解各类主题宴会菜单创新思路。

第一节　主题宴会菜单的种类与作用

主题宴会菜单是由一定规格质量的一整套菜点饮品，根据约定俗成传统的进餐顺序和礼仪组合而成的菜单，其规格标准明显区别于普通的零点菜单和套餐菜单，主题宴会菜单又是技术性的菜单，它的设计体现了饭店烹饪技术的实力水平和服务水准，是饭店餐饮文化的提炼和结晶。设计一份既能满足餐饮管理的需要，又满足客人目的需要的主题宴会菜单是一项技术性、艺术性很强的创意策划工作，是饭店、餐厅形象设计系统的重要组成部分。

一、主题宴会菜单的分类

每个宴会都会有它的目的性和主题性，主题宴会菜单是专为整桌宴会设计的菜单。在设计时，目的不同、主题不同，主题宴会菜单的制定就有所不同，可按以下几种形式划分。

(一)按宴会菜单使用的时间长短划分

1. 固定性主题宴会菜单

固定性主题宴会菜单，是餐饮企业为满足餐饮者对餐饮产品的日常消费需要而制定的一种在特定时段内所列的品种、价格等内容不发生变动的菜单。固定菜单是不常变换的菜单。一般由宴会业务部门事先设计的各种类型的宴会菜单，供客人随时选用。

固定主题宴会菜单存在着缺点：一是给常客带来厌倦感，二是菜单的灵活性小，三是生产操作者会感到厌倦疲劳。

2. 即时性主题宴会菜单

即时性主题宴会菜单，是指仅供当日使用的菜单，它既不固定模式，也无循环周期，一般由客人在通用的菜单中选出一些菜肴组成一套宴会菜肴的菜单。菜式皆根据当时情况决定。这类菜单灵活性强。

它的优点表现在：一是灵活性强，可随食客的需要随意调节；二是可充分利用库存商品原料；三是可充分调动厨师制作菜肴、创新菜肴的积极性。缺点表现为：菜单品种更换频繁给采购、仓储带来难度，且菜肴制作成本会因库存量加大而加大。

3. 循环性主题宴会菜单

循环性主题宴会菜单，是按一定天数的周期循环使用的菜单。循环性主题宴会菜单适宜于商务饭店、度假型饭店、长住型饭店、公寓型饭店宴会厅使用。一般是由宴会部负责人根据客人的消费标准和客人特点及企业资源情况临时设计的宴会菜单。使用循环菜单，饭店必须按照预定的周期天数制定一套菜单，即周期有多少天，这套菜单便应有多少份各不相同的菜单，每天使用一份。当这套菜单从头至尾用一遍后，就算结束了一个周期，然后周而复始，再从头至尾地使用这套菜单。有的饭店根据不同的季节准备四套菜单，这种菜单能反映不同季节的时令菜，减少不同季节原料缺货或原料成本过高的现象。它的优点表现在：一是便于厨房进行标准生产加工；二是可以降低菜肴制作成本；三是能迅速适应季节的变化。缺点表现为原料库存量加大，剩余食品不好处理。

(一)按宴会的菜式不同

按宴会菜式不同可分为中式和西式主题宴会菜单(详见本书第一章第三节)。

(二)按宴会的举办目的，可分为：

按宴会的举办目的不同可分为庆典宴、商务宴、迎宾宴等主题宴会菜单(详见本书第一章第三节)。

(三)按宴会形式划分

按宴会形式划分，可以为正式宴会、便宴、冷餐会、鸡尾酒会等主题宴会菜单(详见本书第一章第三节)。

下面介绍几种常见主题宴会菜单的特点。

1. 仿古性宴会菜单

仿古宴会菜单是指从我国传统饮食文化中挖掘和整理，并吸取现代菜肴研究创新，具有浓郁地方历史文化特色的菜单。它的规格较高档，是体现饭店烹饪的实力水平和接待能力。一般承接这类宴会需要整体策划。如

"仿宋寿宴"、"红楼宴"、"满汉全席"等，展现了中国奢华宴会的风采和传统的饮食文化。

2. 商务性宴会菜单

商务性菜单一般是指在商务活动中使用的菜单，通常它的规格较高，讲究菜肴的质量和服务档次。

3. 庆典性菜单

庆典性菜单可根据档次和主题的不同划分为婚宴、寿宴、庆功宴等多种形式，此类菜单大多数需要客人确认，尤其是对于大型的宴请菜单，一般都要在开宴当天甚至数日前由订席者确认，这类菜单上的菜肴通常可提前制作准备。

上述几种类型的菜单，在实际运用中并没有十分严格的界限，而且相互错杂其中，在菜单策划时能够充分认清它们的联系和区别，以便于设计出比较完美的菜单。

二、主题宴会菜单的作用

主题宴会菜单在餐饮经营管理中有着重要的作用，一份主题宴会菜单具有其鲜明的个性特色。它能反映一个企业的经营风格，在某种程序上可以无声地影响着客人对个性产品的选择和购买。它既是艺术品，又是宣传品；是企业与客人沟通的桥梁；是企业销售分析的重要资料。具体地说主题宴会菜单作为菜单的一种具有以下作用。

（一）主题宴会菜单是宴会工作开展的核心

美国餐饮服务行业有一句话："Every thing starts from the menu"（一切始于菜单）。主题宴会菜单由宴会业务部门经理或厨师长根据客人的消费标准、宴会主题、客人需求和本宴会厅的原料情况制订。制订出菜单后，宴会所用的原料的采购、食品的烹调制作以及宴会服务的程序，都必须依据菜单设计内容进行。如国宴的菜肴制作服务均应按国宴菜单要求开展；民族宴的菜肴制作服务均应按民族宴菜单要求开展。主题宴会菜单就好像工程建筑的图纸、预算，也好像是文学作品写作的纲目、腹稿。菜单是厨师的备忘录，不可轻视。即使是临时宴请，条件不准许打印成文字的菜单，厨师也要在了解宴请目的之后，做与宴请相适应的菜品上席。总之，宴会菜单可以说是主题宴会的节目单，工作人员个个都是演员，他们每天都按照菜单这个节目单在表演。

（二）主题宴会菜单是宴会推销的手段

主题宴会菜单不是按原料或烹调方法进行的对菜肴名称的简单罗列，它的制定是一个动态的连续不断的过程，它是餐饮企业进行内部管理的文件和餐饮产品的宣传材料，是餐饮产品的生产说明书。宴会业务部门应拥有丰富的宴会菜单，同时又能根据客人需求，设计主题宴会菜单，供客人选择，产生消费欲望，达到推销宴会的目的，菜单不仅通过信息向顾客进行促销，而且还可以通过菜单的艺术设计衬托主题宴会的形象，另外也可制作各式漂亮精巧的宣传品，陈列在宴会餐台上可作为顾客的纪念品，如，婚宴中的心形菜单；“六一”儿童宴中的苹果形菜单、卡通菜单；民族宴中的中国唐装服饰形菜单等，这些都是用以提示和吸引顾客再度光临。主题宴会菜单的种类和形式虽然多种多样，但都是为推销产品服务的。由于现代餐饮市场已经进入充分和完美竞争时代，因而促使各餐饮企业的菜单设计与制作越来越精致、美观，越来越具有个性特色。现代餐饮通过菜单设计的内容、形式、装帧等招徕宾客，宴会菜单由此起到了组织客源、承担形象推广、扩大产品销售的作用。

(三)主题宴会菜单是宴会业务部门经营管理的工具

主题宴会菜单是管理人员分析菜品销售状况的基础资料。经营管理者要不时地从市场消费与销售着眼，对菜单加以审查、分析、修改和完善，才能从根本上保证经营的成效。通过对菜单的分析，菜肴研究人员根据客人订菜的情况，了解客人的口味、爱好，以及客人对宴会菜点欢迎程度等，然后对企业销售情况进行详尽记录的基础上，再对各种销售数据进行统计分析，从中发现顾客的消费规律和其他有助于管理决策的信息。主题宴会菜单需要不断地增补、删减和更新，这种对主题宴会菜单的变动的依据建立在销售记录的基础上。利用主题宴会菜单进行企业管理，从而改进生产计划和烹调技术，改善宴会的促销方法和定价方法。

(四)主题宴会菜单决定了餐饮成本及利润

主题宴会菜单决定了餐饮成本及利润，制定菜单时用料珍稀、价格昂贵的菜品必然导致菜品原料成本的上升，而制作讲究、精心细琢的菜品太多，又必然导致劳动力成本的上升。各种不同成本的菜式，若能在品质与数量上维持一个合理的比例，将有利于提高餐饮的赢利能力。事实上，确定各式菜肴的成本，调整不同成本菜肴的种类、数量比例是宴会成本管理的重要环节，也就是说，宴会成本管理必须从菜单设计开始。

(五)主题宴会菜单体现了宴会的个性、风格

主题宴会菜单中明记着菜肴品目，通过菜单内容可以呈现宴会的个性及目的，创造出不同一般的风格。如：无锡三国城景区内的“孙尚香酒家”，向游人推出“三国宴”，每道菜以其独特的创意，精美的造型以及个中蕴含的典故令人回味无穷。品种分为冷盆、炒菜、面点、汤、火锅、水果拼盘等，用料都是家常豆腐、鱼片、笋丝、猪舌等，但制成品却令人耳目一新。例如，竹船扬帆缓缓“驶”来，船上竖插着两排湖虾，便成了脍炙人口的“草船借箭”。又如蘑菇、猴头菇、香菇炒成三鲜，前面做个别致小巧的小木屋，用竹篱笆围起就俨然成了“三顾茅芦”。主题宴会菜单设计内容无疑体现了宴会的个性、风格。近来，许多主题宴会菜单的制作日益精美，这本身就为宴会厅平添许多雍荣华贵的氛围，主题宴会菜单成为宴会厅中一道美丽的风景，是宴会厅内装璜的有机组成部分。

第二节　主题宴会菜单的设计原则与设计方法

主题宴会菜单的设计是一个复杂过程，在编写时，不仅需要了解其种类和各种原料的性质，进货价格的高低，品种的特色，起货成率的差异，搭配合理以及举办目地，还应充分考虑到客源市场，因筵制宜灵活掌握，才能设计出顾客满意的宴会菜单。

一、主题宴会菜单的设计原则

主题宴会菜单可以是事先设计好的固定菜单，就像说明书一样，向客人介绍餐饮的宴会产品。主题宴会菜单也可以是设计者根据宴请对象、消费标准，以及客人意见等安排合适的菜点。主题宴会菜单一般是预订宴会时根据客人要求确定内容。无论何种菜单设计，都要求设计者有较强的专业知识和适当的灵活性。在整个设计过程中称得上是一种技巧和艺术的综合运用。设计时需遵循以下原则。

（一）体现主题宴会特色

主题宴会菜单设计要尽量体现饭店和厨房的菜式品种，以增强自身的竞争力，积极推出“人无我有、人有我精”的看家菜和特色菜。菜单在注意各类菜点搭配的同时，要不断更新，使客人不断有新感觉，并经常光顾品尝。

（二）把握市场需求

在进行主题宴会菜单设计时，不仅要考虑消费群体的消费水平，而且把握市场需求，注意不同顾客的禁忌和饮食习俗，制定出符合大多数消费者需要的主题宴会菜单。

（三）核算成本

在设计主题宴会菜单时，必须充分掌握各种原料的供货情况。凡是列入菜单的品种，厨房必须无条件地保证供应，这是一条相当重要但易被忽视的管理原则。因此，应尽量选用本地产品或供应有保障的原料，以降低成本。

（四）注重营养

在设计和制订主题宴会菜单时，设计者不仅要知道各种食品所含的营养成分，了解人体每天营养和热量的摄取需求，还应当懂得如何选料，以及如何烹制。设计满足人们营养需求的菜单是烹饪事业发展的必然趋势。

（五）兼顾设备和技术力量

厨房的设备条件和厨师的技术水平，在很大程度上影响和限制着菜单的种类。因此，在制订主题宴会菜单时，还要考虑厨房设备和厨师的技术力量。餐厅不可能为了某一个宴会而购置大型设备。因此，菜单只能根据现有的生产设备和条件来进行设计。如果厨房中仅有中厨炉灶，就不可能将烤酿馅猪排等菜肴列在宴会单上。

二、主题宴会菜单的制定程序

第一步:充分了解宾客组成情况以及对宴会的需求。

第二步:根据接待标准，确定菜肴的结构比例。

第三步:结合客人对饮食文化的特殊喜好，拟订菜单品种。

第四步:根据菜单品种确定加工规格和装盘形式。

第五步:列出用料标准，确定盛装器皿，进行成本核算。

第六步:根据宴会主题拟订菜单样式，进行菜单装帧策划。

三、主题宴会菜单菜点设计的基本要求与设计方法

主题宴会菜单的菜点设计不同于一般的菜点设计，它必须以主题为中心，以宴会为导向进行设计，因此，主题宴会菜点设计要求和方法有以下几点。

(一)设计菜点应突出宴会主题

宴会主题不同，宴会菜点的形式也不同。主题宴会菜点的形式是指构成宴会的菜点种类、特点、结构、造型、菜名以及服务方式。所以，必须根据宴会的主题，设计菜点，突出宴会主题。

目前许多宴会形式僵化。都是所谓“十三道”金牌，即一冷拼、六热菜、四大菜、两点心共十三道菜。这很难适应人们对餐饮业不断增长的综合需求。所以，宴会菜点设计要根据设宴的目的，安排具有一定“主题”，带有美感的菜点，增加宴会气氛。

菜点设计如何突出宴会主题呢？可以参考以下方法。

1. 以特产原料为主题

以特色、特产原料作为宴会主题，自古以来在餐饮业运用较为广泛。一般来说，主题原料确定以后，厨师们就能围绕主题设计出主题菜单。在设计创意中，每个菜都与主要原料有关系，或炒、或烹、或煎、或炸、或蒸、或煮，口味变化，造型变化，色彩变化，再注重菜品的名称美化，就是一张美妙的菜单。

如上海虹桥宾馆宴会业务部门顺应这一新的美食消费潮流，适时推出了“黑色宴”。他们花时间、查资料、请教专家学者及餐饮界的老前辈，首先选取了市场上能买得到的所有黑色食品原料，像黑木耳、黑芝麻、黑蚂蚁、蝎子、乌鸡、黑鱼、乌参、泥鳅、花菇等，然后反复斟酌，精心调配，列出了一系列以黑色为主题的宴会菜谱，其菜品主要有:蚂蚁拌芦笋、椒盐泥鳅、芝麻虾、金蝎凤尾虾、葱烤海参、虾子大乌参、蟹粉黑豆腐、灵芝炖甲鱼、黑枣扒猪手、黑豆凤爪汤、黑枣汤酒酿圆子、黑米蛋炒饭等。使得消费者享受美味可口菜肴，还使菜品起到保健的作用。

2. 以节日活动为主题

目前，全国每年公休假日已达114天，几乎占全年总天数的1/3，除春节、“五一”、“十一”外，还有中西方各种纪念节日聚会，周末、周日的假日市场更为丰富。大力开发假日餐饮市场有着极好的环境氛围和有利条件。假日经济所产生的营业额比重也大，一般占全年营业额的50%以上。广阔的前景昭示着我们：开发假日餐饮主题，积极开拓休闲餐饮市场。

例如，可以围绕节日主题设计情人套餐、合家欢宴、“三八”美容宴、重阳长寿宴、圣诞宴等等。

3. 以名人名著为主题

利用名人或者名著来策划新的主题，是现代餐饮经营者常使用的一种思路。

如上海餐饮界20世纪80年代策划编制的“红楼宴”菜单是以金陵十二钗平时食用的菜肴和补品为主料，结合书中人物不同的身份、性格和故事情节，配以不同的基色、调味、运用炸、烩、炒、蒸、炖、烤等烹饪技术融合而成。如热菜：美妙玉品茶龙井虾、王熙凤高谈茄子鲞、薛宝钗论酒食鸭信、敏探春油盐炒枸杞、秦可卿山药健脾胃、贤李纨敬老撕鹌鹑、史湘云围炉烧鹿肉、懦迎春牛乳蒸羊羔。

4. 以独特食品为主题

利用某种独特的食品，通过精心的策划与渲染也可开拓出主题宴会。包子、饺子、粽子、馄饨等都可作为宴会主题去开发。

西安的“泡馍宴”是根据当地地方特色浓郁的名小吃“牛羊肉泡馍”而精心策划和发展的。“泡馍宴”由多种食品组成，其上菜顺序也很讲究，第一道是干果和茶水。第二道是冷菜，由花拼和八围碟组成，边尝冷菜，边亲手掰馍(似黄豆粒状)。第三道是热菜，热菜用完后，每人喝一碗羊羹。第四道是点心，品尝风味小吃羊肉饼和灌汤小包。第五道是泡馍，客人根据自己的口味和爱好选择干泡、水围城、口汤、单走等泡馍形式，以便师傅烹调。第六道是水果。

5. 以宴请活动内容为主题

根据宴请活动的具体内容而设计菜单，这是最近几年较为流行的设计思路。实际上，我国自古以来就注重主题宴会的制作，如新婚喜宴、生日宴等。随着社会的发展，宴会已越来越成为许多主题活动贯穿着的一些内容和话题，体现一种风格、一种主题。往往一场主题鲜明的宴会活动，能给广大就餐者留下深刻的印象，带来美好的回忆，并使饭店或餐饮企业树立良好的形象。如上海APEC会议菜单。2001年10月，亚太经济合作组织(APEC)第九次领导人非正式会议在中国上海举行。在这次会议中，有一场高规格的工作午餐，其规格比国宴还高。设计者独具匠心，所用的原料是很平常的鸡、鸭、鳕鱼、蟹、虾仁等，经厨师精心烹饪，成了一道道让客人赞不绝口的蕴涵中国烹饪文化精髓的佳肴。从菜单的内容来看，它将菜名巧妙地融入诗中，且诗的每行句首字联词为：相互依存，共同繁荣。这正是APEC所倡导的宗旨和目标。

(二)设计菜点应掌握“六知”和“三了解”

“六知”和“三了解”的具体内容如下。

六知:知台数、知人数、知主人身份、知宴会性质、知宴会标准、知开餐时间。

三了解:了解客人的特别要求、了解客人的嗜好、了解客人的习惯。

客人到本宴会厅消费，目的都不是随意的，都有其明确的主题，有的是招待业务往来者，有的是答谢客户，有的是生日庆祝，有的是想通过宴会达成某种合作等等，宴会菜肴设计就可以根据各个主题的不同，在菜点上稍加变化。如生日宴会上一盘寿糕，以示对客人生日的祝福。编写宴会菜单时掌握好“六知”和“三了解”就能心中有数，分析到客人心理，如客人消费额不高的就以一般便宴菜式编写进行合理搭配，讲排场的编写要求造型好、大方得体的菜式。根据客人就餐目的，灵活设计。如商务宴:突出菜肴的丰盛，大方得体。品尝宴:突出风味，以别具特色的地方风味菜为主。约会宴:突出菜的香、甜和味。聚会宴:要求菜肴比较怀旧，整齐大方。

(三)设计菜点应合理安排菜肴的品种和数量

主题宴会菜肴的数量是指组成宴会的菜肴总数与每道菜肴的分量。菜肴的数量是宴会菜肴设计的关键，数量合理令客人既满意又回味无穷。主题宴会菜肴的数量应直接与宴会档次和客人特征挂钩，主题宴会档次高，菜肴数量相对多，每份数量相对少，如果客人以品尝为目的，则要求菜肴的整体品种数量相对多，分量相对少。如:10~12人用的筵席，一般安排8~10道菜，热荤菜用中牌、鸡类安排1只，乳鸽安排2~3只，计件的菜肴要每人一件，下酒的菜和下饭的菜要搭配适当，药材菜最多1~2道。

主题宴会菜点的数量应与参加宴会的人数相一致。在数量上，应以每人平均能吃到500克左右净料为原则，把握菜肴的数量还应结合以下因素考虑:

1. 菜肴的品种

菜肴的品种是由宴会的规格确定的，根据宴会规格的高低，一般从12个至20个不等。要注意的是，菜肴品种少的宴会，每个菜肴的数量要丰满些;而品种多的宴会，每个菜的数量可以减少些。

2. 主题宴会的档次

主题宴会的档次较高，菜肴总数量可以减少，品种和形式应丰富，制作方法应精巧。主题宴会档次较低，菜肴数量可以加大，以平均每人吃到600克以上的净料为宜。

3. 出席宴会者的特征

出席宴会者如果主要目的不在菜肴上，可适当减少菜肴数量，如果目的是为品尝菜肴，也可减少菜肴数量，让每人浅尝辄止。

4. 菜肴搭配比例

无论是中餐宴会，还是西餐宴会，应注意菜肴种类与形式的搭配的比例。宴会的档次不同，宴会菜肴种类搭配比例也随之变化。变化规律一般如下所述:

一般宴会:冷盘约占10%,热炒菜约占45%,大菜与点心约占45%。

中等宴会:冷盘约占15%,热炒菜约占35%,大菜与点心约占50%。

高级宴会:冷盘约占15%,热炒菜约占30%,大菜与点心约占55%。

(四)设计菜点注意菜肴色彩、荤素、口味的整体配合

恰当制定菜单时,应巧妙运用色彩的搭配。注意主料与配料、菜与餐具、菜与菜、菜与桌面的色彩调配,使菜肴达到既丰富多彩,又不落俗套;既鲜艳悦目,又要层次分明,不能千篇一律。主题宴会菜肴颜色设计协调,即增加食欲,又会给人以美的艺术享受。

菜肴的荤素搭配要合理。荤菜多了就会使人觉得腻口不动,素菜多了又会使人感到索然寡味,会冲淡宴会的气氛,一桌恰到好处的筵席应尽量推荐本店的特色及厨师拿手菜,这样既能宣传本店的特色,也是一种扬长避短的方法。

筵席菜肴的质量关键在于口味的调配,尤其在于整体口味的配合,所谓整体口味的配合是指菜肴的本味,分别具有酸、甜、苦、辣、咸、鲜等,在设计编写时要注意运用菜肴的不同味型,尽量少重复为佳。

(五)设计菜点应注意季节变化及烹调方法的配套

要成功地设计宴会菜单,不能仅拥有几个档次,口味固定不变的套菜,还应在原有菜肴的基础上结合季节、特点设计创造新的宴会套菜。按一般的规律和习惯,夏秋季节天气热安排清淡菜肴,冬春天气较冷,则喜欢浓郁热汤的菜式,如各种野味火锅等,烹调方法应选择各种不同方法可产生不同风味,同色泽,不同形状。若只使用一两种烹调方法,菜肴的用料虽不同,但其色味香形会相似而显得单调,因此力求菜式的烹调方法不要相撞,根据顾客的口味和原材料,灵活推荐各种烹调方法。如:整套菜有蒸、烧、烤、炸、炒、拌、卤、焗等变化。使全套宴会菜肴既感到丰富,又能体会到美食的乐趣。

(六)设计菜点时菜肴命名应具有情趣和文化性

菜肴的命名十分重要。好的菜名不但能让人一目了然,还可使客人产生联想和引起食欲,起到画龙点睛的作用。主题宴会菜肴命名一般方法有:

1. 主料前加调味品的命名方法。

2. 主料前加烹调方法的命名方法。

3. 主辅料配合命名的命名方法。

4. 主料和主要调味品间标出烹调方法的命名方法。

5. 在主料前加人名、地名的命名方法。

6. 主辅料之间标出烹调方法的命名方法。

7. 在主料前加上烹制器皿的命名方法。

8. 以形象寓意命名方法。

在主题宴会菜肴设计时,除了运用以上的基本方法外,还应该结合宴会特点给菜肴巧妙命名。如,将菜点特征以富有情趣和文化性的词语表现出来,既显得不落俗套,又能突出宴会主题,增加气氛。例如,凸显婚宴

气氛的菜肴可以命名为“百年好合”、“双喜临门”等新婚贺语；适合开市大吉的宴席菜肴可以命名为“雪里埋金”、“财源滚滚”等寓意招财进宝的名称；适合全家团聚的宴席菜肴可以命名为“全家福”、“子孙满堂”等具有团圆含意的名称；适合高升或升学的宴席菜肴可以命名为“连升三级”、“鲤鱼跃龙门”等祝贺高中的名称。

四、主题宴会菜单程式

主题宴会菜单程式是指宴会菜单上各类菜式的排列次序。一顿餐饮如同一首乐曲，有前奏，有高潮，也有尾声。乐曲的各个组成部分位置不可逆转，进餐次序也同样不能颠倒。因此不论何种菜单，其程式必须根据进餐程序进行安排。

（一）中餐主题宴会菜单程式

中餐主题宴会，其菜单程式应是：冷盘→海鲜主菜→两热荤一汤→大菜→素菜→主食→水果。

（二）西餐主题宴会菜单程式

西餐主题宴会菜单程式为：头盘→汤、海鲜→肉→鸡鸭→色拉→甜食→水果→咖啡或茶。

重要的是在安排菜单程式时必须注意次序不可乱，应具有层次感，同时要设法把主要菜式安排在菜单最明显的地方。上席时，相同原料的菜肴要间隔上，相似形状的菜肴要间隔上，相似口味的菜肴要间隔上。一般从右至左、先冷后热、先主后次、先咸后甜、先荤后素、先浓后淡、先菜后点的原则。

五、主题宴会菜单的书写基本格式

书写格式一般是按上菜顺序进行书写，菜单书写可由广告部打印，也可由美工人员书法编写。

[范例]

（一）大型宴会（婚宴、春茗宴、弥月宴、公司开业、志庆等）

								两热荤			
水果类	甜品类	点心类	饭、面类	蒸海鲜类	菇类、扒时蔬菜	炆、扣类	原只鸡或鸽类	炸、扒类	油泡、炒类	虾类	烧卤拼盘、乳猪全体类

(二)高级政、商务宴

凉菜、拼盘、刺身类	汤、羹类	鱼翅、鲍鱼类	两或三热菜：蒸苏眉仔、东星斑等	两或三热菜：皇帝蟹、大闸蟹等	炸、煎、局类	风味小炒类	炆、扣、煲仔类	素菜类	饭面类	点心类	甜品类	水果类

六、主题宴会菜单的外观装帧

(一)主题宴会菜单样式

呈现在宾客面前的菜单，形状有各式各样。可谓是五花八门，不论是大号还是小号;是方形、圆形、心型还是立式合卡形式;是单面还是折叠，在设计时主要突出主题或具文化特色，符合宴请的主题，如少数民族宴采用竹签形菜单(见彩插图4－1);寿宴可采用皇帝圣旨形菜单(见彩插图4－2);婚宴可采用，烟花炮竹形或心形菜单(见彩插图4－3);茶宴、山水宴可采用扇形菜单(见彩插图4－4)。

(一)主题宴会菜单装帧

主题宴会菜单的装帧设计是一项专业化要求较强的工作，许多宴会业务部门都委托或聘请专业设计人员或公司担此重担。但是，作为宴会经营管理者,应对菜单装帧的基本点有充分的了解和独到的见解。这样，宴会菜单一经推出才能显示出其独到之处。

1. 菜单的制作材料

制作材料是决定菜单外观质量的重要因素。菜单选材时既要考虑主题宴会的类型与规格，也要顾及成本，根据菜单使用方式合理选择。普通主题宴会菜单，一次性使用的，不必考虑其耐磨耐污性能，但亦不能滥造。轻巧单薄的纸上仍然可以印出高质量的菜单。高规格的主题宴会菜单，虽然是一次性使用,但仍然要求选材精良，设计优美，以此充分体现宴会服务规格和宴会厅的档次。

2. 菜单的规格尺寸

菜单的规格尺寸应与宴会内容、宴会厅的类型与面积、餐桌的大小和座位空间等因素相协调，要让宾客拿起来舒适、阅读起来方便。一般双页式菜单长为21cm,宽14cm。菜单文字所占的篇幅不应多于整个的篇幅50%，宽阔的空白可使字体突出，易读和清晰。

3. 菜单的字体

菜单的字体要着重考虑让宾客易于辨认。大多数情况下要求铅字印刷，字迹清晰。也有一些菜单采用手写。但字迹必须娟秀、清楚。例如中餐的宴会菜单往往可用手书。另外，菜单上的菜目类别的标题可采用手写字体，这会给菜单平添几分色彩。

不论菜单采用哪一种字体，都有大小之分。菜单的字体要使宾客在宴会厅的光线条件下，特别是晚间的灯光下能看清楚并轻松地阅读，一般汉字最低不可小于4号字，英文字母不可小于12点。

4. 主题宴会菜单的色彩与插图

使用色彩与插图，可使菜单雅致，更能体现宴会特殊情调和风格。菜单上的图画有两种作用：一是艺术性的装帧；二是实用性的辅助说明。

菜单的色彩运用很重要。首先，赏心悦目的色彩能使菜单显得更加诱人；第二，通过彩色图画能更好地介绍重点菜肴；第三，色彩还能反映主题的情调和风格。挑选菜单颜色时须顾及对宾客心理上的暗示效果；同时要与整个宴会的色调均衡，空白之间的颜色对比要清朗鲜明，避免视觉疲劳。总而言之，要根据宴会厅的规格大小和种类选择色彩，一般说来，鲜艳大色块、五彩标题、五彩插图较适合于喜庆之类的宴会；而以淡雅优美的色彩（如浅褐、米黄、淡灰、天蓝等）为基调，运用鲜明色彩加以点缀则适合具有相当规格、档次的宴会。

（三）主题宴会菜单的封面设计

菜单封面的色彩要与餐饮内容和宴会主题相协调。规格较高的宴会，通常选用淡雅优美的色彩，例如浅黄、淡灰、天蓝等，也可以点缀运用鲜艳的大色块和五色插图。一般宴会的菜单当然也可用饭店建筑物或当地风景名胜的图片来装饰菜单封面；而婚宴、寿宴的菜单又要体现出喜庆色彩。

封面设计主要注意以下三个方面：

1. 突出宴会的主题特征。菜单封面是反映宴会主题真实面目的一个窗口，它应该是宴会风味特色或象征物的体现。饭店的名字、店徽、店服，具有独特风格的建筑物，富有封面的设计从其基本意义上说也是为了推销，所以要强调宴会主题特色，宴会的主题一目了然，而且要使宾客间接了解菜单提供的风味等级和大致内容。

2. 必须在设计好菜单版面布局之后再设计封面，因为封面与版面必须相协调。先确定了版面大小、版面多少（即菜单规格、厚度），才可确定封面规格大小。

3. 封面版图设计要考虑制作费用、纸张质量、色彩等因素。

一般来说，菜单封面纸张要厚，耐用，表面光滑，看上去质地细腻。传统宴会一般用不易折断的纸张做封面，新式宴会多用高档的纸、绸、绢做封面。对于封面颜色，传统宴会一般用深色，如黑色、深棕色、铁灰、暗红，也有些餐厅用金色或银色镶边；新式宴会封面一般用淡而明亮的颜色，设计风格比较轻快，如鲜红色、黄色或是黄棕色等。

封面设计千万不可缺少饭店名称与地址，最好还有电话号码，但一定要掌握分寸，不可堆积太多内容。

第三节　主题宴会菜单实例

现代餐饮在跨入买方市场的今天，“主题特色”已越来越被经营者所看重。“特色化”的主题宴会也是餐饮创立优势的武器。餐饮企业在实施主题宴会销售战略时，可根据不同的顾客、消费行为，选择相对应的主题，开设拥有个性特色的“主题宴会”，以博取活动主持者、就餐消费者的欢心，满足顾客的特别心情，刺激顾客的购买欲望。这种主题，可以是地域的、民族的，也可以是民俗的、人文的，还可以是特产原料的。实际上，只要确定一个主题，然后根据主题收集整理资料，人们便会依照主题特色去设计菜单。

为了便于理解，现列示部分酒店与餐饮企业的主题特色菜单实例，以便学习时参考。

一、仿古类主题宴会菜单实例

中国悠久的古老文化，都是开发餐饮文化主题的珍贵素材。仿古类宴会，这类宴会主要有红楼宴、孔府宴、西游宴、清宫菜宴、三国宴、梁山宴、满汉全席等，餐饮企业在经营这类宴会时，其菜单通常已经定型，不会因季节和进餐对象的变化而发生较大变化。因此，可以请专门的设计人员设计一份专题菜单，菜单的图案、装帧、颜色等根据宴会内容而定。这种菜单由于使用时间长，用途广既可宣传又可留做纪念，所以质量和档次一般都比较高，以下是某酒店开发的菜单。

[实例4－1]

满汉全席菜单

席前侍奉　贡品香茗：奶茶　平山贡春

六 茶 点：芸豆卷　秦邮董糖　豌豆黄　窝窝头　淮安茶　萨其玛

六 干 果：琥珀桃仁　开口银杏　蜜饯青果　杏仁佛手　香酥蚕豆 兴安榛子

四 仙 果：桂圆　葡萄　李子　蟠桃

食艺欣赏　王母蟠桃　鹤鹿同寿　麒麟献瑞

冷菜八碟：凤尾大虾　凫卵双黄　玫瑰牛肉　金钱香菇　美味翠瓜　珊瑚雪卷　牡丹酥蜇　水晶肘花

调味小菜：宝塔菜　满族芥菜　香腐乳　卤虾豇豆

珍品海错　金丝官燕　蟹粉排翅　月宫鱼肚　金钱紫鲍

红白烧烤　烤乳猪　鸭丝美卷　富贵双味　菊花厥鱼

南北山珍 梨片果子狸 黄焖飞龙
满汉热炒 梅花鹿肉 玉带虾仁
山野蔬鲜 鸡纵珍宝 扇面芦笋
满汉细点 乾隆御饼 一口飘香 枇杷酥 翡翠水饺 竹节小馒首 八珍糕
甜　　品 津木蛤士蟆
时菜花盘 万年长青
席后品茗 乌龙茶
音乐包赏 春江花月夜

[菜单说明]

满汉全席一直被推崇为中国菜的经典之作。此菜单由扬州烹饪界的专家学者和扬州迎宾馆设计，全席分两套，每套菜肴108道。为了给品尝者有较大的选择余地，有三日六宴，两日四宴，一日两宴，精品宴等四种模式。每宴菜肴36款，对应36天罡，席间“满”与“汉”的菜点交替呈现，使就餐者领略“中国”饮食文化的韵味。在宴席铺陈、餐具设计、艺乐馨幽、进馔程式等方面，突出满汉全席的皇家气派。

[实例4－2]

红楼宴菜单

一品大观 丹凤朝阳 荷塘情趣 蝴蝶恋花
四干果:栗子 青果 白瓜子 生仁
四调味:酸菜 茅酱 萝卜炸儿 茄鲞
贾府冷菜 红袍大虾 翡翠羽衣 脂鹅脯 酒糟鸭信
佛手罗皮 美味鸭蛋 素脆素鱼 龙穿凤翅
宁荣大菜 龙袍鱼翅 白雪红梅 老蚌怀珠 生烤鹿肉
笼蒸螃蟹 西瓜盅酒醉鸭 花篮鳜鱼卷 姥姥鸽蛋
双色刀鱼 扇面蒿秆 凤衣串珠
怡红细点 松仁鹅油卷 螃蟹小饺 如意锁片 太君酥 寿桃
水　　果 时果拼盘

[菜单说明]

红楼宴是在红学家及美食家的指导下，以《红楼梦》所描写的菜肴和点心为依据而创造出来的名宴佳肴。它集红楼菜精华于一席，融观赏、品尝、谈菜为一体，特别给人以知识和美好的享受。实例4－2是扬州西园大酒店红楼宴菜单，这份菜单风格别具，结合书中人物不同身份、性格和故事情节，配以不同的基色，调味运用炸、烩、炒、蒸、炖、烤等烹饪技术融合而成。红楼套餐由四个部分组成:大观一品、贾府冷碟、宁荣大菜和怡红细点。潇湘干果为红楼序曲。在客人入席开宴之前，边品茶、边嗑一些瓜子、生仁、栗子、青果之类的小吃，还可欣赏由“丹凤朝阳”、“荷塘清趣”、“蝴蝶恋花”三道工艺菜组成的一个“品”字，意为贾府中的一品菜肴。贾府冷碟为品茗、饮酒开胃的四道冷菜，即“胭脂鹅脯”、“翡翠羽衣”、“红袍大虾”、“佛手罗皮”等，造型精美、色香俱佳、让人观之欲食，食之不忍。宁荣大菜则是“红楼宴”的精华，白雪红梅，酒酿蒸鸭，珍珠精藏在蚌壳里的传说，刘姥姥进大观园吃鸽蛋的笑话，让人在品尝佳肴的同时，品尝红楼文化。品尝宁荣大菜，畅饮大观美酒之余，再见怡红细点，玲珑剔透，有入口即化的“太君酥”席间还可享受“贾府丫头”的委婉介绍。

红楼宴以发扬光大《红楼梦》所代表的文化传统、审美意识、文化蕴含，对餐厅、音乐、餐具、服饰、菜点、茶饮等进行综合设计，使人恍如置身于《红楼梦》中的大观园中。红楼菜以其美味、丰盛、精致见长，给人以高层次饮食文化艺术的享受，名扬海内外。

二、国宴菜单

［实例 4－3］

开国第一宴菜单

冷　菜　香麻海蜇　虾子冬笋　炝黄瓜条　介末鸭掌
酥熇鲫鱼　罗汉肚子　水晶猪蹄　桂花盐水鸭
四调味　扬州小乳瓜　琥珀核桃　白糖生姜　蜜腌金橘
热　菜　清炒翡翠虾仁　鲍鱼浓汁四宝　东坡肉方　鸡汁干丝
扬州蟹粉狮头　全家福
汤　菜　口蘑镬焖鸡
点　心　炸年糕　黄桥烧饼　艾窝窝　淮扬汤包
主　食　菠萝八宝饭
水　果　时果拼盘

［菜单说明］

1949 年 10 月 1 日，在首都北京天安门隆重举行了开国大典，中国历史翻开了崭新的一页。当晚，中央人民政府在北京饭店举行新中国第一次盛大国宴，参加人数 600 余人，宴会以淮扬风味招待宾客，菜单由冷碟四调味、六热菜、一汤、四点心、一主食、一水果，看似冷热菜比例失衡，但较符合当时实际情况，因热菜要求现炒，由于厨房条件限制难做到菜品质量及上菜速度一致服务不出现失误，所以在安排菜肴比例上以冷菜多于热菜，可最大限度地避免工作的麻烦。

三、商务主题宴席菜单(公务)

［实例 4－4］

汪辜会谈菜单

情同手足　龙族一脉　琵琶琴瑟　喜庆团圆　万寿无疆
三元及第　兄弟之谊　燕语华堂　前程似锦

［菜单说明］

1993 年 4 月 27 日，大陆海协会会长汪道涵和台湾海基会董事长辜振甫进行了举世瞩目的汪辜会谈，海峡两岸共同签署了34份文件，为庆祝这一盛会在新加坡著名中餐酒店董宫酒店举办了盛大酒会，酒店特别精心地准备了新颖别致的菜单，这份菜单列着九道"闻所未闻"的菜谱。这张别出心裁的菜谱，把大陆、台湾两岸同胞欢聚骨肉情深的气氛一层层烘托出来，不禁令主客兴趣与食欲俱增。

[实例4－5]

香港回归宴

盛开紫荆花
丝丝相连
根
舜耕
虎门销烟
中华五千年
普天同庆
归
一帆风顺
和平鱼篮
五洲凤舞
四海三鲜汤

[菜单说明]

香港回归宴菜单由特级烹调师李光远先生设计，该菜单共12道菜点，每款菜点的设计寓意各具特色，形成了鲜明的时代感，具有历史的文化内涵。该菜单的设计宛如一部"史诗"，内容丰富，造型多姿多彩。宴饮时并播放《把根留住》这支歌，融饮食，历史、文化、雕塑、音乐于一体，使整个宴会洋溢着一种喜庆、祥和气氛。

[实例4－6]

鱼翅鲍鱼宴(2398元/席)

红袍贺喜（乳猪全体）
生意兴隆（生菜鲮鱼球）
满堂嘻哈（白灼海沙虾）
四宝还巢（雀巢美添丁）
满掌黄金（原只青边鲍鹅掌）
金煲生翅（浓汤鸡煲翅）
双鸽报喜（红烧乳鸽）
翡翠金钱（北菇扒时蔬）
年年盈鱼（清蒸青斑）
锦上添花（锦绣炒饭）
福泽绵绵（干烧伊面）

双　星　报　喜　（美点双辉）
欢　乐　果　园　（合时生果）

［菜单说明］

这是一套高级商务宴会菜单，这套宴会菜肴紧扣主题，语语都是吉利话。菜肴命名寓意深远，祝双方达成协议后生意兴隆；满掌黄金；金煲生翅；满堂都欢喜；最后翡翠、金钱年年盈余。

四、庆典主题宴会菜单

［实例4－7］

寿宴

冷菜　主盘：松鹤延年
围碟：五子献寿（5种果仁镶盘）
四海同庆（4种海鲜镶盘）
玉侣仙班（芋艿鲜蘑）
三星猴头（凉拌猴头菇）

热菜　儿孙满堂（鸽蛋扒鹿角菜）
天伦之乐（鸡腰烧鹌鹑）
长生不老（海参靠烹雪里蕻）
洪福齐天（蟹黄油烧豆腐）
罗汉大会（素全家福）
五世祺昌（清蒸鲳鱼）
彭祖献寿（茯苓野鸡羹）
返老还童（金龟烧童子鸡）

汤菜　甘泉玉液（人参乳鸽炖盆）

寿点　佛手摩顶（佛手香酥）
福寿锦长（伊府龙须面）

寿果　河南仙柿果　上海北茫蟠桃

寿烟　吉林人参烟

寿茶　湖南老君眉茶　湖北仙人掌茶

寿酒　山东至宝三鞭酒

［菜单简析］

这是一份典型的贺寿宴菜单，是庆贺宴的代表。整个宴会菜单围绕一个“寿”字做文章，宴会设计以“寿星”为中心进行，菜谱安排也考虑到寿星的爱好和需要。突出表现敬老爱幼、家庭和睦、享受天伦之乐的宴饮主题。

从菜肴结构和数量方面来看，设计者充分考虑到老人饮食应该少而精的特点，整个菜品数量较之婚宴、生日宴等要少。一般一彩碟应配八冷碟，这里却只安排四冷碟（老人不宜多食冷食），热菜也只有八道，也比一般宴会要少，汤只有一道，考虑到多数老人不喜欢甜食，所以省了甜汤。老人大多喜欢品茶，所以筵席上特地安排宴前、宴后两道茶，而且品种各异，供老人品鉴。

在菜品选择方面，品种符合老年人的饮食需要。一般来说，老年人喜欢软烂、清淡、素雅、滋补的菜品。整个菜肴品味都比较清淡，没有大甜、大酸、重麻、重辣的菜肴，适应老年人的口味。从菜肴质地来看，大多是烧、烩、蒸、熬、扒、烤等烹调方法制作的菜肴，质地软嫩、酥烂，受到大多数老人的欢迎。菜肴在选料上也充分考虑到了滋补功用，如：芋艿、猴头、鸽蛋、鸡腰、鹌鹑、海参、茯苓、野鸡、金龟、人参、乳鸽等原料，针对老年人中气虚弱、体倦乏力能起到滋肾益气、清利湿热、益阴补血等滋补疗效。

菜单另一个特点，就是菜肴名称吉祥、文雅而又贴近主题。彩盘“松鹤延年”，一下子点出宴席主题——庆贺延年益寿。紧随其后，“五子献寿”、“玉侣仙班”、“长生不老”、“彭祖献寿”、“返老还童”、“福寿绵长”等菜均围绕“贺寿”而铺开。“四海同庆”、“子孙满堂”、“天伦之乐”、“洪福齐天”、“五世祺昌”、“罗汉大会”等，则表现了家庭和睦、享受天伦之乐的美好生活。我们从菜单的命名可以看出，菜单设计者具有较高的文化素养和丰富的文史知识。

[实例 4-8]

弥月宴(1000 元/席)

五彩大拼盘
蒜茸龙虾
白灼游水虾
清蒸桂花鱼
碧绿扒鱼肚
橙汁鳗鱼球
生蒸海螃蟹
老酒蟹虎蛊
玉米炒松仁
炒面鹌鹑蛋
甜点甜汤
时令水果盘

[菜单简析]

菜品以海鲜为主，格调清淡、新鲜，爽口而不腻，富有地方特色。菜单以冷拼盘打头阵，紧随其后的是档次较高的蒜茸蒸龙虾，它起到一种鼓动气氛的作用，接下来是几道风味、情调各异的海鲜，让人目不暇接。老酒蟹虎蛊与两盆龙虾呼应寓意“生龙活虎”，玉米炒松仁既是“寻根”，又能满足都市人换口味“尝粗品绿”的要求。炒面鹌鹑蛋原本为生日宴会中一道必不可少的传统菜，用在这里不仅可作主食之用，同时也预示着满月后新生的开始。值得一提的是，这样的菜单搭配既经济实惠，又有气派，能给主人撑住面子(以上两例为厦门华侨大酒店菜单)。

［实例 4－9］

婚宴(1680 元/席)

五彩迎嘉宾
鸿运大拼盘
清蒸大龙虾
西匠炒鲍笋
笼仔荷香虾
传统佛跳墙
北菇扒螺脯
脆皮鸿运鸡
喜庆太平燕
沙律鳕鱼柳
沙锅东瀛翅
荷香红鲟饭
清蒸海上鲜
上汤浸时蔬
葱油黄金饼
鸳鸯美点
早生贵子
精美水果拼
佳偶天成

［菜单说明］

实例 4－9 是婚宴菜单，开列此宴菜单，以体现家庭喜庆和男女爱情的主题，表达大家对新郎、新娘的美好祝愿。

［实例 4－10］

金玉满堂宴(1288 元/席)

金猪贺喜（乳猪全）
嘻哈欢笑（白灼海沙暇）
黄金满屋（蒜香骨）
花开富贵（西兰花炒带子）
双喜临门（红烧乳鸽）
鹏程展翅（红烧大勾翅）
春色佳景（鹌鹑蛋扒时蔬）
连年有余（清蒸麻斑）
前程锦绣（锦绣炒饭）
双星贺喜（美点双辉）
欢乐果园（合时生果）

[实例4－11]

如意吉祥宴(888元/席)

红袍贺喜(乳猪全体)
满堂喜哈(白灼海沙暇)
花枝招展(西芹炒花枝片)
发财好市(发财好市大利)
鸿图展翅(砂窝勾仔翅)
喜气洋洋(支竹羊腩煲)
双喜临门(百华乳鸽皇)
年年有余(清蒸海立鱼)
春色佳景(瑶柱扒菜)
锦上添花(幸福炒饭)
福泽绵绵(干烧伊面)
年年高升(香煎年糕)
欢乐果园(合时生果)

[实例4－12]

新春家庭宴(388元/席)

四喜临门(乳猪拼盘)
嘻哈欢笑(金沙炒蝦碌)
发财就手(东坡猪手)
金玉满堂(尖椒粟米炒螺肉)
心想事成(鲍参翅肚羹)
喜气洋洋(支竹焖羊腩)
满堂生辉(云南小瓜炒双脆)
生财有道(生炒菜心)
年年有余(清蒸海鲜)
前程锦绣(扬州炒饭)
幸福绵绵(干烧伊面)
年年高升(香煎年糕)
欢乐果园(合时生果)

[菜单说明]

实例4－10、4－11、4－12都是喜庆祝福宴，在开列菜单时，这些菜单紧扣主题，寓意深远，话语都是贺喜的话，最后道出了欢乐的气氛。

[实例4－13]

开张大吉宴

一看盘:百花齐放
四凉菜:囊多锦绣　拌金银条　花枝会语　帆风顺
八热菜:开市大吉　万宝献主　地利人和　腰缠万贯

恭喜发财　心花怒放　雪里埋金　大发财源

一 汤:推纱望月

二面点:金银烙饼　八宝米饭

[菜单简析]

这套宴会菜肴可作为商店、饭店、餐馆、酒楼等单位开张时的贺喜宴用。这套宴会菜肴紧扣经商这一主题,语语都是吉利话。开张营业,都是彩灯高悬,百花齐放,门庭若市,祝店主一年四季生意兴隆,招金进银,总是一帆风顺。同时,希望店主和善迎人,才能赢来顾客,腰缠万贯,进进出出,万宝献主。店主总是喜笑颜开,大发财源。推纱望月,要求店主延长服务时间,不能天未黑店门就关,把顾客拒之门外。要吹糠见米,大小生意都做,才能挖得雪里埋金。只有从提高服务质量上下一番功夫,才能财源绵长。最后的两道面点,又照顾到了南北方人的饮食习惯。

五、民俗主题宴会菜单

[实例 4－14]

楚乡全鱼大宴

看盘:年年有余

围碟:樱桃才鱼　五香鲫鱼　鱼茸蛋卷　琼脂青鱼
　　发菜鱼糕　酸甜鱼丝　挂霜鱼球　椒盐鱼头

热炒:酥炸鱼排　花仁鱼饼　翻黴鳜鱼　姜辣墨鱼

大菜:花篮鱼片海参　干贝绣武昌鱼　鱼茸气酿银耳　糖醋飞燕全鱼
　　兰草官扇鱼卷　东湖荔枝鳜鱼　口蘑百花鱼肚　红烧凤翅甲裙

甜汤:什锦冰糖鱼脆

咸汤:奶汤琵琶回鱼

饭菜:香醇糟鱼　红椒鱿鱼　多味鱼丁　瓜酱鱼丝

点心:鳄鱼香酥　鲤鱼豆包　金钱蒸饺　银鱼豆皮

果品:姊归脐橙　随州密枣　巴河鲜藕　孝感红菱

香茗:薄圻花茶

[菜单简析]

这是武汉中华酒楼的鱼席中的精品。这席多料全鱼大宴共有36道菜。由于长江和汉水贯穿全境,洞庭湖、洪湖与梁子湖嵌东南,境内港湖交错,水风密布,这种独特的地理环境,形成了鄂菜以"水产为本,鱼鲜为主"的特色,以团头鲂、回鱼、鳜鱼、青鱼、鲫鱼、乌鳢、春鱼、甲鱼等10大名贵淡水鱼作为烹饪原料,拥有数百种风味鱼菜,几十种风味鱼席,鱼余技术冠绝天下,成为华夏食苑中的一朵瑰丽的奇葩。这一鱼席席面富丽堂皇,体现了鱼米之乡的富足和全鱼大宴的实力,以不同的色、质、味、形交错相杂,在食欲和心理上都给食客最大的满足。

[实例4－15]

保健宴

冷碟 紫扣牛肉 丁香鸭子 桂皮熏鱼 山楂肉干 仙人鲜菇 苡仁豇豆

热菜 斑龙海参 乌龙展翅 枸杞肉丝 参芪鳝段

炖品 虫草鸭子 参麦团鱼 天麻鲤鱼 龙马童子鸡

小吃 当归蒸饺 神仙富贵饼 茯苓包子 杏仁豆腐

饮品 菊花饮

[菜单说明]

此例是成都岷山饭店药膳餐厅的药膳宴席菜单。在我国一直以来有医食同源之说，传统医学对人们的饮食有着重要的指导作用，一些饮食学家和医学家更是不断探索饮食与健康的关系，追求饮食疗疾的方法，从而产生了药膳。药膳宴会因其特殊的滋补作用而成为宴会中的另类。要设计好这类宴会，设计者必须具备一定的医学知识，同时还必须对就餐者的健康状况有所了解，才能达到宴会设计的预期效果。

[实例4－16]

清真宴

冷菜 主盘:蝴蝶

围碟:炝羊腰 酱卤牛舌 如意蛋卷 黄瓜拉皮 松仁鸭脯 橙汁银耳

热菜 什锦面盒 熘羊肉片 爆炒牛百叶 芝麻牛排 焖牛肉丸 椒盐牛筋 烤羊肉骨旁 红烧牛尾 淮扬盘鸡 鸽蛋雪花羊肉

甜菜 太极双泥

汤菜 茉莉鱼肚汤

点心 羊肉夹饼

水果 时果拼盘

[菜单说明]

早在1300多年前，就有大食、波斯人竞相来扬州从事商品贸易活动。扬州众多的伊斯兰教徒吸收汉民烹饪技术特长，促进清真饮食的发展，创造出独特风格的淮扬清真饮食。淮扬清真菜是伊斯兰教饮食文化与中国东南、华南饮食文化的融合，既是淮扬菜系的重要组成部分，也是中国清真饮食南北两大流派的南方代表。

淮扬地区世居的穆斯林大多是回族。许多回民从事饮食业，形成一支善于制作各种清真食品的回民群体。他们严守教规，精心选料，精细制作，风味独到，注重清洁卫生，备受青睐。

[实例4－17]

全藕宴

冷菜 主盘:荷花映月

围碟:称心如意　香橘荷莲　柴把藕条　芝麻藕糕
　　酥炸小排　风味泡藕 开心藕条 相思藕片

热菜　鲜肉藕夹　锅 飞龙　吉利藕球　凤尾藕宝　藕丝鱼卷
　　葫芦藕托　干炸蒲棒　扇面藕糕　铁板水上鲜　藕海参

甜菜　蜜汁捶藕

汤菜　鸳鸯莲蓬汤

点心　虾肉藕粉圆　水晶藕饼　枣泥藕粉饺

水果　时果拼盘

[菜单说明]

江苏省宝应县是著名的荷藕之乡，种植荷藕已有千年历史。唐代诗人储嗣宗途经宝应汜水时留下了“何处思乡甚，歌声闻采莲”的诗句。明代洪武年间，宝应藕粉已盛行东南。据史料记载，乾隆年间，宝应每年向宫廷进贡藕粉八十斛。据《宝应县志》云:“藕粉，他邑多红莲，独邑白莲，粉尤精洁，故采办作贡。每秋八九月，官司发价市，新白莲藕，于平仓设厂，雇春夫督办。取藕去皮节，擦、滤、浆、晒、削，成粉，名鹅毛雪片。”

如今，荷藕美食在荷藕之乡根深叶茂。荷藕“以其清白无瑕，质如鸭梨食后无渣”名闻遐迩，莲藕、莲鞭、荷花、莲子、藕粉、荷叶均能入馔。可生食、熟炒、煮食、蒸食、油煎、熘炸、甜食、冲饮，多呈佳味。全藕席中的蜜汁捶藕、藕粉圆子、藕粉饺子等都是淮扬名菜，脍炙之口。

[实例 4－18]

福建妈祖宴

丹凤朝阳
喜庆花篮
发财有余
湄岛秋菊
龙井点兵
群仙迎架
万灵朝圣
全家福
妈祖寿面
妈赐寿桃
窥井得符
一帆风顺

[菜单说明]

妈祖宴源于独特的妈祖文化。妈祖是芳名远播的海上平安神，上千年来，妈祖一直受到我国东南沿海地区人们的朝拜。妈祖宴菜是根据妈祖故乡风味，结合宫廷供品和民间供品的特色，以地产原料为基础而形成。此宴会表达了福建人民对平安的祝福。

［实例4－19］

法国宴席菜单

席一：

冷盘：烤 蛤 蜊

汤： 洋 葱 汤（法式）

主菜：纽 西 兰 牛 柳　扒 鲜 大 虾

甜点：香 草 苏 力 夫　小 杯 咖 啡、鲜 水 果

席二：

冷盘：大 生 龙 虾

汤： 牛 肉 清 汤

主菜：荷 兰 沙 司 烤 桂 鱼　鸡 血 红 酒 烩 鸡 块

点心：香 桃 派　小 杯 咖 啡

［**菜单简析**］

法国菜特点之一是选料鲜活。法国人多喜吃略带生的菜肴，因而原料多选活的、新鲜的。如海鲜大拼盘，高脚架银盆上铺满碎冰块，上放大花蟹、大鲜虾、生蚝（牡蛎）、法国淡菜（贻贝）、蚬、东风螺等，另配汁酱等同上，保持了海鲜冷吃的特色。此菜极为名贵。煎牛扒、烤羊腿，法国人喜欢煎到七八成熟。至于牡蛎，法国人则多喜欢生吃。另外，著名的鲁昂的带血鸭子、水鸭都是烧到四成熟或半熟时就吃。

法国菜还十分讲究调料，使用种类很多。一是香料（包括香草），常用香料有百里香、迷迭香、月桂（香叶）、欧芹、龙蒿、肉豆蔻、藏红花、丁香等10多种。法国菜中胡椒最为常见，几乎每菜必用，但不用味精，极少用芫荽（香菜）。二是调味汁多用。各式调味汁多达百种以上，既讲究味道的细微差别。还考虑色泽的不同，百味、百色，给人以美的享受和尽善尽美的感觉，使食用者回味无穷、津津乐道、百食不厌。

［实例4－20］

中西混合自助式宴会

汤：海鲜浓汤

小 食 类：咖喱茨仔饼　脆炸鲜鱿圈　葡国马介休球　脆皮炸鸡
腌肉肠仔卷　意大利薄饼　吉列鱼条　日式墨鱼仔
咸水饺　炸茨枣　炸芋头　油香饼　煎年糕　莲蓉糯米糍

沙 律 类：龙虾沙律　海鲜沙律　火腿鸭丝沙律　芝士火腿沙律

冷　　盆：烧纽西兰西冷　腌猪柳　法式瓤鸭翼　菠萝拼火腿
炸鹌鹑　鲜果拼鸳鸯卷

席前分割：苏格兰腌三文鱼　乳猪全体　烤火鸡

客前烹调：纽西兰牛柳　扒鲜大虾

热　　盆：柳法葡国鸡　苹果烩腌猪柳　蒜茸沙丁鱼
西洋烧鲚鱼　黑椒法牛排骨　意式酿鲜鱿

海鲜西兰花　酸辣肉排　蚝油鲜菇

甘笋白菌炒珍珠笋　干炒火腿意粉　扬州炒饭

星洲炒米　九洲银芽炒伊面　腌肉炒露笋

甜　　品：士多啤梨批　瑙西米布丁　大苹果批

葡式饼　栗子布丁　朱古力花球　曲奇饼

合时鲜果：苹果　雪梨　香蕉　柑

[菜单说明]

实例4－20是我国某驻外机构宴请中外友人的迎新自助餐式晚宴，设计者在进行设计时，宴会格局以中西美食为中心来安排，在结构和内容编排上有一定新意。

越来越多的餐饮企业家已经意识到：高品位、高层次的文化是企业立足的基础，因此许多餐厅举起"主题文化兴店"的大旗，总之，主题宴会菜单设计是宴会设计的重要内容之一，它需要设计者综合运用各种知识与方法，在实践中不断探索与提高，才能真正做到既满足顾客的需求，又能实现企业的经营目标。本章列示的部分宴会菜单实例中附有宴会的价格，由于各个地区、各个时期、各个企业、不同档次的宴席，有着各自的定价原则与标准，因此这些实例中所列示的价格仅供参考。

[案例4－1]

转收入怀的菜单

上海新锦江大酒店曾接待日本天皇明仁和皇后美智子，酒店的公关部从日本人喜爱小折扇的传统出发，结合天皇夫妇至高的皇家身份，设计出集中国书法、工艺技巧与精美菜肴绝佳组合的扇子菜单，配以红木小托架。结果盛宴中的100份极具特色的小菜单极受欢迎，日方政要在餐毕纷纷将小折扇转收入怀中。

【评析】

上海新锦江大酒店创意独特的新款的小折扇菜单，不仅通过内容、形式向顾客进行促销，而且还可以通过精致、美观的艺术装帧设计推广酒店的形象，展示了中国文化。日本客人将小折扇转收入怀中，无疑随之把上海新锦江大酒店的美誉传过东瀛，在日本政客乃至各界褒扬，其名。主题宴会菜单由此起到了组织客源、承担形象、扩大产品销售的作用。

[案例4－2]

《财富》全球论坛菜单

江泽民同志曾在上海国际会议中心的大宴会厅宴请《财富》全球论坛的代表时，菜单内容为：

风传萧寺香（佛跳墙）云腾双蟠龙（炸明虾）

际天紫气来（烧牛排）会府年年余（烙鳕鱼）

财运满园春（美点笼）富岁积珠翠（西米露）

鞠躬庆联袂（冰鲜果）

菜单中前六句的第一字和最后一句的前二字连起来就成为一句讨人口彩的吉利话，又是一副妙趣横生的藏头联："风云际会，财富鞠躬。"上联寓示着《财富》"全球论坛"会议为世界各地的跨国餐厅提供了良好的发展机遇；下联紧扣主题，表达了参加《财富》"全球论坛"的跨国企业家们敬业乐业，为进一步发展和繁荣全球经济、加强国际经济工作，更好地造福人类而"鞠躬尽瘁"的决心。

【评析】

菜肴的命名十分重要。好的菜名不但能让人一目了然。还可使客人产生联想，起到画龙点睛的作用。《财富》全球论坛菜单设计的成功，将菜点特征以富有情趣和文化性的词语表现出来，紧扣宴会主题，增加宴会气氛。

[案例4-3]

西式自助餐宴会

走进广东珠海五星级酒店珠海宾馆，迎面看到像两条长龙式的自助餐，数十米长桌上摆满海鲜浓汤、澳洲龙虾、美国生蚝、苏格兰腌三文鱼、俄罗斯鱼子酱、法式鸭翼、日式墨鱼仔、鲜多士、芒果带子船等冷盘和沙律类；服务生正用娴熟的技术在客人面前烹调着美国西冷、纽西兰牛柳、鲜大虾；长桌上还摆满了日本酱油、芥辣、洋葱圈、西椒等酱料；布菲炉里盛放着咸牛肉炒饭、干炒火腿意粉、红酒局牛柳、锡纸薯、腌肉鲜露笋等热盆菜；甜品台上摆了许多迷你西饼和西点，并赠送五个品种的鸡尾酒；50多种主食品和副食品摆放在自助台上。各种食品均用不锈钢器皿盛放，每种食品前备有公用刀、叉、勺、筷等餐具，供宾客使用，让宾客随意挑选适合自己口味的食品，或站或坐的商谈，这种宽松商务宴会活动，令人流连忘返。

【评析】

这是高级商务自助餐宴会，自助餐菜单用料及菜品的种类大多是西餐中的烤、烩、煮类菜肴，再配上沙拉、西点、甜品饮料作为辅助。由于该宴会较高档，安排了现场烹制，保证菜品的火候、新鲜度和宴会的活跃气氛。在接待服务要求具有娴熟的服务技巧和流利的英语口语，在客人面前烹调，对烹调人员的综合素质要求较高。从以上案例可看出宴会工作一切始于菜单。

【复习思考题】

1. 主题宴会菜单有何作用?

2. 主题宴会菜单设计有哪些原则?

3. 试述主题宴会菜点设计基本要求及设计方法。

4. 菜单设计时，把握菜肴的数量应考虑哪些因素?

5. 主题宴会菜肴命名一般有哪些方法?

6. 收集当地某酒店中西餐主题宴会菜单各两份，分析其设计的思路与特点。

7. 结合本章所学知识，设计一份婚宴菜单，并对其外观装帧进行设计。

第五章　主题宴会服务设计

● **本章提要**

服务质量的好坏是影响宴会成功与否的重要一环，服务设计也是宴会个性化、特色化的一个手段。本章主要从服务角度出发，阐述主题宴会服务设计的作用、原则与服务基本程序，突出主题宴会服务设计的内容及方法。

● **学习目标**

1. 掌握主题宴会服务设计的作用与原则。
2. 了解主题宴会服务基本程序。
3. 掌握主题宴会服务设计的内容与方法。

第一节　主题宴会服务设计的作用与原则

影响宴会成功的因素有很多，如灯光、棉织品、餐具、音响、菜肴、酒水、节奏、服务员的仪表和服务技术，甚至服务人员的情绪和态度等等，这些因素应进行有效的计划、组织、安排，使之和谐统一，从而为宴会提供周到的服务和创造出良好的宴会气氛。本节主要介绍主题宴会服务设计的作用和原则。主题宴会服务设计，简单地说，就是宴会整个服务的策划，就是在主办宴会前，根据有关信息资料和要求，编制出主题突出，科学合理，令主办单位满意的宴会服务计划。

一、主题宴会服务设计的作用

主题宴会的组织从客人预定开始到餐桌布置是一个相当复杂的过程，必须事前做好妥善周密的主题宴会服务设计，宴会活动才能水到渠成，顺利完成。

（一）主题宴会服务质量影响饭店声誉和竞争能力

宾客可以根据宴会部为他们提供食品、饮料、质量、分量和服务人员的服务态度及服务方式来判断服务质量的优劣和管理水平的高低，因此，主题宴会服务的好坏不仅直接关系到饭店声誉和形象，也直接影响宴会部的客源和经济效益。

(二)主题宴会服务设计直接影响整个宴会部门的运行和管理

主题宴会活动往往不仅是就餐，还伴有表演、祝贺、赠物等服务内容，接待环节复杂，涉及部门广泛，如宴会的预订，原料的组织，产品的生产，前台的协调，娱乐活动的开展，工程部的维修，保安部的安全保卫等。因此，主题宴会服务设计只有经过周密策划后，才能使宴会业务部门正常的运行和管理。

(三)主题宴会服务设计成败决定宴会经营的成效

宴会的成功取决于诸多方面的原因。主办者举办宴会往往有其明显的目的，或表示友好，或答谢或志庆等等。经验丰富的主题宴会策划人员往往在了解宴会主办者的目的之后，策划各种活动和运用服务技巧加强宴会主题气氛的渲染，使气氛和谐统一，达到令主办者满意的效果，使宴会获得圆满成功。

二、主题宴会服务设计原则

迎来送往、婚丧寿诞、欢聚庆祝、商务宴请等，举宴皆有目的，也就是说是围绕着某个主题进行的，在主题宴会服务设计中，必须综合考虑多方面的因素，具体来说，应遵循以下原则：

(一)满足目标顾客需求原则

宴会需求和等级规格的高低是由举办者的宴请目的、宴请事由、主要宴请对象的重要程度、准备达到的宴会影响、出席宴会的主要人物身份地位、举办者的宴会标准等多种因素决定的。因此，主题宴会服务设计时必须遵循满足目标顾客需求原则，确保每个主题宴会服务都能根据目标顾客需求层次和等级规格，提供质价相符，针对性强的优质服务。

(二)规范化与标准化原则

不管是何种类型的主题宴会，专业化的服务是不可或缺的，在求新求变的同时不能脱离服务的专业化、标准化，如同散文写作中“形散神不可散”。服务人员操作手法的卫生，操作程序的准确到位，服务的高效快捷，服务态度的热情真诚等要自如至终贯穿于整个服务过程中，再以此为基础，突出主题特征，才能使两者的结合相得益彰，锦上添花。

(三)主题鲜明原则

宴会并不是盲目举办的。它每次都有一个鲜明的主题，然后围绕这个主题来选择菜肴风味、举办场所、灯光音乐、服务方式的表现形式和就餐环境的装饰布置等等。如北京长城饭店为美国商务客人举办的著名的“丝绸之路”宴会。饭店根据客人的要求，设计创造出了以天山图案为背景，以三条象征丝绸之路的黄色装饰的宽敞通道，伴有新疆舞蹈演员载歌载舞的表演及设计美观、大方、舒适、典雅的16张宴会台面，完美地体现了宴会主题，烘托了意境，从而创造出了使客人十分满意的宴会主题场景的优质服务，收到了使客人“永生难忘”的效果。

(四)创新性原则

在市场竞争中，只有不断地创新才能给客人以新感受，才能在行业竞争中独树一帜，成为被模仿和追逐的对象。创新源于对客人需求的满足，服务的创新可以从服务的方式、语言、内容、环境、过程等方面体现出来。针对于主题宴会而言，服务的创新要立足于主题所在，围绕主题进行细节的设计，但是创新要充分考虑宾客的品位和审美，以得到对方的认可，可新、可奇、可雅，但不能过俗，要体现创新中的文化内涵和特色，如婚宴中的喜庆、家庭聚会的温馨，只有把握了不同的主题，借助于一定的服务方式才能出奇制胜。

(五)考虑生产经营因素原则

在主题宴会服务时，必须考虑本宴会厅服务员的综合素质，选择一些能发挥他们特长的服务活动，才能提高主题宴会的服务质量。同时，还要考虑服务场地的安排、布置、设施设备的局限性等。对于那些能歌善舞的服务员可计划安排一些服务难度大的服务项目，如在婚宴中，依托特色民俗文化，穿插“花轿迎新娘”或“情歌对唱”等民俗表演，激发顾客的参与热情，以获得可观的销售利润。

第二节　主题宴会服务基本程序

主题宴会作为一种高规格的就餐形式，其显著的特点是礼仪性和程序性，因而在主题宴会服务中，服务程序的正确与否，服务质量的好与坏，会对整个主题宴会的过程起到推动作用或负面影响。下面我们就中式主题宴会、西式主题宴会和主题冷餐会、主题鸡尾酒会的服务基本程序作一一介绍。

一、中式主题宴会服务基本程序

中式主题宴会中所涉及的元素主要是具有中国特色的。台面布置中使用中式餐具，菜单设计中充分考虑中国人的就餐特点，菜式和烹调方法都尽显中国化。在主题宴会的服务过程中，服务人员的着装、服务方法和服务程序等都是中式的，在主题宴会的环境塑造方面也要体现出中国的民族特色，也就是说通过一台中式主题宴会让就餐的宾客能够体会到中国的饮食文化特色，领略到中式主题宴会的魅力。中式主题宴会服务的礼遇和规格较高，标准严格，场面气氛隆重，不同于一般的就餐形式。

中式主题宴会服务的程序主要包括三个环节：宴会开始前的准备工作、宴会进行期间的服务工作和宴会结束后的整理工作。

(一)中式主题宴会服务的准备工作

1. 掌握情况

承接主题宴会时，必须对宴会及客人的情况有充分的了解。主要包括以下几方面内容：

（1）八知：知出席宴会人数，知桌数，知主办单位，知客人国籍，知宾主身份，知宴会标准，知开席时间，知菜式品种及出菜顺序。

（2）三了解：了解宾客风俗习惯，了解客人生活忌讳，了解宾客的特殊要求。

2. 明确分工

规模较大的主题宴会，要确定总指挥人员，在人员分工方面，要根据主题宴会要求，对迎宾、值台、传菜、斟酒及衣帽间、贵宾房等岗位，都要有明确分工，将责任落实到人。

3. 场地布置

布置宴会厅时，要根据主题宴会的性质、档次、人数及宾客的要求来调整宴会厅的布局。根据桌数，选好台形，大型主题宴会要定好主桌，做到主桌突出，排列整齐，间距合理，既方便宾客就餐，又要便于服务员席间操作。同时，为突出宴会的主题及隆重热烈的气氛，可选用条幅、盆景花草、画屏等装饰物品来装点宴会大厅。

4. 熟悉菜单

宴会服务人员应熟记主题宴会上菜顺序及每道菜的菜名，了解每道菜的主料及风味特色以保证准确无误地进行上菜服务，并回答宾客有关菜肴的问题。

5. 物品准备

准备好主题宴会所需的各类餐具、酒具及用具；备齐菜肴的配料、佐料；备好酒品、饮料、茶水；席上菜单每桌一至二份放于桌面，重要主题宴会则人手一份。

6. 宴会摆台

主题宴会摆台应在开席前 1 小时完成，按要求铺台布，下转盘，摆放餐具、酒具、餐巾花，并摆放台号或按要求摆放席次卡。最后把鲜花放在餐桌中央。

7. 摆放冷盘

在主题宴会正式开始前 15 分钟左右摆上冷盘。摆放冷盘时，要根据菜点的品种和数量，注意品种色调的分布、荤菜的搭配、菜点的观赏面、刀口的逆顺、菜盘间的距离等，使得整个席面整齐美观，增添主题宴会气氛。

8. 全面检查

准备工作全部就绪后，宴会负责人员要作一次全面的检查。包括环境卫生、餐厅布局、桌面摆设、餐用具的配备、设备设施的运转、服务人员的仪容仪表等，都要一一进行仔细检查，以保证主题宴会的顺利举行。

（二）中式主题宴会席间就餐服务

1. 热情迎宾

服务员应在宾客到达前迎候在宴会厅门口，如宴会有重要人物出席，则宴会主管人员或餐厅经理为表示礼貌和尊重，也应在宴会厅门口迎候。宾客到达时，要热情迎接，微笑问好，在服务过程中要注意分辨主人和主宾。大型主题宴会还应引领宾客入席。

有些宴会厅设有衣帽间，可为宾客提供保管衣物的服务；有的宴会厅还设有休息室，可在主题宴会开始前，请宾客在休息室稍做休息，提供香巾、热茶或酒水饮料等服务，等主题宴会正式开始时，再请宾客入席。

2. 宾客入席

值台服务员在主题宴会开始前，应站在各自的服务区域等候宾客入席。当宾客到来，服务员要面带微笑，欢迎宾客，并主动为宾客拉椅让座。宾客入席后，帮助宾客铺餐巾，除筷套，并撤掉台号、席次卡及鲜花。

3. 斟倒酒水

(1)为宾客斟倒酒水时，应先征求宾客的意见，按宾客所需，斟倒酒水，如宾客提出不要，应将宾客位前的空杯撤走。

(2)倒酒水时，应从主宾开始，再到主人，然后按顺时针方向依次进行。如有两名服务员同时斟酒，则一名从主宾开始，另一名从副主宾开始，按顺时针方向依次进行。

(3)斟酒时，服务员应站在宾客身后右侧，右脚在前，侧身而进，右手持瓶斟酒，酒瓶商标面向宾客，瓶口离杯 1 ~2cm，斟至八分满即可。

(4)在主题宴会中，如遇宾主祝酒讲话，服务员应停止一切活动，端正肃立在一旁，并要注意每位宾客杯中的酒水，特别是照应好主宾和主人，待讲话完毕时，服务员要及时送上一杯酒，供其祝酒。当宾主离席祝酒时，服务员应持瓶跟随其后，以便及时为宾客斟酒、续酒。

(5)在宴会中，服务员要随时注意每位宾客的酒杯，当杯中只有 1/3 酒水时，应及时添加。添加时要注意不要倒错酒水。

4. 上菜服务

(1)当冷菜食用掉一半时，应开始上热菜。上菜的顺序一般为：第一道凉菜，第二道主菜(较名贵的菜肴)，第三道热菜，每四道汤菜，第五道甜菜(随上点心)，最后上水果。但粤菜习惯于先汤后菜。

(2)大型主题宴会或重要宴会，应有专门人员负责指挥控制上菜的节奏，以免早上、迟上或漏上，而影响整个主题宴会的效果。大型主题宴会上菜应以主桌为准，先上主桌，再按桌号依次上菜，绝不可颠倒主次。

(3)上菜时要选择正确的上菜位，一般选择在翻译与陪同位之间进行。如有热菜使用长盘，盘子应横向朝主人。整形菜的摆放，应遵照我国传统的礼貌习惯，“鸡不献头，鸭不献掌，鱼不献脊”，即上菜时将鸡、鸭、鱼头部一律朝右，脯(腹)部朝向主宾，表示对客人的尊重。所上菜肴，如有佐料的，应先上佐料后上菜。

(4)每上一道新菜，要向宾客介绍菜名、风味特点及食用方法。上新菜前要先撤走旧菜。如盘中还有分剩的菜，应征询宾客是否需要添加，在宾客表示不再需要时方可撤走。

(5)主题宴会服务员都要主动地为宾客分汤分菜。分菜时要胆大心细，掌握好菜的分量、件数，分配准确均匀。高档主题宴会或重要宴会应设分菜台，所上菜肴，先请宾客欣赏后，再拿到服务台上分好，上给宾客。

(6)所有菜肴及主食上完后，在上甜食前，服务员要将用过的餐具全部撤掉，只留水杯及葡萄酒杯于台面。并换上新餐盘及水果刀、叉。用完水果后，为客人换上一条新毛巾并送上茶水。

5. 席间服务

在整个主题宴会期间，要勤巡视，勤斟酒，勤换骨碟、烟灰缸，细心观察宾客的表情及示意动作并主动服务。

(1)为保证主题宴会服务的质量，突出菜肴的风味特点，使宾客就餐方便、舒适，在主题宴会进行的过程中，应多次为宾客换骨碟。重要的主题宴会要求每道菜换一次骨碟，一般主题宴会换碟次数不得少于三次。撤换时要注意手法清洁卫生，并要尊重宾客就餐习惯。如有客人将筷子放在骨碟上，在换上干净的骨碟后，也要将筷子按原样放回骨碟上。

(2)在宾客就餐过程中，服务员要注意观察吸烟的宾客，如其周围无烟灰缸就应及时送上，如宾客烟灰缸内已有两个以上烟蒂或其他杂物就应及时更换。

(3)在服务过程中应及时收撤空菜盘，尤其是在上新菜之前，应将旧菜盘撤下。收撤菜盘时应征求宾客的意见。如餐桌上菜盘过多，而宾客又要求保留未吃完的菜肴时，可主动为宾客分菜或换用小号的菜盘来盛装。

(4)主题宴会中应多次递送热毛巾，一般在上海鲜类菜肴时，或是上用手取食的菜肴时，均要送上热毛巾。送毛巾的次数，应根据客人及菜肴种类的需要而定。递送毛巾时，可用专用的毛巾托盛放毛巾，放于每位宾客餐位的右侧，或用毛巾夹将毛巾直接递送到宾客手中。

(三)中式主题宴会收尾工作

1. 结账送客

一般主题宴会上完水果后，再给每位宾客斟倒一杯热茶，就应准备结账了。清点好消费酒水总数，以及菜单以外的各种消费，不能漏账，保证准备无误。付账时，若是现金可以现收交收款员，若是签单、签卡或转账结算，应将账单交宾客或主题宴会经办人签字后送收款处核实，及时送财务部入账结算。

主题宴会结束时，服务员要征求宾客意见，可以发放意见卡。宾客起身主动拉椅送客，并提醒宾客带好自己物品。

2. 收台检查

在宾客离席的同时，服务员要检查台面上是否有未熄灭的烟头，是否有宾客遗留的物品，宾客全部离开后立即清理台面。清理台面时，按先餐巾、毛巾和金器、银器，然后酒水杯、瓷器、刀、叉、筷子的顺序分类收拾。凡贵重物品要当场清点。

3. 清理现场

所有餐具、用具要回复原位，摆放整齐，并做好清洁卫生工作，保证下次主题宴会顺利进行。

（四）中式主题宴会服务注意原则

（1）客人在用餐时，餐具或用具不慎掉在地上时，服务员应迅速将干净的备用餐、用具补给客人，然后将掉在地上的餐、用具拾起拿走。

（2）客人用餐时，由于不慎将酒杯碰翻酒水流淌时，服务员应安慰客人，及时用干餐巾将台布上的酒水吸去，然后用干净的干餐巾铺垫在湿处，同时换上新酒杯，斟好酒水。客人若将菜汤洒到身上时，服务员要迅速将洒落物清除掉，用湿毛巾擦干净，并请客人继续用餐。

（3）席间若有客人突感身体不适，应立即请医务室协助，并向领导汇报，将食物原料保存，留待化验。

（4）在主题宴会服务过程中，服务员之间要分工协作，讲求默契，服务出现漏洞，要互相弥补。

（5）每次主题宴会结束后，宴会负责人员要对任务的完成情况进行小结，以不断提高餐厅服务质量和水平。

中式主题宴会服务基本程序如图5－1所示。

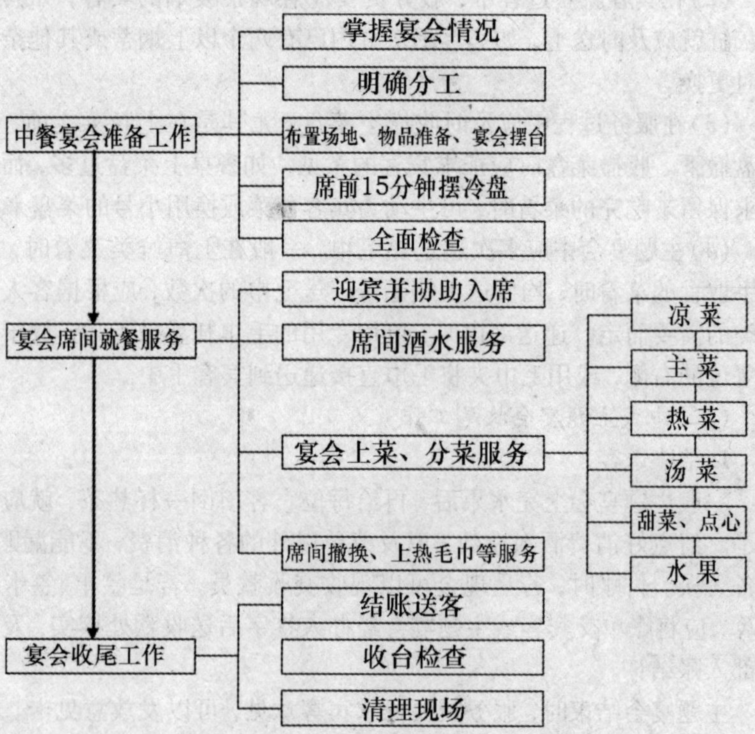

图5－1　中式主题宴会服务基本程序图

二、西式主题宴会服务基本程序

随着中外交流的增多，西餐逐渐走进了中国的餐饮市场。西式主题宴会是一种按西方国家的宴会形式举办的宴会，它使用西餐餐具，按照西方人的饮食习惯摆放餐台，食西式菜肴和酒水，在服务过程中遵照西方人的礼仪，服务的规格高，服务的环节复杂。西式主题宴会服务基本程序如图

5-2 所示。

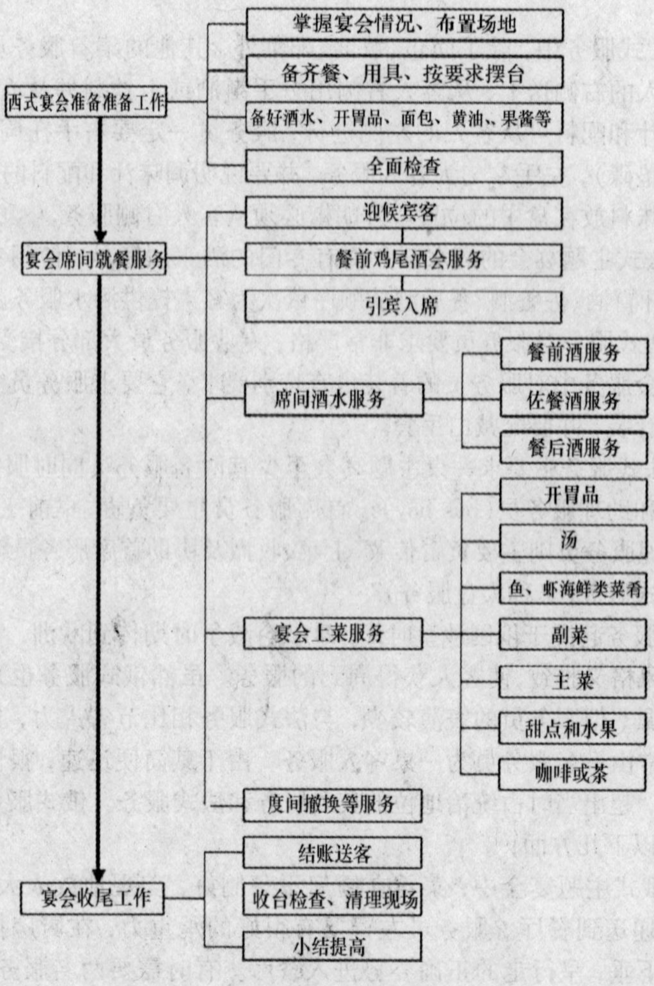

图 5-2　西式主题宴会服务基本程序图

(一) 西式主题宴会服务的分类

西式主题宴会服务起源于欧洲的贵族家庭，而在不同地区又有着不同的服务方式，经过多年的归纳、总结和演变，形成现在常见的法式服务、俄式服务、英式服务和美式服务。

1. 法式服务(又称餐车服务)

法式服务属于贵族服务，是一种十分讲究礼仪的服务方式。它需要豪华的环境及设施，对服务员的要求也很严格。让宾客享受到精致的菜肴，尽善尽美的服务和优雅、浪漫的情调是法式服务的宗旨。法式服务一般服务周到，节奏较慢，用餐费用昂贵。法式服务的特点主要表现在以下几方面：

(1) 法式服务广泛使用银制餐、用具，并备有各种轻便的手推餐车。菜肴一般在厨房进行半加工后，用银盘端出，置于餐车上，由餐厅服务员当着客人的面进行“桌前烹饪”，如分切、焰烧、去骨、加调味品及进行装饰等，完成烹制过程。客人选择法式服务，很大程度是为了欣赏服务员出色的操作表演。

(2)法式服务中，除了面包、黄油、配菜外，其他的菜肴服务员一律用右手从客人的右侧送上，从客人右侧用右手斟酒或上饮料并从右侧收撤。服务调味汁和配料可从客人的左侧进行，服务员一定要右手托调味盅(调味盅要配垫碟)，左手拿勺为客人服务，并要说明调味汁和配料的名称，询问客人调味料放在盘中的位置。鲜胡椒必须从客人右侧服务。

(3)法式主题宴会的酒水服务要有专门的酒水服务员，使用专门的酒水车，按开胃酒、佐餐酒、餐后酒的顺序依次为客人提供酒水服务。

(4)法式服务对服务员要求非常严格，专业服务员大部分接受过训练。在主题宴会服务中对服务员的着装也有特别要求，它要求服务员穿标准的小夜礼服套装，并要配戴白手套。

(5)法式服务中要求一桌主题宴会至少有两名服务员同时服务，即首席服务员和助理服务员(bus boy)。首席服务员主要负责“桌前烹饪”等服务，而助理服务员则主要负责传菜、上菜、收撤及协助首席服务员等任务。

2. 俄式服务(又称大盘服务)

俄式服务起源于俄国沙皇时代，拿破仑战争时期传到欧洲，它十分讲究礼节，风格又雅致,使客人获得周到的服务。虽然俄式服务也采用大量的银制餐具，但服务员的表演较少，与法式服务相比节省人力，且服务效率高，通常由一名服务员为一桌客人服务。由于其简便迅速，很快显示出服务优势，超出当时占统治地位的英式服务和法式服务。俄式服务的特点主要表现以下几方面：

(1)俄式主题宴会中，菜肴在厨房里烹制好，美观地放入大银盘内，由服务员递送到餐厅。服务员左臂要有很好的承重力，在厨房托起大银盘，右臂下垂，呈行走的正确姿势进入餐厅。有时需要两名服务员合作，即一人拿主菜，另一人拿蔬菜进入餐厅。

(2)服务员要左手托盘，走到客人面前展示菜肴。通常，站在主人右侧，将左手放低，使全桌客人的视线能看到菜肴整体即可。展示时，要报出菜肴的名称。展示完后，将菜肴放到服务台上，服务台应有保温设备。

(3)分菜前，服务员从客人右侧按顺时针方向绕桌将热餐盘摆在客人面前，分菜则从客人左侧按逆时针方向进行。斟酒、上饮料和撤盘则都在客人右侧操作。

(4)服务员分菜时，左手托大盘，右手持叉、勺分菜。当分到最后一位客人时，仍然要保持盘内菜肴的美观。为了方便客人，通常每道菜应分让两次，第一次分让保证每位客人菜肴基本相同;第二次分让只是给需要添加的客人。服务员要灵活掌握菜肴的分派，要保证最后一个客人也得到足够分量的菜肴。两次分让完成后，大银盘内只能剩下少许菜肴，并要及时送餐厅。

(5)俄式分菜使用叉、勺。服务员持叉、勺的正确姿势是:叉在上，勺在下，右手食指插在叉和勺把之间，与拇指配合捏住叉把；其余三指控制勺把，无名指和小指起稳定作用，中指支撑勺把中部。

3. 英式服务（又称家庭式服务）

英式服务起源于英国维多利亚时代的家庭宴请，是一种非正式的、由主人在服务员的协助下完成的特殊主题宴会服务方式。英式服务气氛活跃，也节省人力，但节奏较慢，客人得到的照顾较少，主要适用于私人宴请，很少在大众化餐厅里采用。它的特点主要表现在以下几方面：

(1) 服务员将加过温的空餐盘及在厨房已装好菜肴的大盘，放在宴席男主人的面前。由男主人从大盘中把菜肴分入空餐盘后，递给站在他左边的服务员，由服务员分送给女主人、主宾及其他宾客。

(2) 一般男主人负责所有肉类主菜的切分、汤菜菜肴的分盛及饮料酒水的调制；女主人负责蔬菜和其他配菜的分盛、甜点的分配及装饰。各种调味汁和一些配菜摆放在餐桌上，由宾客自取并相互传递。

(3) 由于主题宴会期间大量的工作是客人自己完成，所以服务员主要负责餐台的清理，如撤下空盘，更换公用叉、勺，撤下客人的餐盘等，并协助客人传递菜肴。英式服务的家庭气氛，会使客人感到比较随意，弊端是感受不到服务员周到的服务，因此，服务员在提供英式服务时，更应随时细致观察客人的需要，及时为客人添加酒水、换烟缸、询问菜肴质量、推销新菜肴等，尽量使客人得到良好的照顾。

4. 美式服务（又称盘式服务）

美式服务简单明了，不太拘泥于形式，不需要昂贵的设备，服务速度快，人工成本低，故广泛流行于西餐厅和咖啡厅，也常用于西式主题宴会服务。它的主要特点有：

(1) 菜品的质量完全由厨房控制，厨师根据订单制作菜肴，并完成装盘的工作，服务员只需要准确、快捷地将菜肴送进餐厅，端给客人。

(2) 在服务过程中，所有的菜品均从客人左侧上，酒水从客人右侧上，用过的餐具从右边撤下。

（二）西式主题宴会服务基本程序

1. 西式主题宴会前的准备工作

(1) 做好宴会前的清洁卫生工作，并按"主题宴会通知单"的要求布置宴会厅，摆出台形。

(2) 备齐所有餐用具，并按要求摆台。根据出席主题宴会的人数、菜肴的安排等要求来准备足够的餐、用具。按西餐主题宴会摆台要求进行餐台布置：铺上台布，摆上餐具、酒具及用具，最后摆上鲜花、银烛台等装饰物品，美化席面。

(3) 备好主题宴会所需酒水。准备好各种酒水饮料，需冰镇的要提前冰镇好，保证各种酒水符合饮用要求。如在主题宴会开始前要举办餐前酒会，更要及时准备好足够的酒水，并配兑好鸡尾酒。

(4) 准备好足够的开胃品、面包、黄油、果酱等。在开席前 10 分钟，把开胃品摆放在餐桌上，一般是每人一盘，在少数情况下，也可以把各种开胃品集中摆在餐桌上，由宾客自取或由服务员分给，并在开席前5分钟，把面包及黄油、果酱摆放在面包篮、黄油碟中。

(5)全面检查。主题宴会负责人在各项工作准备就绪后，应进行一次全面检查，包括清洁卫生、环境布置、席面布置、物品准备、服务员仪容仪表等。在西式主题宴会服务中，服务人员应戴白手套，做到制服整齐，仪容大方。

2. 西式主题宴会就餐服务

(1)迎候宾客。在主题宴会开始前，宴会负责人就应带领迎宾员提前在宴会厅门口迎候来宾。当宾客到来，应热情欢迎，主动打招呼问好，并将客人引进休息室休息。

(2)餐前鸡尾酒服务。西式主题宴会可以在宴会开始前，先举办约半小时的餐前酒会。当宾客陆续到来，先到休息室聚会交谈，由服务员送上鸡尾酒、软饮料等，请客人选用。

(3)引宾入席。离开席5分钟左右，主题宴会负责人应主动询问主人是否可以开席，经主人同意后立即通知厨房准备上菜，同时请宾客入席。值台服务员应精神饱满地站在餐台旁，并拉椅让座，注意遵循先宾后主、女士优先的原则。待宾客落座后，为客人铺上餐巾。

(4)席间酒水服务

①餐前酒：客人落座后，服务员要主动询问客人需要何种开胃酒。如客人一时难以决定，服务员应主动向客人介绍酒水、饮料。介绍时要注意适合客人的国籍、民族和性别。推销和建议时，注意礼貌用语，不能强迫客人接受，还要记清每位客人所订酒水，以便准确提供服务。

②佐餐酒：在客人用餐期间，根据不同菜肴配不同酒水的要求，为客人提供佐餐酒服务。佐餐酒主要是葡萄酒。

③餐后酒：如客人在主题宴会结束时需饮用餐后酒，服务员应主动向客人推荐利口甜酒、白兰地和一些混和饮料，客人确定饮用品种后，及时为客人提供餐后酒服务。

④香槟酒：香槟酒可在餐前、餐后、餐间，配任何食品饮用。由于香槟酒开启时能渲染主题宴会的热烈气氛，所以在庆典或款待贵宾时常选用香槟酒。在服务香槟酒时，服务员一定要事先询问服务的时间，注意开瓶、斟酒等操作。

(5)上菜服务

①西式主题宴会上菜的顺序是：开胃菜，汤，鱼、虾海鲜类菜肴，副菜，主菜，甜点和水果，咖啡或茶。

②上菜的原则：上菜时严格根据宾主顺序，遵循先宾后主，女士优先，从客人右侧为客人上菜的原则。

③在主题宴会开始前几分钟摆上黄油，分派面包。面包作为佐餐食品可以在任何时候与任何菜肴相配，所以要保证面包篮内总是有面包，一旦

面包篮空了，应立即给客人续添。

④按菜单顺序撤盘上菜。每上一道菜之前，应先将前一道菜的空盘及用过的餐具撤下。撤盘时服务员要留意客人餐具的摆放，如果将刀叉并拢放在餐盘左边或右边或横于餐盘上方，是表示不再吃了，可以撤盘；如果呈八字形搭放在餐盘的两边，则表示暂时不需撤盘。西式主题宴会要求等所有宾客都吃完了一道菜后才一起撤盘，并一起上菜。

⑤上主菜（又称“大菜”）时，一般配有几样蔬菜和沙司，此外还配有沙律。服务员在上菜时，一定要将主要食物或菜肴最佳部分对着客人摆放，沙律盘则放在客人的左侧。

⑥上甜点水果之前要撤下桌上除水杯、酒杯、饮料杯以外的所有餐具，包括主菜餐具、面包碟、黄油碟、胡椒盅、盐盅等，并换上干净的烟灰盅。如上甜品，则应先摆好甜品叉、勺；水果则要摆在水果盘里，跟上洗手盅、水果刀、叉。

⑦上咖啡或茶前放好糖缸、淡奶壶，每位宾客右手边放咖啡杯或茶具，然后拿来咖啡壶或茶壶依次斟上。有些高档宴会在餐后需向客人服务雪茄烟。

⑧主题宴会间在客人吃完剥蟹、剥虾、剥蚧后，在吃水果之前和餐毕时，要递洗手盅与香巾，盅内盛凉开水，有时用花瓣或柠檬片装饰，用托盘送至客人右上方（酒杯上方）。

3. 西式主题宴会收尾工作

（1）主题宴会接近尾声时，清点所用的饮料，算出总账。主题宴会结束时，请主人或其助手负责结账。宾客起身离席时，服务员要主动拉椅送客，并提醒宾客带好自己物品。

（2）收台检查，清理现场。送走客人后，要及时检查现场，看有无遗忘物品，有无未熄灭的烟头等。收台时，一般按照先收餐巾、毛巾、然后玻璃器皿，最后金属餐具的顺序进行。高档餐具如金器、银器等要点清数量，注意收拣保管好。清扫宴会厅，并将餐台、装饰物等搬回原处。恢复宴会厅原貌。

（3）小结提高。主题宴会结束后，应主动征求来宾或陪同人员的意见，认真总结接待工作，发扬优点，克服缺点，不断提高服务质量和服务水平。

三、自助餐主题宴会服务基本程序

（一）主题冷餐会服务基本程序

冷餐会起源于西方国家。冷餐会又称自助餐会，是当今较流行的服务方式，适用于会议用餐、团队用餐和各种大型活动。多在室内举行，亦可在室外庭院空场举行。主题冷餐会的菜肴以冷食为主，也有道数不等的热菜。各种菜品、点心、水果、饮料及餐具均在主题宴会开始前摆放在长形餐台上，由餐者自取。主题冷餐会一般有设座和立式两种就餐形式。不设座的立式就餐形式可以在有限的空间里容纳更多的宾客，而且气氛活跃，不必拘泥礼节。设座冷餐会的规格较立式高，客人得到的个别照顾较多。主题冷餐会服务基本程序如图5－3所示。

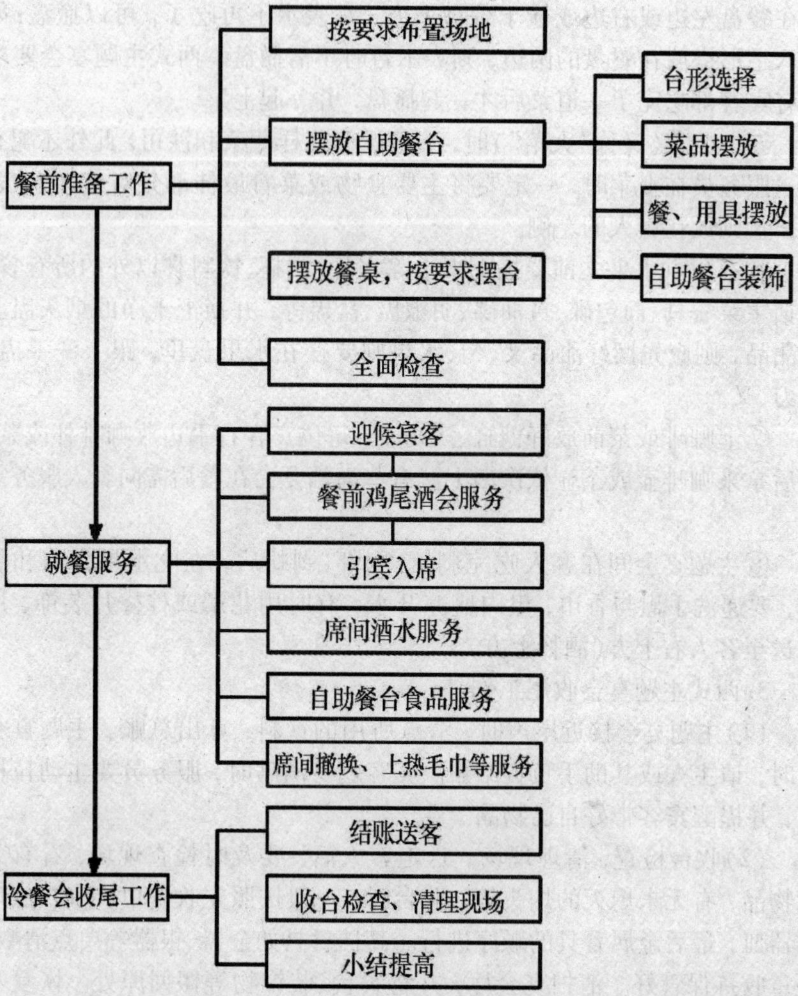

图5－3　主题冷餐会服务基本程序图

1. 主题冷餐会餐前准备

(1)会前按要求布置场地。食品台的摆设应方便宾客迅速顺利选取菜肴，考虑宾客流动方向安排取菜顺序。餐桌在摆放时要突出主桌，预留通道。环境布置应围绕宴会主题进行，如元旦、周年庆典、圣诞节、婚礼等。

(2)食品台的摆设形式多种多样，除了摆设全套的自助餐台外，也可将一些特色菜分立出来。如摆设色拉台、甜品台、切割烧烤肉类的肉车等。在布置食品台时，先在台上铺台布，围台裙，台中央可布置冰雕、雕刻、鲜花、水果等装饰物点缀，以烘托气氛，增加立体感。

(3)菜肴陈列应根据通知单上所有菜肴品种和宾客的取食习惯来排

列。

①宾客盛菜用盘整齐地放在自助餐台最前端，立式自助餐台应附有杯具、餐刀、餐叉、餐巾等餐、用具。

②色拉，开胃品和其他冷菜放在人流首先能取到的一端，摆放时注意造型图案新颖美观。接着摆放蔬菜、肉类菜及其他热主菜。菜肴的配汁与菜肴摆在一起，热菜通常要用保暖锅保温。

③甜品、水果一般是单独设台摆放，也可放在主菜的后面即人流最后取到的一端。

(4)如主题冷餐会为设座式的，要摆好宾客用餐桌。餐桌上一般摆放餐刀、餐叉、汤勺、甜品叉勺、面包碟、牛油刀、水杯、餐巾、胡椒盅、盐盅。

(5)播放背景音乐，音乐要柔和。主席台麦克风要调试好。在入口处设主办单位列队欢迎的地方，摆华丽屏风，铺红地毯。必要时，给欢迎行列进行聚光照明。

(6)主题宴会负责人对餐前准备工作进行认真检查。服务员做了准备工作后排队站好位，准备迎接客人的到来。

2. 主题冷餐会就餐服务

(1)在主题冷餐会开始前半小时或15分钟，一般在宴会厅外大厅或走廊为先到的宾客提供鸡尾酒、饮料和简单小吃，直到主题冷餐会时间将至，才请宾客进入宴会厅。

(2)入座就餐。设座式的主题冷餐会除主桌设座席卡外，其他各桌用桌花区别，由宾客自由选择入座。服务员为每位宾客斟倒冰水，询问是否需要饮料。主办单位等全部宾客就座后致辞，祝酒，宣布主题冷餐会正式开始。较高档的设座式主题冷餐会中的开胃品和汤则常由服务员送到餐桌上，而面包、黄油是提前派好的。

(3)调酒员要迅速调好鸡尾酒，当客人到酒吧取酒或饮品时要礼貌地询问客人需要的品种。

(4)服务员要在餐厅勤巡视，细心观察，主动为客人服务。巡视过程中不得从正在交谈的客人中间穿过。若客人互相祝酒，要主动上前为客人送酒。

(5)客人取食品时，要给客人送盘，向客人推荐和分送食品；服务人员还要经常注意食品台上的菜量，一旦菜肴不够，应及时通知厨房补充。服务员还要注意公用叉、勺的清洁，看到公用叉沾上调味汁、菜肴，要立即更换或擦干净，以免给客人不卫生的感觉。

(6)宾客进餐过程中，服务员应分成两部分，一部分继续给宾客送酒、饮料及食品；一部分负责收拾空杯碟，注意保持食品台、餐台等的整洁。在收撤宾客用过的餐盘、杯具时，不要惊动宾客，尤其应避免与宾客相撞。

(7)主题冷餐会一般举行一个半到两小时，服务员必须坚守岗位，从始至终地为客人提供一流的服务，严禁闲谈，冷落宾客。

3. 主题冷餐会收尾工作

(1)主题冷餐会临近结束时，要清点客人所用的酒水饮料，累计总数，待宴会结束，与举办单位结清账目。

(2)主题冷餐会结束时，客人纷纷相互道别，宴会厅铁序相对较乱，此时，服务员应检查会场所有角落有无客人遗忘物品，并有礼貌地向客人道别，列队送客。

(3)等客人全部离开后，厨师负责将余下的菜肴全部撤回厨房分别处理，服务员负责清理餐桌、食品台，将用过的餐具物品送洗涤间。做好宴会厅的清洁卫生，恢复宴会厅原来的布局和陈设。

(4)宴会负责人写出“主题冷盘会服务报告”备案。进行服务小结，不断提高服务质量。

(二)主题鸡尾酒会服务程序

主题鸡尾酒会是较流行的用于社交、聚会的宴请方式，它相对不受拘束，节省时间，气氛活跃，有利于宾客之间广泛接触交谈。主题鸡尾酒会广泛用于欢聚、庆祝、纪念、告别、开业典礼等活动。主题鸡尾酒会服务特点主要表现在以下几个方面：

(1)供应各种酒水饮料为主，略备各种小吃、点心和一定数量的冷热菜。

(2)举行主题鸡尾酒会的时间较为灵活，中午、下午、晚上均可。宾客参加酒会可迟到可早退，来去自由，不受约束。

(3)主题鸡尾酒会举办场地不受限制，室内室外均可。

(4)主题鸡尾酒会多采用立式进餐，一般不设座，只在四周为年老者或愿落座者设少量桌椅，桌上摆餐巾纸、花瓶和烟灰缸等简单用品。

(5)主题鸡尾酒会通常准备的酒类品种较多，有鸡尾酒和各种混和饮料以及果汁、汽水、矿泉水等，一般不用或少用烈性酒。这些饮料可备置在餐桌上，但大多数是由服务员用托盘端送。

(6)主题鸡尾酒会供应的菜点为：三明治、面包、小香肠、炸春卷等各种小吃，放在餐台上供客人自由选取食用。与主题冷餐会相比，主题鸡尾酒会要显得简单随便得多了，不必十分讲究背景环境和气氛，更不拘于礼节，主题鸡尾酒会中食品提供的量相对来讲也少得多。实际上，主题冷餐会是从主题鸡尾酒会发展演变而来的，因而至今二者还有许多相似之处。

主题鸡尾酒会的服务基本程序主要包括三个环节：酒会开始前的准备工作、酒会期间的服务工作和酒会结束后的整理工作。主题鸡尾酒会服务基本程序如图 5-4 所示。

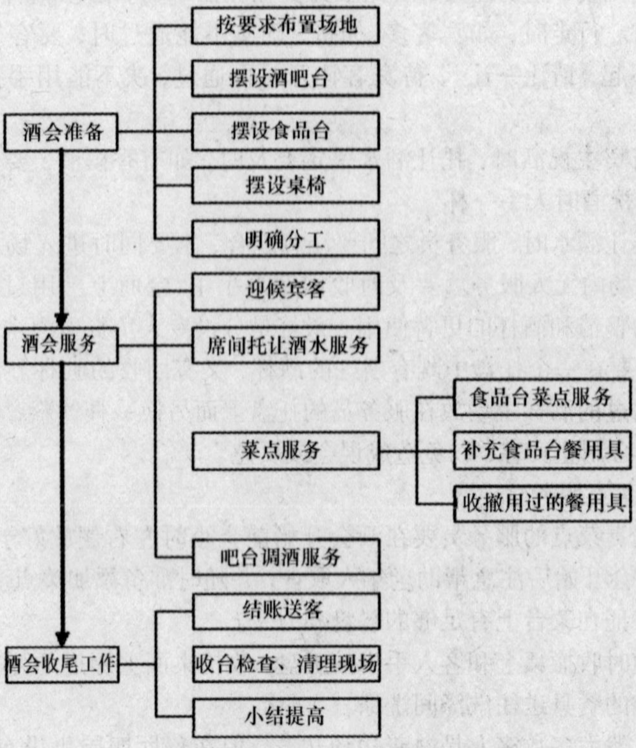

图5－4　主题鸡尾酒会服务基本程序图

1. 主题鸡尾酒会准备

根据“宴请通知单”的细节要求摆放台形、桌椅，布置宴会厅，准备并调试好各种电器设备，如灯光、音响、麦克风等。

(1)吧台。根据来宾的人数及场地的大小形状来设置吧台，并按要求准备好足够的酒水、冰块、玻璃杯具及调酒用具等。

(2)食品台。将足够数量(一般是到席人数的三倍数量)的甜品碟、叉、勺放在食品台的一端或两端，中间陈列小吃、菜肴。高级主题鸡尾酒会还准备肉车为宾客切割牛柳、火腿等。

(3)桌椅。小桌摆放在宴会厅四周，桌上置花瓶、餐巾纸、烟灰缸、牙签盅等物品，少量椅子靠墙放置。

(4)酒会前分工。主题鸡尾酒会负责人根据酒会规模配备服务人员，一般以一人服务10到15位宾客的比例配员。专人负责托送酒水，照管和托送菜点及调配鸡尾酒，提供各种饮料。

(5)迎宾。主题鸡尾酒会开始前几分钟，服务员要托着放有酒水的托盘，站在宴会厅入口处，准备迎宾客并送上迎宾酒。

2. 主题鸡尾酒会席间服务

(1)酒水服务

①负责托送酒水的服务员，用托盘托送斟好的酒水，自始至终在宾客中巡回敬让，由宾客自己选择托盘上的酒水或另外点订鸡尾酒。由于宾客

是站立式就餐，流动性大，因此服务员在让酒水时，必须精神集中，注意前后左右。行走时，如宾客多、拥挤，确实不能通过时，要客气地对宾客说:“对不起，请让一让。”待宾客让开时再通过，决不能用手拉宾客强行通过。

②当宾主祝酒时，托让酒水一定要及时，如有香槟酒，要优先让香槟酒，保证祝酒时人手一杯。

③托让酒水时，服务员之间要注意配合，不要同时进入场地又同时返回，造成场内无人服务。要及时收回客人手中、台面上已用过的空杯，保证台面的整洁和酒杯的更替使用。最好是分设专人负责上酒水和收杯两项工作，不要在一个托盘中既有斟好的酒杯，又有回收的脏杯。但有时宾客会把刚用过的酒杯主动放在服务员的托盘上而另换一杯饮料，遇到这种情况，也不必制止宾客，以免造成误会或反感。

(2)菜点服务

①负责菜点的服务员要在酒会开始前半小时左右摆放好干果、点心和菜肴，酒会开始后注意帮助老年人取食，并随时准备添加菜点。

②保证在菜台上有足够的餐盘和刀、勺。

③随时收撤桌上和客人手中的脏盘，收拾桌面上用过的牙签、纸巾等，并将用过的餐具送往洗涤间洗涤。

④虽然大多数客人是站着边谈边吃，但在餐厅四周仍设有少数座位，这是专供客人中的老年人的病弱者坐的，服务员要给予照顾。

(3)吧台服务

吧台服务员在酒会开始后负责斟酒、调酒和领取后台洗涮好的酒杯，整理好吧台台面。对带汽的酒和贵重酒类应随用随开，减少浪费，各种鸡尾酒的调制要严格遵循规定的比例和标准操作。

3. 主题鸡尾酒会的结束工作

(1)主题鸡尾酒会一般进行一个半小时左右。

(2)主题鸡尾酒会结束时，服务员列队送客出门。

(3)宾客结账离去后，服务员将余下的酒品收回酒吧存放，脏餐具送洗涤间，干净餐具送回工作间。撤下台布，收起台裙，恢复宴会厅原貌。

第三节 主题宴会服务设计

服务设计是主题宴会设计的一个重要组成部分，也是宴会服务成功与否的关键所在。在一个主题宴会的整体进行过程中，服务人员所提供的服务是动态的，它不同于菜肴、点心和周围环境的不变性，别出心裁的服务设计可以为宴会增光添彩，成为流动的风景线。

主题宴会服务设计内容主要包括预订服务、人员组织方案、环境营造、菜肴服务、宴会程序与标准、席间娱乐活动、接待礼仪、台面布置和安全设计等内容，它涉及到美学、园林艺术、心理学、民俗学、管理学、营养学、烹饪学等方面的学科知识，正因如此，它要求我们宴会设计师要有较高的文化素养和较全面的综合知识。

一、主题宴会预定服务设计

宴会部受理预订，是主题宴会服务组织的第一步，预订工作做的好与坏，直接影响到菜单的编制、场地的安排，整个主题宴会服务的组织与设施。主题宴会预订服务设计及方法如下：

(一)预订洽谈

预订人员一旦获悉顾客有举办宴会的意愿，应该真诚邀请顾客亲自到宴会现场看场地，并准备足够资料供顾客参考，例如场地布局图、餐饮标准收费表 、顾客容量表、饮料价目表、器材租借表、名宴场景布置彩图、各类主题宴会菜单等。并按照客户宴会洽谈表(表5－1)的内容向客人讲解清楚，做好预订纪录。倘若客人无法亲自前来饭店洽谈，也应以传真的方式将资料传送给顾客或电话告之宴会事宜，以增加促成主题宴会生意的可能性。

表 5－1　　　　客户宴会洽谈表

客户名称;	联络人:
宴会日期:	宴会时间:
电　话:	传　真:
收款地址:	
宴会类别:	宴会厅别:
人　数:最多　　人/桌; 最少　　人/桌	E/O NO:

会议摆设	各式宴会摆设	器　材	花　卉	饮　料	饮料价目
□U 字形	□自助桌台	□站立式麦克风	□主桌盆花	□开放式吧台	_元_
□口字形	○白桌布	□讲台式麦克风	□长型盆花	□论杯计算	_元_
□长方形	○粉红桌布	□电视/录放影机	□圆型花	□水果酒	_元_
□教室形	○白桌裙		□桌花	□含酒精水果酒	_元_
□剧院形	○红桌裙	□录音机	□自助餐台盆花	□汽水类	_元_
□主席形	□圆桌	□投影机	□绿色盆栽	□柳橙汁	_元_
□接待桌	○白桌布	□幻灯机		□绍兴	_元_
□海报架	○粉红桌布	□屏幕		□陈年绍兴	食物价目
□马克笔	○粉红餐巾	□无线麦克风		□啤酒	_元_
□白板	□主桌	□卡拉 OK		□矿泉水	_元_
□指挥棒	□接待桌	□舞台聚光灯		□其他	_元_
□笔记纸	□喜灯	□追踪灯			_元_
□铅笔	□结婚音乐	□喷烟机			_元_
□演讲台	□演讲台	□三枪放映机			_元_
□讲台	□讲台	□其他工程支援			
□名牌	□舞台				
	□舞池				
	□喜烛				
	□名牌				
	□桌牌				
	□菜单				
	○/每桌				
	○/每人				

杂项:	海报内容:	冰雕: 菜单:
场　租: 手续费: 日　期:	订金: 其他费用: 接洽人:	

(一)预订确认及签订宴会合同书

经双方协商后，可将经过认可的菜单、酒水饮料、场地布置等细节资料以宴会合同书的方式迅速交至客人手中，请顾客在合同书上签字。大型主题宴会的合同签署要在宴会前一个月进行。如果是提前较长时间预订，应主动用信函或电话方式保持联络，跟踪查询。为了保证宴会预订的成功率，可以要求宾客预付一定的订金，当发生取消预订的情况时，涉及到现金退偿问题，订金是全部还是部分退偿客人，取决于双方的规定。主题宴会合同书如表 5－2 所示。

表 5－2　　　　　　　　　**主题宴会合同书**

客户名称：____________________

地址：____________________

电话号码(办公)：__________　(家庭)：__________

宴会日期__________　宴会类型__________

估计客人数__________　最少保证人数__________

客人到达时间__________　鸡尾酒会时间__________　服务时间__________

宴会主题__________　颜色__________

菜单__________

桌子(圆、长)__________

台布__________　颜色__________

瓷器__________

玻璃器皿__________

银器__________

台裙__________

娱乐活动__________

装饰__________

轿车__________

鲜花__________

特别指出的要求

饭菜和服务__________

饮料和服务__________

不计__________

25% 定金__________

蛋糕__________

酒吧__________

设置__________

照相或录像__________

其他__________

备注：

在宴会前十天以内，在最后确认客人人数后将对总成本做相应的调整。在接受此报价后应交纳 25% 的定金，余额将在宴会前十天内付清。客户同意至少在宴会开始前 48 小时书面通知有关明确的必到客人数。承办人将在必到人数基础上再增加 5% 来准备食物。

余额__________　根据__________人制定

日期__________　宴会销售经理__________　客户__________

(三)发布宴会通知单

预订部在与客户谈妥宴会细节后，对内应发布一份类似公文的宴会通知单，告知各个单位在该宴会中其部门所应负责执行的工作。由于成功举办一个主题宴会需靠许多部门通力合作，所以如果一张主题宴会通知单能够清清楚楚地将所有工作事项列出来，对于举办宴会将有很大的益处。主题宴会通知单如表 5－3 所示。

表5－3　　主题宴会通知单

<table>
<tr><td colspan="7">宴会通知单
EVENT ORDER
发文日期:2004年11月1日　　ORDER NO. A0001</td></tr>
<tr><td colspan="5">宴会日期:2004年11月12日　星期四</td><td>订金金额:25000元</td><td>收据单号:004611</td></tr>
<tr><td colspan="5">宴会名称　许陈府喜宴</td><td>付 款 人:许元和</td><td>接 洽 人:徐君佩</td></tr>
<tr><td colspan="5">联 络 人:许元和先生　　电　话:271 9537
客户名称:　　传　真:216 0978</td><td colspan="2">付款方式:付现</td></tr>
<tr><td>时间</td><td>类型</td><td>地点</td><td>保证数</td><td>预估数</td><td colspan="2" rowspan="2">海报内容:许陈府喜宴</td></tr>
<tr><td>8:30～22:00</td><td>喜宴</td><td>国际宴会厅</td><td>100桌</td><td>110桌</td></tr>
<tr><td></td><td></td><td></td><td></td><td></td><td colspan="2" rowspan="2">美工冰雕:在厅口赠喜宴冰雕一座</td></tr>
<tr><td></td><td></td><td></td><td></td><td></td></tr>
<tr><td colspan="5">菜　单:
《西厨》拍照用三层蛋糕
＝＝＝＝＝＝＝＝＝＝＝＝＝＝
《中厨》
果律活龙虾四喜美拼盘（九孔、醉鹅、蜇丝、虾片）
八珍烩鱼翅
夏果炒鲜贝壳
红烩大刺参
吉祥照双辉（海鲜卷、烤鳗）
游龙一线天（石斑）
鲍鱼扒津白
跳金墙
精致花品点（萝卜丝酥饼、椰子糕）
巴参炖雪蛤
四季鲜水果
每桌3000元，外加10%的服务费

1. 100～110桌，含素食3桌（每桌2500元，外加10%的服务费）
2. 19:00准时出菜，第四道菜后请先停菜，约19:45再继续出菜
3. 17:00备中式套餐20客，每客250元，外加10%的服务费</td><td colspan="2">现场摆设:
1. 11月11日22:00后，花商将进场布置。
2. 11月12日16:00时，工作人员于金福厅开讨论会；17: 00请替20位工作人员准备套餐，每客250元，外加10%的服务费。
3. 19:00准时出菜，第四道菜后先停菜，约19: 40再继续出菜，请再与客人确认出菜时间。
4. 舞台15组（1200cm×540cm×60cm）。
5. 舞台中央置西式行礼台；右方置司仪台＋麦克风；左方置糕桌；后方置演唱用麦克风3支（供唱诗班表演用）。
6. 主桌1桌24位，设银器及椅套。
7. 厅口设接待桌3组及冰雕桌。
8. 客人自备洋酒、冰块，开瓶费每桌125元。
9. 备宫女出菜表演。
10. 场地布置如附图</td></tr>
<tr><td colspan="5">服务部:陈年绍兴:70元　啤 酒:35元
100%柳澄汁:40元　乌龙茶:20元</td><td colspan="2">客务部:赠豪华套房一间
11月12日入住;11月12日退房</td></tr>
<tr><td colspan="5">安全室:◎11月11日22: 00后请协助花商进场布置
◎客人要求当日饭店派员至会场保护礼金
◎当日宾客众多，请派员疏导人潮</td><td colspan="2">工程部:◎行礼台麦克风1支、司仪台麦克风2支、演唱用麦克风3支
◎准备配合各项程序播放的音乐</td></tr>
<tr><td colspan="5">花　房:客人自请花商布置会场，请多配合
南威花苑 蒋老师 Tel:215 6688</td><td colspan="2">器材收费:
NIL</td></tr>
<tr><td colspan="5">业务员:
徐君佩</td><td colspan="2">经理:</td></tr>
<tr><td colspan="7">□总经理　□餐饮部　□宴会部　□财务部　□工程部　□业务部　□客房部门
□西　厨　□信用部　□饮务部　□餐务部　□保安部　□采购部　□中　厨
□花　房　□房务部　□美工冰雕　□其　他</td></tr>
</table>

（四）召开各级会议

在主题宴会举行之前，召开各级会议以确定各自的职责，针对主题宴会涉及而合同中没有列明的各种因素进行讨论，并由宴会负责人与客人进行磋商，进行必要的补充，以期获得圆满的宴会效果。

（五）资料建档

专设档案来保存举办过的主题宴会资料，能使曾经举办过的宴会成为将来生意的来源。尤其针对每年都固定举办宴会的公司或个人，更应该将其历年宴会举办的情况详加纪录，以便完善主题宴会服务。

二、主题宴会人员组织方案设计

在不同的主题宴会中，酒店都应根据客人的要求做出合理的岗位安排，明确员工的工作任务，并根据主题的性质事先进行相关内容的培训，不断丰富和提高员工的服务知识和技能。在进行人员组织方案设计过程中，可着重考虑以下两个方面的工作内容：

（一）根据主题宴会次数和客人数，确定日上岗人员数量

宴会服务人员可以分为以主管、领班为主的固定人员和现有客人多少变动的服务人员两类。每天上岗人数的确定方法是：

$$日上岗人数 = \frac{每班预订宴会人数}{平均劳动定额} \times 班次 + 固定员工人数$$

（二）做好主题宴会人员现场服务方案设计

在确定每天上岗人员数量和班次的基础上，服务人员的现场服务方案设计主要包括两个方面：一是人员分工。主题宴会服务可分为迎宾领位员、吧台饮品员、传菜员、看台服务员、音响师、保安员、收银员、宴会司仪等。这些不同工种的人员分工要具体落实。二是分组人员台面服务的任务安排。如果一个主题宴会规模大、客人多，要将宴会服务的台面分为 A、B、C、D 等不同的区域，每个区域安排一个小组分别负责不同台面的现场服务。由此做好宴会服务人员现场服务方案设计，明确小组每个人员的具体分工和任务，确保主题宴会现场服务的顺利进行。

三、主题宴会环境设计

详见本书第六章。

四、主题宴会用品铺台方案设计

宴会所需要的餐茶酒具等用品很多。铺台方法各不相同。其用品和铺台方案的设计内容如下。

（一）主题宴会用品方案设计

基本设计方法是：(1)分析每日宴会次数、每个宴会的等级规格、主题要求、出席人数等资料，确定每个宴会所需要的餐具、茶具、酒具和各种服务用品的数量、品名、规格。(2)填写宴会用品借用方案。除宴会厅日常使用保管的用品外，凡是大中型高中档主题宴会所需要的、不足的各种用品、由宴会厅经理填写“宴会用品借用表”，一式两份，到用品库房领取。用后按“借用表”的名称、规格和数量归还。由此完成主题宴会用品方案设计。

（二）主题宴会铺台方案设计

其基本设计方法是：(1)分析每个宴会的性质、目的、主题和客人的要求，确定主题宴会铺台的类型。如是欢迎宴会、告别宴会、结婚宴会还是庆祝宴会、寿礼宾宴会等，或者是自助餐宴会、冷餐会、鸡尾酒会等的铺台类型。(2)根据主题宴会铺台类型确定台面铺设方案。主要是由宴会厅经理

画出每个宴会铺台的台面铺设草图。由宴会领班去组织落实。方案具体内容包括选用的台布、口布、铺台类型、台面装饰要求、口布叠花的种类花形等。(3)提出具体要求和完成时间。每种类型的主题宴会铺设标准和操作方法是事先制定的。员工大多都已经过培训，掌握了具体操作方法。铺台设计方案只需提出具体要求和完成时限即可。领班和服务人员自会按标准和要求在主题宴会正式开始前0.5小时左右完成。

五、主题宴会服务的程序和标准设计

在宴会前的准备工作完成后的基础上，主题宴会服务程序设计包括客人到来时的迎接、客人进入餐厅的引导服务、拉椅上座、宴前茶水和饮料服务(如西餐宴会的餐前鸡尾酒)、开宴中的上菜斟酒、派菜服务、席间活动等等。其中式主题宴会服务具体程序和标准设计的内容可简单概括如图5－5所示。

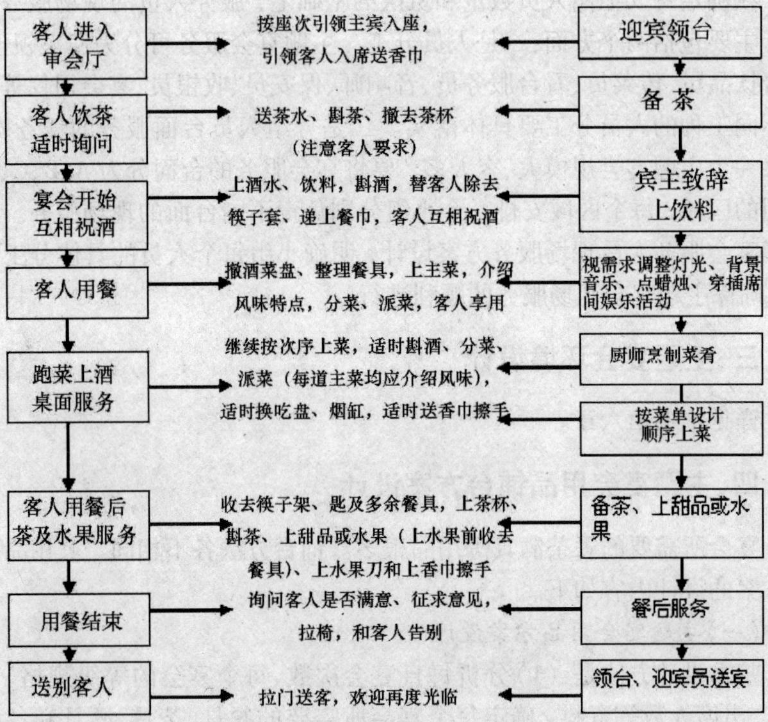

图5－5 中式主题宴会服务程序图

六、主题宴会菜肴服务设计

菜肴是主题宴会服务产品极为重要的组成部分，科学合理的菜肴服务设计方案是整个主题宴会服务的灵魂。

(一)主题宴会菜单设计与装帧制作

详见本书第四章。

(二)主题宴会上菜顺序设计

主题宴会是一种隆重的聚餐活动，一般情况将贵重的、有特色的菜作为头菜先上，其他菜肴根据宴请菜单及当地生活习惯编排。由于中国的地方菜系很多，又有多种宴会种类，如著名的蔬菜席、鱼翅席、海参席、全羊席、满汉全席等。可见，地方菜系不同，宴会席面不同，其菜肴设计安排也就不同，在上菜程序上，也不会完全相同。例如，全鸭席的主菜，北京烤鸭，就不作为头菜上，而是作为最后一道大菜上的，人们称其为“千呼万唤始出来”。又如上点心的时间，各地习惯亦有不同，有的是在宴会进行中上，有的是在宴会将结束时上；有的甜、咸点心一起上，有的则分别上。这就要根据宴会的类型、特点和需要，因人因事因时而定。

(三)主题宴会菜点服务方式设计

主题宴会是一种高品位的社交方式，其享受程度高，十分讲究现场服务的礼遇规格、环境气氛。菜点服务应根据宴会目的和主题，宴会的类型、特点和顾客需要，选择设计出主要菜点的内容、名称、造型、上菜顺序、服务方式，使菜肴服务设计有利于强化宴会活动的主题和气氛。如英国女王伊丽莎白二世在1986年访问中国时，广东省政府在白天鹅宾馆举行大型的欢迎宴会，其中一道菜是“金红化皮乳猪”，上菜时，由“侍女”手提宫灯在前引导，后跟着唐装服饰的两轿夫抬着装有“金红化皮乳猪”的轿子，后面由服务员手托乳猪进场的服务方式，令外国宴客大为惊叹，收到了非常好的效果。

(四)主题宴会上菜进程设计

主题宴会多有时间限制，大部分在1.5～2小时左右，有时还在宴会中穿插一些活动，如致词、祝酒、赠物、表演等。致词一般不宜太长，2～5分钟左右为宜，特殊情况下，也可将主、宾致词分开进行，主人的欢迎词安排在食冷盘前，主宾的答谢词安排在头菜食用一半后，或所有的热菜上完之后，祝酒在致词后随即进行，赠物一般安排在宴会开始之前，在会客厅或休息厅进行；表演安排在大菜上席的间隔进行，以形成宴请高潮。

七、主题宴会背景音乐设计

主题宴会背景音乐设计是通过声音的传播，影响宾客的心理，可以产生一种主题宴会预期的遐想意境。其主题宴会音乐设计的方法是：

(一)根据宴会的主题和进程来设计

背景音乐所表现出的民俗风情、自然景色、精神内涵等历史文化渊源，都是反映主题宴会的极好素材。例如，国宴上乐队演奏的两国国歌，婚宴上的《婚礼进行曲》，生日宴会上的《祝你生日快乐》，春节宴会选用的《春节序曲》、《步步高》、《喜洋洋》、《新春乐》等。另外，背景音乐要与宴会的进程相一致，如迎宾时的《迎宾曲》、祝酒时的《祝酒歌》、席间的《步步高》和送客时的《欢送进行曲》等。表5－4为某酒店婚宴的服务进程与背景音乐设计。

(二)根据主题宴会的装饰风格进行选择

音乐要与主题宴会的装饰风格相吻合。仿古式宴会，壁上挂有古代名画，加上古色古香的雕栏玉柱，使人沉浸于悠远的气氛之中，此时配上古典名乐，如《阳关三叠》、《春江花月夜》之类的乐曲，则会给人以古诗一般的意境美。

(三)根据主题宴会主要目标客源的需求进行设计

对音乐的爱好是因人的年龄、收入、文化水平、和个人偏好等而异的，主题宴会承办者要准确了解目标客源的音乐偏好，了解其最喜欢的音乐、最喜欢的音乐家、最喜欢的曲调，根据这些信息为目标顾客安排适当的背景音乐。

表 5－4　　某酒店婚宴程序与背景音乐设计

1. 结婚典礼开始

●新郎、新娘进场，奏《结婚进行曲》

●灯光暗，仅留舞台聚光灯及追踪灯照射在新人身上

2. 定位、就座

●新郎、新娘至定位后就座，灯光亮、音乐停

3. 上菜

●汉来大饭店精心准备设计的美酒、佳肴及“出菜秀”，敬请各位嘉宾慢慢品尝，尽情享用。

4. 请介绍人、证婚人、主婚人及新郎、新娘上台

5. 简介

● 介绍新郎、新娘背景资料及相识过程，播放《牵你的手》作背景音乐

6. 致词

●请介绍人、主婚人、主婚人及各级领导作简短的致词，持续播放背景音乐《牵你的手》

7. 干杯

●让我们共同举杯，祝福这对新人×××先生和×××小姐白头偕老、永浴爱河，——请举杯

8. 切蛋糕仪式

●灯光暗，仅留舞台聚光灯；切蛋糕时，背景音乐《牵你的手》音量放大

9. 入座

●请介绍人、证婚人、主婚人及新郎、新娘入座。谢谢！

10. 更衣进场(感恩时间)

●现在美丽的新娘换了一件衣服再度进场，可以看见新人眼里喜悦的光彩

●灯光暗，聚光灯投身在新人身上

●播放事前录好的新人要对父母说的话。走近主婚人处，献花给双方家长

●以《感恩的心》作背景音乐

11. 送客

●感谢各位嘉宾今天能够抽空参加×××先生和×××小姐的婚礼，也希望这对新人能够在往后的日子里互敬互爱、互相尊重、互相扶持(持续播放《感恩的心》)

●想与新郎、新娘照相的亲朋好友，我们有最专业的摄影师在出口处可为您留下美好的回忆，并备有香芋和糖果，欢迎取用

●愿各位嘉宾有情人终成眷属，万事如意、心想事成

八、主题宴会席间娱乐活动设计

主题宴会的席间娱乐形式很多，有书法、绘画、杂技、歌舞、演唱会等。如以乡土为主题的宴会，其娱乐形式要突出热闹、平民化的特点；以国宴、正式宴会为主题的宴会要体现隆重、热烈的氛围。现如今有些酒店在提供婚宴产品时，组织各种“喜气”席间娱乐活动以增加产品的吸引力。如坐花轿、祭祖先、拜天地、揭头盖、浪漫同心结仪式、焰火晚会、“欢乐对对碰”抽奖活动，这些浪漫温馨的婚礼仪式，专业歌手的演唱助兴、幸运来宾获奖的欢呼声、亲朋好友的声声祝福，构成了一组热闹非凡的婚庆场面或优美动听的交响乐，让他们在这一天中留下无比美好的回忆。还有香港某酒楼以满汉全席为主题，这是由前清宫廷的“满汉全席”衍化而来的。酒家提供可摆40桌的宴会场地，划分“娱乐”和“御膳”两区，仿造清庭宫女及侍卫打扮的服务员站立两旁，娱乐厅搭置亭台楼阁，备有金龙缠身的黄袍，客人还可以穿戴龙袍扮皇帝。席间还有乐队演奏，“宫廷舞女”翩翩起舞，民间艺人献艺，文人骚客弄墨，真是好不热闹。光顾过的客人说“眼福多于口福，排场胜过佳肴。”豪门大贾们趋之若鹜，不少人竟用10万港元之巨吃一席“皇帝饭”。

在设计主题宴会席间娱乐活动时要考虑以下因素：首先，娱乐形式要同宴会厅的经营风格、环境布置及目标客源一致；其次，娱乐形式与餐厅的硬件设施相配套；第三，娱乐与餐饮结合的最终目的是带动宴会经营，创造经济效益。因此，娱乐形式与餐饮经营要平衡发展，要以娱乐带动餐饮，处理好两者关系。除此之外，还要考虑娱乐节目的安排、场地、时间、操作难易程度，节目受欢迎程度等。做到统筹计划，合理安排，餐饮娱乐，相辅相成。总之，席间娱乐形式与宴会活动相结合，一定要从总体出发，从目标顾客、餐厅的具体风格和情况去考虑，使娱乐强化主题，使顾客理解内涵。

九、主题宴会服务礼仪设计

主题宴会服务礼仪的内容有迎宾形式的礼仪、接待礼仪和服务员仪表服饰礼仪的设计。

迎宾形式设计一般根据主题宴会的档次规格、宴请对象及客人的要求综合考虑，其迎宾形式有以下几种：由1~2名迎宾员站在餐厅门口，适用于一般宴会；由饭店或部门领导率领迎宾员迎接，适用于欢迎重要客人及老熟人；为主宾或夫人献花，适用于欢迎VIP客人；不在门口设迎宾员，而是在客人入厅后再举行迎宾礼，适用于保密性或宾客安全要求严格的宴请活动。由迎宾员和圣诞老人一起在宴会厅门口迎接宾客到来并向每位宾客分发节日礼物，适用于圣诞节日气氛的宴请活动。

接待礼仪的设计要按宾客的礼节、生活、饮食、风俗习惯来综合考虑。许多民族国家在举办宴会时忌讳不吉利的语言、数字，讲究讨口彩，服务员应灵活运用服务语言，为宾客提供满意的服务。如在香港人举办的节日主题宴会中服务员应以“恭喜发财”、“节日愉快”来问候，而不能说“新年快乐”、“节日快乐”，因“快乐”与“快落”谐音。在新加坡人组织的主题宴会中应避免使用祝颂语“恭喜发财”，因新加坡人对这种问候方式极其反感，认为含有教唆别人去发不义之财，损人利己的意思。在美国人参加的主题宴会中忌把台形设计成“3”和“13”桌，因为美国人认为这些数字是厄运和灾难的象征。

主题宴会中服务人员的仪表服装礼仪也是衬托和渲染主题和气氛的一部分，尤其是举办区域性和民族性为主题的宴会，员工制服的协调显得尤其重要。不同的宴会主题，餐厅的环境布置不同，服务员的服饰装束也应该有所区别。在一般主题宴会上服务员可在专门的宴会工作服上佩戴不同的装饰物来获得宴会整体效果。在具有中国特色的宴会上，服务小姐身穿旗袍，亭亭玉立，落落大方，服务时营造一种幽雅的用餐环境。中国民间乡土风情主题宴会，蓝印花服饰、手绘服饰、蜡染服饰、绣花服饰等是最佳选择，它朴素浑厚，弥漫着浓浓的乡情。具特色的民族节日盛装是少数民族主题宴会喜用的服饰。中国宫廷宴会，常见的有各种宫廷宴以及清代的满汉全席，不仅服务员穿古代服装，而且让部分外宾也身着中国古代宫廷服饰，边欣赏传统宫廷音乐，边品尝宫廷美食，对外宾了解中国文化将起着推动作用；热带风情的主题宴会常见的服饰有夏威夷衫、波拉衫、草裙、花环等。着和服、穿布袜，踏木屐是日本主题宴会服饰的一个基本特征；韩国人喜欢穿白色服装，故有“白衣民族”的称号；圣诞节宴会宜采用圣诞老人传统服饰，色彩以红色为主，白色镶边，红色圆锥型绒球帽是必不可少的装饰。总之，主题宴会服饰的选择是根据世界各地、各民族服饰习俗设计的，要求符合宴会服务服饰的基本要求，切忌铺张，盲目照搬，必须将服饰的装饰和功能性巧妙地结合起来，才能达到最佳的服饰效果。

十、主题宴会安全设计

为了保证宾客的身体健康及生命安全不受损害，宴会要进行安全设计。主要有卫生检查的设计及安全保卫设计两项内容，对于重要客人要采取适当的保安措施。

[案例 5-1]

主题婚宴套餐服务

凡惠顾满 10 席或以上者均可享有下列多项优惠服务：

(1)两日一夜住宿本酒店之蜜月套房，若延长住宿日期可获六折优惠。

(2)奉送两位自助早餐

(3)奉送香槟 1 瓶及 3 个鲜果盘

(4)奉送五磅结婚蛋糕 1 个

(5)自带洋酒及葡萄酒，免收开瓶费

(6)自带啤酒汽水，每席收开瓶费 100 元

(7)免费提供车位20个

(8)3小时豪华车连司机服务

(9)主家席鲜花摆设

(10)提供新婚伉俪花园及泳池摄影场地

(11)提供新娘及新郎襟花

(12)免收加台服务费

(13)免收卡拉OK入场费及七折优惠

(14)婚宴前或当晚可获订房六折优惠

(15)订购本酒店蛋糕可获八折优惠

(16)席价已包括中国茶及芥酱

(17)提供婚宴请柬

(18)精美嘉宾提名册1本

(19)豪华中式礼堂布置

(20)免费提供司仪或礼宾接待服务

凡惠顾满20席或以上：

(21)回门大红乳猪1只

(22)免费享用席前什果宾治1个

(23)自带酒水，免收开瓶费

(24)每席奉送法国名贵红葡萄酒1瓶

(25)婚宴当天向新娘赠送1束鲜花

(26)精美结婚纪念礼品1份

凡惠顾满50席或以上：

(27)免费享用乐队奏乐

[评析]

本酒店婚宴套餐服务设计正是一切从新人出发，为他们提供方便且具“喜气”活动的服务以提高产品的“含金量”，最终满足客人的多方面需求，争取回头客，增强企业的竞争能力。

[案例5-2]

司仪的错误

国庆，是婚庆活动的旺季，广东某酒店的餐饮营业部曾接洽了一宗总数达60席的婚宴，每席1500元，收入总额达90000元。这次婚宴是由A先生为其弟操办的，他是酒店餐饮总监区先生的老客户，两人平时关系比较好。

餐饮部十会重视这次婚宴，从拟定菜单、商谈价格、试菜、更改制作方式直到客户满意，历时了20多天。各方面的条件都谈妥后，按酒店惯例，A先生交纳了订金，并在菜单及协议书上签名确认。

宴会在酒店天元馆如期举行，为增加喜庆气氛，酒店特别聘请了经验丰富的B小姐担任婚礼司仪。当晚各个环节都进展顺利，惟有司仪的一句台词“请一对新人向双方父母鞠躬，以感谢他们的养育之恩”引起了麻烦。

这句话是婚礼习惯语，此话本身并没有错，但由于她对新郎家世不了解，因此，此话便掀起了轩然大波，使原本喜庆的气氛顿时变得凝固起来。

原来，新郎自幼父母双亡，兄弟俩相依为命、感情甚笃，A是以兄长名义担任弟弟主婚人的。在听到司仪这句话后，他马上变了脸。当婚礼结束准备结账时，A先生声称按家乡风俗习惯，宴会当晚不能马上买单，要过“三”，即三天后才买单。经过向上司请示及对客户的了解，餐饮部同意了对方的付款方式。

第二天，A先生来电大发雷霆，斥责酒店和司仪安排欠妥，并表示拒绝付账。区总监见此事出了麻烦，便马上和司仪一同致电向客人承认失误，诚恳道歉，并表示在A先生方便的时候亲自登门拜访，当面致歉。经过一番努力后，A先生情绪才稍有好转，但仍表示付账的事情还得拖几天，他实际上对此事还一直耿耿于怀。谁也没有料到，经过长达两个多月的马拉松式的催款和无数次低声下气的道歉，酒店才终于使A先生付清了全部款项。

〔评析〕

喜宴是人生一大喜事，客人希望不出一点差错。这场账务纠纷虽不排除客人故意找茬拒付或拖欠账款的意图，但重要原因在于酒店对客人的情况了解不深，在细微之处出现了差错，结果让客人抓住了“把柄”，使酒店的工作陷于被动。

酒店出现客人拖欠或拒付款的情况并不少见，最终能悉数收回固然是件值得庆幸的事，但酒店从中吸取教训：每次婚宴前，要充分了解新人双方的个人情况及家庭背景、参加婚礼成员与新人的关系、举办人的风俗习惯及婚礼的忌讳等，并根据客人的特殊要求提供相应服务；宴会服务中，要做好每一个环节的工作，加强与客人的沟通，确保客人的个性化需求得到满足，千万不能让客人找“不满意”的托词；宴会结束后，要主动征求客人的意见，以便今后调整或更改。

[案例5－3]

一个本来可以避免的投诉

一天，某饭店贵宾厅内灯火辉煌，H公司正在宴请某国驻华大使。为办好此次宴会，H公司有关人员事先专门与宴会预订部联系，希望能派出最好的服务员到场服务。宴会开始时非常顺利，菜点也很有特色，宾客都很满意。当宴会进入高潮时，突然，一名服务员不小心把酒杯碰倒，酒水洒到了贵宾身上。服务员连忙说“对不起，对不起”，这边道歉声还未落，那边又一名服务员将酒杯摔到了地上。宴会厅经理怕客人指责，急忙上前向客人解释“这些服务员都是实习生……”饭店领导对这次宴会也很重视，席间总经理曾三次到现场巡视，宴会厅经理只是轻描淡写地告诉总经理“没什么，只是打碎了一只酒杯”，未将客人的不满情绪告诉总经理，失去了现场补救的最佳时机。次日，H公司将投诉电话打到了饭店总经理办公室。

［评 析］

宴会是一种隆重而正式的餐饮活动，其社交的目的性很强，而且注重礼仪和程序性。对饭店来说通过宴会活动可以提高知名度，获得可观的经济效益，是提高饭店市场竞争能力的一个重要方面。宴会的产品质量、服务质量和管理过程的组织是饭店餐饮管理水平较集中的体现。在上述案例中，举办高档宴会本是宴会厅的特长，但由于重视不够，在服务出现问题的情况下，宴会厅经理现场处理不当，导致客人的严重投诉。

1. 宴会是衡量管理人员和服务人员专业技术水平的重要标志。特别是大型宴会、重要宴会，用餐的客人多，身份和地位高，消费水平高，对宴会的组织管理和服务水平的要求也高。越是重要宴会，餐厅经理就越应当选派有经验的服务员到场服务，在客人事前提出要选派优秀服务员的要求后，仍选派实习生服务，这本身就有可能导致出现服务事故出现投诉。

2. 出现服务事故后，餐厅经理用词不当，解释欠佳，过于强调“实习生的过错”，更是直接导致了投诉。

3. 餐厅经理在总经理现场巡视期间，也未能将实际情况如实汇报，使饭店失去了现场补救的机会，最终导致了投诉的发生。

［案例 5－4］

节日主题宴会服务设计方案

在这里以某家酒家举办的圣诞自助晚宴为例加以介绍。

1. 席前准备工作

(1)做好节日前宴会推销及预订工作。在节日前一个月就应做好宴会菜单的设计，并打出广告。由于圣诞平安夜(12 月 24 日晚)的晚宴越来越受人们的欢迎，所以一定要做好预订工作，根据宾客的要求及人数，合理安排宴会厅。

(2)节前宴会厅的布置。在宴会厅门口及中央布置上圣诞树，宴会厅大门上悬挂“圣诞节快乐(MERRY CHRISTMAS)”的条幅或霓虹灯。用彩带、气球、小玩具、礼品盒等装饰整个宴会厅，但不可过于凌乱，注意色彩的搭配。

(3)搭设表演台。为了方便举行席间娱乐节目，在宴会厅的正前方留出空地，搭设表演台。表演台的大小、高度，以方便表演者使用和客人观赏为宜。调试好灯光和音响。

(4)台形设计。根据宴会厅大小形状及宴会人数，设计餐台及自助餐台台形。通常，一个自助餐台的食品可招待 80 个客人，若预订人数超过 120 人，就要准备两个自助餐台。一些特色食品可单独设自助餐台，如布置一个圣诞甜点小屋、烧烤屋等。

(5)礼品准备。为给每位用餐的宾客一份惊喜，可准备足够的、精美但价格适中的小礼品，如各式圣诞玩具、圣诞装饰品、假面具、小帽子等。如晚宴期间有有奖竞猜或幸运抽奖节目，应准备好一些大奖以吸引宾客前来消费。礼品费用可计入宴会成本或请供应商赞助。

(6)人员配备。配备足够的人手迎宾、负责自助餐台和酒吧台、提供席间服务、负责后台工作等。选一名服务员装扮成圣诞老人，以烘托节日气氛。

2. 席间服务

(1)迎宾。由迎宾员和圣诞老人一起在宴会厅口迎接客人到来，圣诞老人向每位来宾道节日快乐，并发放礼物。迎宾员引领宾客入席。

(2)席间娱乐。由主持人宣布宴会开始，并演奏圣诞音乐，唱圣诞歌曲。在宴会期间穿插各种娱乐节目，并一次次抽出幸运大奖，将宴会气氛一次次推向高潮。

(3)宴会服务。服务员坚守各自岗位，严格按照自助餐服务程序提供服务。在宾客参加娱乐活动时，更要照顾好客人，及时收撤食用过的餐盘及不用的食品。保证宴会食品供应充足，餐台整洁美观。

(4)席后送客。客人用餐完毕，陆续离去，迎宾员和圣诞老人应提前在门口送客，并可与客人合影留念。

〔案例 5-5〕

联谊交际性主题鸡尾酒会接待方案

1. 酒会承接任务与要求

(1)酒会名称:联谊交际性鸡尾酒会。是美国×××公司为答谢客户、续签合同而在 2003 年底举办的一次特别鸡尾酒会。接待规格为 A 级(豪华级)。

(2)酒会标准为×××元/人。酒水按实际消耗收费。活动方式为鸡尾酒会加舞会。鸡尾酒会出席人数 160 人，主要客户可带夫人。舞会预计 200 人。

(3)任务与要求:根据客户要求，本次活动要办得豪华、热情、友好、达到 A 级豪华接待规格。

2. 酒会接待准备方案

(1)菜点准备。根据客户要求和预订，本次鸡尾酒会以佐酒凉菜为主，同时准备 6 种热菜。菜点采用自助方式供应，与酒水供应配合。菜点准备由宴会厨师长负责，冷菜和面点厨房配合。供应热菜 6 种，凉菜 6 种，小吃点心 4 种，保证质量优良、供应及时、服务周到。准备试制工作于鸡尾酒会前 1 天完成，由餐饮部经理和行政总厨督导检查。

(2)酒水准备。根据客户预订要求，本次鸡尾酒会为每位客人准备高档鸡尾酒 3 杯。1 杯在主人讲话祝福时供应，1 杯在联谊用餐时供应，1 杯在自由交谈、续签合同或协议时供应。舞会开始后，在酒水台凭客户发给客人的酒票零点供应酒水。酒会现场设酒水台。酒水准备由酒吧经理负责。友谊厅经理配合。准备、调制工作在酒会举办前 1 天完成。餐饮部和餐厅部经理督导检查。

(3)环境准备。本次活动于×月×日晚 5:30~8:30 在本酒店多功能厅的友谊厅举办。其环境布置要求隆重、热情、友好。环境布置由宴会厅经理负责，工程部、公关部配合，准备方案为：

①友谊厅前设接待台、签到台。设迎宾小姐，佩带欢迎彩色飘带。门前设会标。

②友谊厅室内按客户要求设鸡尾酒会豪华型会场。台前上方设大型会标。配彩色射灯。舞会现场配舞会所需的各种灯光，专设灯光师提供现场服务。

③鸡尾酒会现场按客户要求设置酒水台、自助菜台、致辞答谢后、联谊签约台和客人餐台。其台形按以下图形设置：

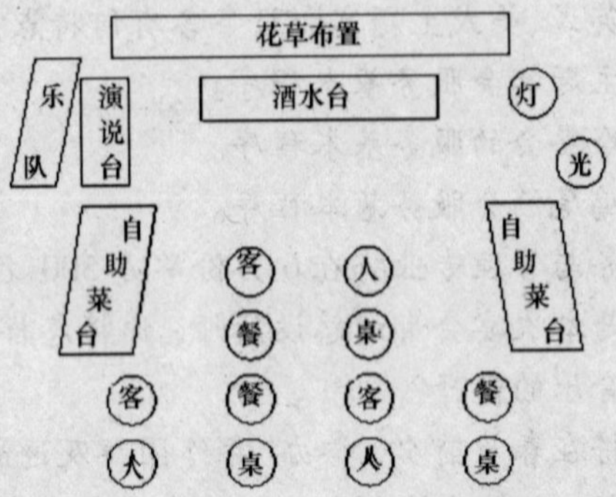

(4)舞会安排。鸡尾酒会客人联谊用餐后撤去餐台。保留酒水台和自助菜台，现场略做调整后改为舞会活动。

3. 酒会接待服务方案

(1)现场指挥。宴会厅经理负责。督导门前迎接，现场服务、菜点服务工作要保证质量。

(2)接待服务。分5个小组提供现场服务：

①迎宾组：负责门前迎宾、签到、引导客人。

②菜点组：以宴会大厨为主，负责酒会各种菜点供应，现场服务。

③酒水组：以调酒师为主，负责酒台鸡尾酒水和饮料服务。

④服务组：友谊厅服务员，负责客人联谊斟酒、送酒、用餐服务

⑤舞会组：以音响师、灯光师为主，负责舞会现场服务。

(3)现场服务。各小组按酒会《鸡尾酒会服务程序和质量标准》提供优质现场服务。

【复习思考题】

1. 简述主题宴会服务设计的作用与原则。

2. 请简述中式主题宴会服务基本程序。

3. 法式、俄式、英式、美式主题宴会服务各有何特点?

4. 请简述西式主题宴会服务基本程序。

5. 请简述主题冷餐会的服务基本程序。

6. 请简述主题鸡尾酒会服务基本程序。

7. 某校饭店服务与管理专业将在6月份举办500名毕业生的晚宴，时间为2小时。你若是本次宴会部的总设计师，你将怎样进行宴会的进程设计和主题宴会背景音乐的选择?

8. 上海某企业将在春节前夕，举办“年终团拜及迎新年”主题宴会来犒赏员工一年来的辛劳，人数共计500人。如你是本次宴会部的经理，你将怎样进行席间娱乐活动的设计?

9. 某酒店在圣诞节将举办圣诞鸡尾酒会，此酒会主要针对外商公司进行促销，如你是宴会部的经理，你将怎样设计酒会服务礼仪?

第六章　主题宴会环境设计

● **本章提要**

具有特色和个性化的宴会环境是吸引消费者的一个重要因素，也是主题宴会服务的重要内容。在本章中我们主要阐述主题宴会环境设计的作用与原则，内容与方法，并结合典型主题宴会环境设计个案加以说明，旨在掌握主题宴会环境设计的理论知识和装饰布置操作技巧。

● **学习目标**

1. 了解主题宴会环境设计的作用与原则。
2. 掌握主题宴会环境设计的内容和方法。

第一节　主题宴会环境设计的作用与原则

主题宴会环境设计是指依据宴会的主题、形式、标准、性质、宾主要求和宴会厅的装修风格，对宴会环境中的灯光色彩、墙饰标志、家具器皿、花卉盆景、窗帘服饰等非固定化要素进行设计和装饰布置的方法。

一、主题宴会环境设计的重要作用

（一）是形成宴会等级规格、获得优良经济效益的物质基础

主题宴会经过精心设计，选择与其宴会主题相适应的个性装饰风格，既能营造协调美观、环境典雅、美观大方、气氛宜人的高档宴会场所，又是广泛吸引客人，获得优良经济效益的重要条件。所以，宴会经营者必须十分重视主题宴会环境的美化设计、装饰布置、确保宴会等级规格，才能获得优良经济效益。

（二）是创造主题宴会个性特点、满足客人消费需求的重要条件

现阶段，我国宴会市场已经形成了一个比较成熟的市场竞争格局。而客人早已不仅仅只是满足物质的需要，他们追求的是物质和精神享受的完美结合。因此，由宴会环境设计和装饰布置所形成的主题宴会个性就成了满足客人消费需求，开展市场竞争的重要条件。

（三）是弘扬饮食文化，提供优质服务的客观要求

饮食文化包括以产品烹制为主的烹饪文化、以装饰美化为主的精神文化和以服饰礼仪与操作为主的行为文化三个方面。因此，搞好主题宴会的环境布置、装饰美化、服饰礼仪及服务操作，本身就是弘扬中华饮食文化的客观要求和具体表现。另一方面，主题宴会环境布置，既要做到美观大方、舒适典雅，又要搞好空间布局、通道安排、路线设计，确保为客人就餐和服务人员的现场操作服务创造良好条件。所以，主题宴会环境设计与装饰布置也是弘扬饮食文化、提供优质服务的客观要求。

二、主题宴会环境设计的基本原则

（一）环境要体现经营理念原则

如今，在激烈的市场竞争中，餐饮企业都越来越讲究经营理念和服务理念，而抽象的理念通过有形的环境可以得到具体的提示，从而有利于顾客的识别。因此，宴会环境设计要遵循体现餐饮企业的理念原则。例如，国外一些“绿色”主题宴会不仅仅以经营“绿色”食品为主，而且环境设计也是“绿色”的，如在餐厅内种植树木、竹林、种花养鸟；地面采用可再利用花岗岩；墙面采用无污染的材料或天然材料进行装饰；餐桌、餐椅的材料部分取自报废船只的地板；厨房设备采用绿色家电；等等。

（二）环境要体现特色原则

宴会服务的特色，不但体现在菜肴、点心和自配饮料上，也体现在环境上。如野味宴虽然不多，但将宴会环境布置成为远古时代先民狩猎情景，再结合野趣盎然、野味十足的就餐方式，使不少宾客心驰神往。因此，饭店常用特定的环境布置经营宴会特色。

（三）环境满足顾客需要原则

满足顾客需要是主题宴会服务的核心，也是宴会环境设计与管理的一个原则。主题宴会的环境设计与氛围营造必须符合人的审美需求和实用需要，所以宴会环境设计人员必须要树立客人导向意识，与宴会的举办者密切协调，充分了解对方的要求和意图，根据宴会的性质、规模、主题等有针对性地进行设计。

（四）环境装饰风格与宴会主题协调一致原则

现代主题宴会种类很多，按照主题宴会菜式可划分为中式、西式、中西式合璧主题宴会，按照宴会的主题和性质可划分为庆祝、商务、迎宾、民俗风情、怀旧复古、节日等宴会，按照主题宴会的形式可划分为正式宴会、冷餐酒会、鸡尾酒会、茶话会等。

现代宴会装饰风格也很多，有中国的传统风格、各种地方风格、各少数民族风格，有西洋的古典风格、中世纪风格、现代风格，还有日本、韩国、印度、伊斯兰风格，此外，还有各种乡村风格、海岛风格、宫廷风格、农家小院风格等等，无奇不有、千奇百怪。但是只有将宴会环境的装饰风格和宴会主题、宴会经营风味结合起来，保证协调一致，才能创造出有特定意境和

特色的装饰环境、适应市场需求。

(五)环境美观与经济适用相结合原则

适用、经济、美观是主题宴会环境设计的原则。首先，主题宴会环境布置必须适用。适用就是要从不同的功能需要出发，根据客人的活动规律、心理特点、消费时尚来制定设计方案，做到宴会环境舒适典雅、美观大方、安全方便、又具有不同的装饰风格。其次环境设计在保证功能需要和个性特色、美观效果的前提下尽量少花钱，多办事。由于宴会市场需求和消费时尚的瞬息万变，宴会装饰布置必将不断开发新产品迎合顾客求新、求奇的心理。所以，宴会环境设计和美化布置必须遵循适用和经济相结合的原则，为获得优良经济效益创造条件。

(六)环境以文化为载体的原则

"文化是明天的经济"。文化搭台，经济唱戏——揭示出未来经济的特点。主题宴会是餐饮产品的竞争、服务的竞争、环境的竞争、管理的竞争，更是文化的竞争。环境以文化为载体的原则是将美食环境与文化联系在一起，给人以无限遐想的空间，从而起到烘托气氛，衬托主题的作用。如某家酒店在"六一"国际儿童节宴会上将宴会厅布置成童话故事中的场景，利用孩子们熟悉的动画片或童话故事为背景来装饰餐厅，很好地满足了儿童的"审美标准"。

(七)环境发展原则

处在复杂多变的信息社会里，任何主题宴会环境都不能因循守旧，而应本着发展的原则在原有环境的基础上主动创新，灵活调整主题宴会特色和环境设计，节约成本，最大化地发挥效用。如湖北某大酒店从《西游记》这个传说中找到发展的契机，本着"出新、出奇、出特、出名、出效益"的原则，成功推出了第一届" 蟠桃宴美食节"后，在环境设计上不断发展创新，又在蟠桃宴这一母体下推出了"花卉宴"、"水帘洞宴"、"昆虫宴"等三大新秀宴席，还将推出"天宫宴"和"地府宴"等系列产品。这家酒店成功之处在于充分利用了环境设计的原有道具进行改革创新，使顾客感受到既成系列又具不同特色的宴会。因此，宴会环境设计必须遵循发展原则。

第二节 主题宴会环境设计的内容与方法

一、主题宴会环境设计的内容

主题宴会环境设计与布置装饰内容主要是除了原有的固定设施、家具、照明设备外、与主题宴会相适应的各种装饰物，具体如下。

（一）色彩运用

色彩是宴会装饰布置的重要因素和表现手法。其色彩运用的艺术处理重点要解决三个方面的问题。

其一是突出宴会装饰主题和风格。如以茶文化为主的宴会主体色调应突出淡雅、清丽，给客人清心脱俗之美；“圣诞大餐”主题宴会，应以红色、金色和白色为永恒的主色调，突出了圣诞节文化和欢乐气氛；中式婚宴的设计中，红色作为中国人心目中的吉祥喜庆色彩，给新人和来宾以幸福美满的喜悦感；南美风情为主题的宴会中，以巴西热带雨林的绿色、棕色为基调，点缀以红、黄、蓝等亮丽的色彩，从而烘托出热烈浓郁的热带雨林气氛，给客人以强烈的异域感。

其二是反映宴会厅装饰布置的发展趋势。现代各类宴会厅的装饰布置在保证突出其主题和风格的基础上，其颜色选用大多以反映自然、朴实、清新、返璞归真为发展趋势。例如，仿宫廷宴家具的颜色，多以高档红木家具的深红、浅紫红为主，而农家宴家具则多以现代木质家具的本色为主，越自然越好。

其三是主题宴会色彩的运用与设计既包括基调的确立，也包括墙面、地面、台面及装饰物的色调组合。一要注意色相的组合；二要注意明度的确定；三要注意色彩的饱和度。一般来说，要求色彩的使用能突出主题，符合功能需要，力求和谐自然。

（二）天花装饰

主题宴会的天花板又称天棚、顶棚，其装饰有平整式、凹凸式、悬吊式、井格式、结构式、透明式、帷幔式等各种形式。其装饰布置的总体要求是：天花板装饰形式与宴会主题气氛相吻合。如特定环境或气氛的西式主题宴会，可选用帷幔式、绿色藤蔓式、透明玻璃顶式天花板艺术处理手法营造轻柔飘逸、温馨浪漫的婚礼气氛，其中帷幔式手法与主题气氛最为吻合，其具体布置手法是将美观大方、简洁明快的宽幅装饰布固定在天花板中央，向四周或两边发射，使中间形成一个被帷幔包围、形似帐篷的天棚。也可借建筑结构的框架将宽幅装饰布固定，作交叠重挂，形成类似大波浪的天花板装饰，这种天花板装饰不仅造价低，而且美感效果明显，并且有着很好地烘托宴会主题气氛的作用。

（三）墙面装饰

墙面与天花板、地面互相衬托，与宴会家具、台面互相配合，形成宴会厅空间构图的主体和气氛。宴会墙面装饰布置的基本要求是：主题鲜明、美观大方、清新明快。

其艺术处理手法重点要注意以下两个方面。

其一，宴会主墙（舞台）的装饰布置。主墙（舞台）决定宴会装饰布置的主题和风格。一般都要经过精心设计、认真选择装饰画面或图案及其艺术处理手法来形成主墙装饰。其装饰布置的画面、图案可以选择大中型壁画、舞台主题插花、壁毯、国画、竹木金属浮雕、工艺挂毯刺绣、彩绘瓷画、西洋绘画、主题布景彩画等等。画面构图的内容要根据宴会性质、经营风味、宴会主题和风格等多种因素来确定，以保持主墙装饰能够反映宴会布置的主题和风格。如由中国台湾某市中药公司所举办的大型主题宴会舞台设计积极配合主办单位的性质及开会内容，设计以中药的意象为依托，在主墙（舞台）上摆置象征各类草药的绿色植物；主墙（舞台）背板以著名唐诗以及传统中国图绘，传神地表 达出了中药的历史传承及其独特性。由此实例可知，成功且切题的主墙（舞台）设计对宴会主题的确具有画龙点睛之妙。

其二，侧墙或一般墙面的装饰布置方法是以墙纸装饰为主，必要时选择1～2幅与主题装饰画面、图案配合良好的字画、条幅装饰即可，画面宜少不宜多、宜简不宜繁，要让客人有清新的感觉。

（四）地面装饰

地面是宴会厅客人最直接、最经常接触的空间围护体。其装饰布置的基本要求是：平整美观，图案简洁，主题突出，坚固耐磨，防滑保暖，防潮隔音，易于清洁。瓷砖和大理石等贴面装饰地面一般为固定装饰，变化比较少在此不做说明，而地毯地面却可根据宴会主题风格选择其装饰布置协调统一的颜色和图案，如中式国宴在走道上铺以大红地毯直达主墙（舞台），供国家重要领导进宴会厅举行欢迎仪式之用，显示隆重热烈、气势宏大的宴会气氛。

（五）人工景致装饰

人工景致是为了创造和突出宴会装饰布置的主题风格和特定意境，经过精心设计而创造出来的某种特定微型景观。如江南水乡风情的主题婚宴必须是具有某一特色的江南水乡风情和水乡文化而不是其他风情或文化；另外，其人工景致的主题创造必须选择能够反映其地域、民族和历史文化特色的装饰材料和表现手法，如假山、池塘、水池、竹林、芭蕉、农家小院、瀑布、渔船等等；还有人工景致的主题造型和装饰布置必须和宴会厅的外观装饰，室内天花、墙面、地面的装饰布置和宴会厅分区功能布局保持协调配合，并形成主要景观，形成特定意境，增强宴会美感效果和形象吸引力。

（六）绿化装饰

宴会厅的绿化多采用盆栽，摆放在厅门两侧，厅室的入口，楼梯进出口，厅内的边角或中间。举行隆重的大型宴会时，主台的后面要用大型的花坛或青松翠柏等盆树。餐台上可以放置盆花或插制盆花，形成热烈欢快的气氛。主桌台面的装饰应与其他多桌有区别，可以布置得更加华丽一些。正式宴会设有致词台，一般设在主台的后侧面，其台前可摆花篮、盆栽，台上可用鲜花布置。

（七）标志装饰

宴会的标志主要有旗帜、标语、横幅、徽章等。标志是根据宴会的要求进行布置的。国宴要在宴会厅的正面并列悬挂两面国旗，按“右为上左为下”的惯例，由我国政府宴请来宾时，我国的国旗挂在左方，外国的国旗挂在右方；若来访国举行答谢宴会时，则要相互调换位置。

在举行婚宴的餐厅，可以张挂宫灯、彩条、张贴大红双喜字、服务人员穿红色的礼服。在中年人或老年人的寿宴中，则要张贴大寿字。在产品新闻发布会上要悬挂横幅。宴会厅各处有规则的布置产品宣传广告画，以突出宴请的主题，形成热烈欢快的气氛。

(八)灯光装饰

灯光装饰是主题宴会室内装饰布置的重要内容。良好的光照艺术处理可创造和强化宴会环境气氛、情调，突出装饰美化功能和食品展示效果。主题宴会装饰布置的光照艺术处理在满足餐厅光照的功能基础上可根据主题宴会活动装饰和销售需要，选用适宜的光照艺术。如圣诞节庆典宴会的圣诞树宜选用五光十色的小玻璃灯装饰，春节元宵团圆宴会期间的宴会厅可以选择各种精巧美观的花灯装饰，万圣节的西式主题宴会又可以选用布置怪异的鬼脸南瓜灯饰等等。此外，为了强化宴会销售，增强客人用餐气氛，还可以在晚间采用精致的烛台灯具和烛光照明，再配之音乐、钢琴演唱，客人就会感到别有一番情趣。

(九)温度、湿度和气味

温度、湿度和气味是宴会环境气氛的另一方面，它直接影响着顾客的舒适程度。

顾客因职业、性别、年龄的不同而对宴会厅的温暖度有不同的要求。通常，妇女喜欢的温度略高于男性；孩子所选择的温度低于成人。活跃的职业使人喜欢较低的温度。此外，季节对宴会厅的温度也有影响。夏天，宴会厅的温度要凉爽；冬天要温暖。一般来说，宴会厅的最佳温度应保持在21°C ~24°C。

湿度会影响顾客的心情。湿度过小，即过于干燥，会使顾客心绪烦躁，从而加快流动。反之，适当的湿度，能增加宴会厅的舒适程度和活跃程度，减缓顾客的流动。

气味也是宴会气氛的重要因素。气味通常能够给顾客留下极为深刻的印象，顾客对气味的记忆甚至要比视觉和听觉记忆更加深刻，因此宴会厅要对气味进行严格控制。

(十)台形布置

详见本书第三章第二节。

(十一)主题宴会摆台与餐椅装饰

详见本书第三章。

(十二)主题宴会音乐氛围营造

详见本书第五章第三节。

二、主题宴会环境设计程序与步骤

主题宴会环境设计和装饰布置是一项涉及旅游、建筑、宗教、文化、艺术、人体工程学、装饰材料、工艺美术、投资管理等多方面知识的比较复杂、细致的工作。其设计程序具体为以下三个步骤。

（一）宴会主题内容及装饰风格的选定

宴会主题和装饰风格是由宴会主办者的目的、宗教、要求、意向等决定的。宴会主题环境内容选择确定的步骤是：第一，分析宴会目的。与主办单位协商、询问宴会的具体目的、主题内容和表现形式。第二，提出主题宴会环境设计意向，明确宴会主题布置的中心，征求主办单位的意见。然后选择确定具体的宴会场景布置的主题内容和装饰风格。如同是婚宴，不同国家和地区，不同民族和风俗的客人，其婚宴的主题内容、装饰风格、背景图案的布置是各不相同的。所以，宴会主题布置风格的具体内容选定，关键是要明确主办单位的宴请目的、意向、表现形式。宴会管理人员要具有丰富的想像力、创造性，善于向客户提出主题宴会意境和具体表现形式的建议。

（二）主题宴会环境创造

主题宴会环境创造是为主题内容服务的。它必须依据宴会主题和装饰风格来确定环境气氛，充分地利用灯光色彩、墙饰标志、家具器皿、花卉盆景、窗帘服饰等手段来表达庄严隆重、豪华高雅、热烈欢快、优雅恬静的意境。如某市一家以经营高档商务宴为主的宴会厅可以说是休闲的庭院，倾诉心曲的驿站，商务交流的平台，放飞心灵的空间。在这里顾客可以见识到中国渊源茶艺、品味历史与人文，体验纯情与浪漫，欣赏到大师艺术珍品。在一座气势不凡的褐色山西老门里，白、黑、红色调使你感受精制与永恒，轩敞的厅堂，雪白的墙，有棱角的墙柱，墙壁上挂着几帧桂林山水黑白油画，一幅狂放的书法对联，墙角边立着几只灰褐的钢瓶（其实是一件参加全国美展的优秀装置作品），中堂摆着石刻的大佛头，堂上悬放的投影仪亮了，雪白的墙上出现了极现代的抽象图画，慢节奏的“冷爵士”音乐在耳边幽雅地回响，门楼后白色大圆柱蜡烛和室间既传统又时尚的雕花隔断，一种空灵通透与现代艺术交错的韵味从这些摆设中流溢出来。黑色座椅为半边是光滑的背板衔接圆柱空心形（它的造型也体现出中西艺术的结合虚实相生的味道），透亮的水晶玻璃镜面覆盖的长桌上一只只杯口或歪或正的大小瓦罐、茶壶、玻璃杯摆放在桌子上像一件件艺术品，人手一只桂皮卷儿当作“筷子”，玫瑰花与红茶在搅拌下泛着澄红的光，给人们带来生活的纯情与浪漫。这里的环境布置与装饰超乎常规，桌椅、灯光、器皿、酒水牌、摆设，全部出自主人的设计，没有一定系列可循，却无比协调和标新立异独树一帜。这里的商务宴环境设计以文化为先导，艺术为底蕴，用茶缘佛缘缔结情缘，中西合璧，闹中取静，锁定了高端前卫商务精英，成为商务交流的好去处。

（三）主题宴会环境布置

主题宴会环境布置是在主题环境装饰风格选择、主题宴会环境创造的基础上，选择不同布置材料和表现手法来创造出符合宴会目的和要求的现场景致。具体包括宴会现场的背景布置，墙面或天花板的现场装饰（主办单位提出要求的），灯光气氛的设计布置，主墙和主席台面的设计图案，宴会横幅标语，主桌的宴会花草布置，中心设计图案的造型设计和布置等。上述宴会主题环境的内容和布置方法主要是在制定出设计方案的基础上，由饭店美工人员和工程部门的有关人员及服务人员按设计方案和要求逐一落实，最后做好检查，保证宴会主题环境的美观、大方，符合宴会主题和主办单位的要求。

三、主题宴会环境设计实例

自我国改革开放以来，饭店餐饮一直处于中国餐饮市场的领头羊地位。随着外国餐饮品牌店的“大举入侵”，社会餐馆的快速增长和升级换代，主题宴会环境设计尤显重要。客人在饭店用餐，不仅是满足生理的需求，而且越来越多的人把它当作一种精神享受和社会交往的形式。有人戏言，餐饮消费已由“口味消费”转变为“口味环境消费并重”的时代，所以，对饭店而言，要满足客人的需求，不仅要有好的食物和服务，还要有一种赏心悦目的就餐环境。故餐饮管理者应了解及掌握各种宴会环境的布置及宴会气氛的营造，下面以几个风格各异的主题宴会环境设计为实例加以分析，以供大家参考。

(一)春节(农历正月初一)　主题:新春发财宴

1. 气氛

这是中国的传统佳节，具有悠久的历史，应体现出那种欢快、幸福、团结、天地为乐的心情，有着兴高采烈、张灯结彩的气氛。故所选用的色彩上皆以大红为主。就着“南花街、北庙会;南团年饭、北饺子”的风俗习惯，在选用的菜肴上因人而异，但皆是好意头的菜式。服务人员要向客人拜年。

2. 布置

(1)大门口挂大红灯笼，门上贴童男童女画。

(2)视餐厅的空间分别挂上“福”字画、对联、灯笼、炮竹等饰物(都以大红为主)。

(3)提前20天左右在大堂醒目处摆上“年货阵”，如:冬菇、糖果、瓜子、瑶柱、发财等等，要做适当的包装。

(4)摆花阵。主要是:各种兰花、花篮、金橘、水仙等。

(5)在春节期间，所有的包厢里可以摆上水果盒(有各种水果、瓜子)。

(6)放欢快、轻松的春节音乐。

(二)圣诞节(12月25日)　主题:圣诞欢乐宴

1. 气氛:

这是个引进西方的节日，相当于中国的春节。故以愉快、幸福为主。色彩以白色为主。服务人员要送上“圣诞快乐”或“Happy New Year”的祝福语，可推出圣诞套餐。

2. 布置:

(1)大门口要布置圣诞树。

(2)大堂显眼处要布置圣诞屋，另外，各空间可视情况挂上圣诞饰物。

(3)玻璃窗上要喷雪。

(4)要备圣诞礼物。

(5)平安夜可选一男士穿上圣诞老人服，跟人照相或配送礼物。

(6)备照相机。

(7)咨客可在圣诞节的前一两天戴上圣诞帽和穿上公主装。

(8)放圣诞音乐。

(三)婚宴　主题:永结同心

1. 气氛:

以隆重、喜庆、欢快为主。在选用的用具颜色上皆以金色、红色为主。服务人员要笑容满面，适时送上“新婚快乐，白头偕老”等祝福语。厨部出品都应安排好意头的双数菜式。忌:瓜、牛肉、豆腐等。还忌“雀巢”，因为两人新婚共筑爱巢，但雀巢上桌后要切开来吃，有分开的意思。

2. 布置:

(1)挂龙凤喜帐或龙凤礼堂。

(2)挂彩带、金蝴蝶结、心形气球等。

(3)备签到台、签到薄、笔及企牌(写“某某联姻”的字样)。

(4)备麦克风，放中式婚礼进行曲。

(5)布置蛋糕车、蛋糕刀，备结婚蛋糕。

(6)备交杯酒用的香槟杯(要打彩带、蝴蝶结)。

(7)备主台红地毯、红毛巾、红台布、红筷子。

(8)备2个银托盘(供敬茶用)

(9)备齐菜谱和客人就座姓名牌(如客人需要)和红瓜子、喜糖、红枣。

(10)备好新娘房(包括:全身镜、梳、衣架、凳等)。

(四)寿宴　主题:万寿无疆

1. 气氛:

以热闹、喜庆为主，颜色以红、金为佳，花卉宜用松柏、万年青等。服务人员要表现出热情、高兴。可送上“福如东海，寿比南山”等祝福。可选用的菜肴要突出祝寿之意，忌“瓜、清蒸豆腐”等。另:挂“寿”字等不可减写成简体字，也不可写错。因有减寿、不够长寿之意。

2. 布置:

(1)挂寿帐或设寿堂。

(2)备签到台、签到薄、笔及企牌。

(3)备麦克风，放中式贺寿音乐。

(4)备寿包或生日蛋糕。

(5)备贺寿礼品台。

(6)备主台红席巾、红台布、红筷子。

(7)备齐菜谱和客人就座姓名牌(如客人需要)。

(五)弥月宴(羌酌)

1. 气氛:

以喜悦为主，颜色以红色为佳，服务人员要表现出高兴的神情。菜肴的安排上要好意头，忌“瓜”。

2. 布置：

(1) 挂喜帐(按实际情况写贺词。如:生男写“弄章之喜”，生女写“诞珠之喜”。

(2) 备签到薄、签到台、笔及企牌。

(3) 备麦克风，放庆贺音乐。

(4) 备主台红席巾、红台布、红筷子。

(5) 备齐菜谱和客人就座姓名牌(如客人需要)

(6) 备贺礼品台。

(7) 每席备放红鸡蛋及姜醋。

(六)商务宴

1. 气氛:要轻松、舒适、愉快为主。选用的颜色宜淡雅一些，不必大红大绿。服务工作人员要礼貌、微笑、温柔。菜式的安排要好意头，有喻意。如“一帆风顺、合作成功”等。

注:如是签约的商务会。

2. 布置

(1)备有签合同台。

(2)备横幅。

(3)备签字笔、筒、香槟、照相机。

(4)放轻松音乐。

【案例6-1】

“丝绸之路”主题宴会

1996年初，一位来自美国的老先生来到某饭店宴会销售部，自称他是来自美国的学者，刚在中国的西部游历了数日，很想在回国前宴请在京的一百多位同行业人士及重要宾客。老先生愿意支付很好的费用，但是前提是希望饭店能将宴会厅装饰出中国西部风情，因为自己很留恋新疆的天山和草原的驼铃。老先生还说:“我个人不能提出具体的宴会方案，因为我不是饭店专家，但是我知道贵店在北京餐饮业一向享有盛誉，相信你们一定会令我满意。”

客人走后，宴会部的接待人员和销售人员进行了认真的策划，经过几个方案的对比选择，最终确立以“丝绸之路”为主题举办晚宴。

两天后，当老先生和数位随从人员在宴会前一个小时到达宴会厅时，他们的惊喜无法用语言来表达。展现在他们面前的宴会厅宛如一幅中国西部优美的风景图。从宴会厅的3个入口处至宴会的3个主桌，服务员用黄色丝绸装饰成蜿蜒的丝绸之路;宽大的宴会厅背板上，蓝天白云下一望无际的草原点缀着可爱的羊群;背板前高大的骆驼昂首迎候着来宾，其形象逼真使人难以相信这是饭店的美工人员在两天内制作出来的。宴会厅的东侧，古老的长城碉堡象征着中国五千年文化的沧桑，西侧有一幅天山图的背板，宽大的舞台上一对新疆舞蹈演员已开始载歌载舞。16 张宴会餐台错落有致地散立于 3 条丝绸之路左右，金黄色的座椅与丝绸颜色一致，高脚水晶杯和银质餐具整齐地摆放在白色的台布上，每个餐台上的艺术型插花又令人感到了宴会设计的雅致。面对文化氛围强烈的宴会厅，老先生激动地说："你们所做的一切大大地超出了我的期望，你们是最出色的，真令我终生难忘。"宴会取得了巨大的成功。

几天以后，饭店总经理收到了来自美国老先生热情洋溢的表扬信。他在信中说，回国后，他已向多位朋友谈起了这个宴会，并高度赞誉了饭店宴会部的员工，他认为这些员工是全世界最优秀的，因为这些员工能够理解客人的期望。

现在，"丝绸之路"已成为该饭店一个非常有特色的主题宴会，多次服务于来自世界各地的客人。每一次都令客人感到惊喜与震动，经营得非常成功。

【评析】

上述主题宴会的成功在于准确地把握了客人的心理要求，能根据客人的需要进行设计与装饰。

不管对于何种性质的主题宴会来说，首先要树立明确的客人导向意识，只有认真地思考客人的需要，才能有针对性地开发宴会产品，创造出令人满意的效果。另外，主题宴会的场景布置要突出主题，立意要明确。

举宴皆有目的，但每个宴会的目的又不一样，因而宴会的主题场景要紧扣主题展开，如婚宴的喜庆、家庭聚会的温馨等。同时，在选择场地方面要科学，善于利用周围不同的环境，因势而成，善于造势。如商务宴请中要求的雅致与高品位，注重保护客人的隐私，创造一个良好的商务交往空间。再有，环境气氛的布置与点缀要合理，要围绕主题而选材。在上述案例中，宴会策划人员所选择的各种装饰布景都是围着"西部"来进行的，很好地点缀和衬托了主题的性质，从细节中体现了整体的完美性。

【案例 6－2】

"绍兴美食节"环境设计

某酒店为了推出文化品牌，体现酒店的规格与档次，扩大餐饮销售的影响力，给消费者以常变常新的感觉，吸引新的消费者，特举办本次以绍兴饮食为特色的主题餐饮活动。其店内外的环境布置如下：

在大堂摆放一案桌，以花雕为主体，一些小酒坛为衬托与屏风相呼应，主题鲜明。在二堂的靠墙摆放案桌、八仙桌各一张，太师椅两张，中堂挂一字画，上书"古越"，桌面摆放盖碗两只、宫灯两盏，桌旁摆放瓷缸、卷轴，并以木架为衬底。

大厅内进门摆放一"绍兴餐具"展台，并在边上附说明牌。摆放明、清、民国时期的绍兴餐具，包括碗、盅、碟、食盐、酒等。每件物品边都用台签标明名称，并在展台旁以文字说明。还在厅内设一"绍兴老酒"的展台，摆放太雕、元红、花雕、镶春等本地少见的黄酒品种，作为展示。厅内桌面使用方形花布为台布，服务人员的服装为具有当地传统特色的兰底碎花布。大厅中的幕墙与柱子是重点布置所在，尤其以幕墙突出餐饮的主题特征。幕墙上书“绍兴文化美食节”，中间部分写一大大的“鹅”在其边用小字写介绍绍兴的篇章。四根柱子上悬挂有关绍兴人文的字幅或画卷，萱纸手书并装裱。其中有描写鉴湖的“镜湖水如月，耶溪女如雪”，鲁迅的“横眉冷对千夫指，俯首甘为孺子牛”，描写乌蓬船的“轻舟八尺，低蓬三扇，占断评洲烟鱼”，秋瑾的“不惜千金买宝刀，貂裘换酒也堪豪”等字句。

在不同的包厢内，分别以“鲁迅故居”、“陆游、唐婉”和“社戏”等主题，布置有与之风格相适应的书、字、画、挂件、饰物等，别具一格，颇具特色。在包厢内播放轻缓的江南音乐，搭配具有特色的绍兴菜点，可令宾客在吃的过程中领略绍兴的文化，在享受文化的过程中品尝美食。

【评析】

在上述案例中，为了体现主题，给消费者以明确的主题感，在环境的布置中较多地运用了文化的元素，如诗、文、画、字等，同时也借用了颇具地方特色的物件，如挂件等，从而体现环境营造的一致性。在不同主题的主题宴会中，气氛营造的手段是多样化的，有的以可观性的外在设施设备为主，有的以可感性的音乐、服务、节目为主，有的以菜肴点心为主，不一而足。成功的宴会环境设计，必是主题与各种综合因素的融合，是经营者思想和智慧火花的碰撞，是灵感与创新的完美统一。

【案例 6－3】

从喜宴到奠宴

全国政协组织港澳委员视察团来云南视察工作时，下榻昆明一四星级酒店。应接待单位要求，酒店特意把客人的一日三餐固定在富有浓郁喜庆色彩的风味厅用餐。由于高山反应，香港佛教协会主席，一位70多岁的老先生突发急病送进医院，下午5点，餐饮部得到老先生不幸去世的消息。他们首先想到的是要马上组织人员调整餐厅的布置和气氛。经过一个小时紧张工作，风味厅里的大红宫灯全部用白纸覆盖，墙上装饰用的象脚鼓、弓弩上的红色绸带也被黑纱代替，万年青、翠柏等植物放进了餐厅，穿着大红民族服装的服务小姐也临时换上黑色制服。刚布置好客人便来到餐厅，视察团团长沉痛地向团员宣布了噩耗，全体团员肃立默哀。然后宾客用餐（餐食也作了相应调整），整个餐厅沉浸在一片肃穆的气氛之中。

饭店的体察入微和迅速应变，获得了全国政协办公厅工作人员的赞扬。灵活的应变能给顾客心理带来服务超值感，由此而深化顾客对该企业的认知度。

【评析】

餐前准备应能随时适应顾客需要的变化，本案例就说明了这一点。要做好餐前准备工作，必须随时“跟踪”顾客，及时了解其需求变化。餐饮部得到老先生不幸去世的消息，能迅速想到餐厅布置的改变，说明了其对信息的敏感性和对餐前准备的重视。凡事有备无患，这是保证服务质量和提高顾客满意的必要条件。

【复习思考题】

1. 什么是主题宴会环境设计？主题宴会环境设计的重要作用有哪些？

2. 试述主题宴会环境设计遵循的基本原则。

3. 结合主题宴会环境设计程序与步骤拟定一份“谢师宴”主题宴会环境设计方案书。

【实训题】

设置宴会厅模拟场景，组织学生进行主题婚宴的环境设计与布置训练。

第七章　主题宴会酒水设计

● **本章提要**

酒水是主题宴会中必不可少的产品，酒水设计的成功与否直接影响着主题宴会设计的总体方案。本章主要从主题宴会设计的实用性出发，着重阐述了主题宴会酒水设计的原则，宴会常用酒水及服务方法，主题宴会酒水设计思路，以及中餐宴会、西餐宴会、鸡尾酒会酒水设计要求，使主题宴会整体设计更加完善。

● **学习目标**

1. 了解主题宴会酒水设计的作用与原则。
2. 理解宴会常用酒水与服务。
3. 掌握主题宴会酒水设计方法。

第一节　主题宴会酒水设计的作用与原则

随着人们生活水平日益提高和旅游事业的迅猛发展，酒水已经是主题宴会中举足轻重的消费品。每当开业庆典、迎宾送友、婚寿喜庆、亲朋团聚时，人们总以酒水来助兴，表示欢快喜悦的心情和热烈友好的气氛。

一、主题宴会酒水设计的作用

(一)“餐”与“饮”紧密相连

“餐”与“饮”两者总是连在一起。酒水有助于体现菜肴色香味等风格，具有开胃、增加食欲、促进消化等功能。无论是高级宴会、冷餐会、结婚宴席、生日宴席、酒会、迎宾宴，还是聚会、社交往来，都离不开酒。可以说，无酒不成礼，无酒不成宴，无酒不成欢，无酒不成敬意，已成为我国各民族的风俗。

(二)主题宴会的酒水收入是餐饮收入的重要组成部分

酒水在餐饮产品中占有十分重要的地位。在餐饮产品获取的利润中，酒水的获利是相当高的，一般而言，酒水的毛利率在70%～80%之间，酒水收入占餐饮总收入的30%～50%。而且相对于菜肴的生产来说，投入的人工成本低。如果在主题宴会设计中能够以扩大酒水销售额为中心，将会进一步提高宴会收入。

（三）主题宴会酒水服务质量是餐饮服务质量的重要标志

美国饭店业的先驱斯塔特勒（Mr. Statler）曾经说过："饭店从根本上说，只销售一样东西，那就是服务。"餐饮企业经营的目标就是向宾客提供最佳服务，酒水服务作为宴会服务的一个重要组成部分，在餐饮经营中具有极为重要的作用，酒水服务质量的好坏影响着饭店或餐饮企业的形象和声誉。提供劣质的酒水服务是失败的宴会，而提供优质酒水服务则为主题宴会的成功奠定了坚实的基础。

（四）主题宴会的酒水管理直接影响着整个餐饮部门的运行和管理

酒水的管理具有特殊之处，在宴会管理中也容易产生各种漏洞。管理得严格、有效，会给餐饮企业或饭店带来较大的利润；管理得松懈，就会给某些员工提供可乘之机，并最终影响企业的经营。

（五）主题宴会的酒水与菜肴的适当搭配可以促进餐饮销售

在宴会中适当地选用佐餐的酒水，可以恰如其分地增添食物的美味并呈现酒的绝佳风味。千百年的人类饮食文化，无论是中餐还是西餐，都形成了许多约定俗成的酒、菜饮食习惯，例如，我国南方的一些地区吃鸡、鸭菜时，要配饮黄酒；西餐中吃鱼类、海鲜菜肴时，要配饮白葡萄酒等。应该说"餐"与"饮"是相辅相成，互相搭配的。在酒水设计时，合理地搭配菜与酒，不但能扩大酒水的销售额，还会促进菜品的销售，从而进一步提高餐饮企业的营业额。

二、主题宴会酒水设计的原则

主题宴会提供酒水的品种和结构不但要反映出餐饮企业经营的风格，迎合顾客的消费心理，还要符合餐饮成本控制要求。因此，酒水的选择和设计应十分慎重，必须综合考虑多方面的因素，具体来说，应遵循以下原则。

（一）迎合目标顾客需求原则

当顾客前来预订时，餐厅的酒单上应列出多种酒品供客人挑选，这些品种要体现餐饮企业的经营宗旨，迎合目标顾客的需求。例如餐饮企业的目标市场是收入水平中等的群体，则宴会厅提供的酒水应该以中、低档国产酒为主；反之，以高收入顾客为目标市场的主题宴会，酒单上也应该提供一些威士忌、白兰地等外国酒品；以旅游顾客为主体的宴会，酒水品种则应该以制作简单、方便、快捷、解渴的软饮料为主。

酒单的设计还要注意季节性：在烈日炎炎、高温闷热的夏季，酒品应以祛暑降温的啤酒、冰凉宜人的鸡尾酒、冰咖啡、冰茶为主；反之，在寒风凛冽、雪花飘飘的冬日，酒品应以祛寒暖胃的白酒、黄酒、威士忌等中、高度烈性酒为主。

（二）酒水品种适宜原则

组织一场成功的主题宴会，酒单上列出的品种应保证供应，否则会引起顾客的不满。但酒单上所罗列的品种也不宜太多，品种过多则意味着餐饮企业需要很大的酒水库存量，由此会占用大量资金和库存管理费 。酒水品种太多还容易使调酒师在生产和销售时出现差错。因此，主题宴会酒单上的品种应该少而精。此外，配制酒、药酒的成分比较复杂，香气和口味往往较浓烈馥郁，这一类酒对菜肴食品的口味和风格的表现有相当大的干扰，通常很少作为佐餐酒品饮用。

（三）选择利润大的酒水原则

设计酒单时要重视酒水原料的成本。酒水原料成本不仅包括酒水的进价，还包括储存、鸡尾酒加工和分杯销售等环节的损耗。酒品设计时要根据以往的酒单进行综合分析、比较，从中选择一些能产生较大利润、顾客欢迎的酒品，选择那些组合起来能使餐饮企业达到最大赢利的酒品。

（四）酒水品种平衡原则

设计酒水时要注意各种营养成分及品种的合理搭配。为了使消费者更健康地饮酒，每一场宴会除适量地选择高度烈性酒外，应以低度酒精及其他酒类为主，如葡萄酒、啤酒、非酒精类饮料等。

（五）酒品独特性原则

宴会具有与众不同之处而出名，尤其以独特的酒品设计吸引顾客，这需要餐饮企业的工作者具有创造性和丰富的想像力，不断开发新产品。例如某家宴会由于讲究冲咖啡用的矿泉水而顾客盈门，创造较高效益。

（六）与企业生产技术水平相适应原则

在设计酒品时，必须考虑本宴会厅的调酒师的技术水平，做到扬长避短，选择一些能发挥他们特长的调酒品种，才能提高主题宴会的酒品质量。同时，还要考虑操作场地的安排、布置、酒具的局限性等。对于那些调酒技术高的调酒师可计划安排一些调制难度大的新品种。例如，近来宴会酒吧中盛行的花式调酒销售方式，这对调酒师技术的要求就相当高，它凭借新颖的方式和技艺演示吸引顾客，从而取得了可观的销售利润。

（七）开发新产品原则

为了使顾客对宴会的酒单感兴趣，酒单设计应注意经常更换新品种，开发新产品，使顾客有新鲜感。酒水新产品的开发应以吸引顾客消费，使主题宴会获取可观的毛利为原则。酒水新产品的开发并非越精细越好，越高档越好，而是必须和客人和总体消费经历及宴会厅的档次、装饰风格相协调。一家外观豪华、装饰格调高雅的欧式风情主题宴会，顾客必定期望享用到高级的、正宗的酒品。如果酒单上只是一些中、低档的普通酒水，便会使顾客大失所望。

（八）酒水与菜肴的搭配原则

见本章第三节。

第二节　宴会常用酒水与服务

宴会常用的酒水包括酒与非酒精饮料。酒主要有烈性酒、啤酒、黄酒、葡萄酒等；非酒精饮料包括茶、咖啡、可可、碳酸饮料、果蔬饮料、蛋白饮料、保健饮料、矿泉水等 。在我们的生活中，酒水琳琅满目、丰富多彩。酒能使人神经兴奋、解除疲劳、舒筋活血、祛湿御寒，特别是黄酒、果酒、啤酒和药酒能增强营养，促进身体健康。因此，酒水已成为宴会中必不可少的饮料。

一、酒的分类

酒的分类方法很多，可以从酒的颜色、香气、滋味、甜度、酒精度、酒名、陈酿来识别。但最常见的分类方法有以下几种：

(1)根据酿造方法分类：有蒸馏酒 、发酵原酒(又称酿造酒)、配制酒(又称浸制酒)。

(2)按酒精含量分类：高度酒，又称烈性酒，酒精含量在40%以上，如我国各类高度蒸馏酒、白兰地、伏特加等。中度酒，酒精含量在20%～40%之间，多数露酒、药酒等都是配制酒。低度酒，酒精含量在20%以下的酒，如啤酒、黄酒、葡萄酒等。

(3)按照人们的用餐分类：有餐前酒、佐餐酒、餐后酒。

(4)按照制酒的原料分类：有果酒、粮食酒。

二、宴会常用的国产酒水及其服务

我国有悠久的酿酒历史，品种繁多，工艺精良，风格独特。中国酒按其风味特点可分白酒、黄酒、啤酒、葡萄酒(果酒)及其他配制酒等。按酒的含糖浓度分，有甜型酒、半甜型酒、干型酒三种。

(一)蒸馏酒

国产蒸馏酒主要指白酒，中国白酒是世界著名六大蒸馏酒之一。中国白酒在工艺上比世界各国的蒸馏酒都复杂的多，发酵原料多种多样，特点各异，品种繁多。中国白酒按其香型分类，有酱香型、浓香型、清香型、米香型、兼香型之分。

(二)酿造酒

1. 黄酒

黄酒为世界三大古酒之一，一般为15度左右。黄酒的储存要选择温度变化比较平稳的库房，温度过低会使黄酒冰冻，酒质下降。在储存期黄酒会出现沉淀，这是自然现象，并非变质。在销售时应该尽量取其上面的澄清酒液，切勿震荡而引起沉淀上浮。新运到的黄酒，由于运输中摇荡引起沉淀上浮，须静止数日后，才能开坛出售。冬季饮用黄酒易温热至40℃~50℃之间，使酒液中的芳香成分随温度升高而挥发出来。

2. 啤酒

啤酒的种类很多，根据啤酒的色泽分类，有淡色啤酒、浓色啤酒和黑色啤酒；根据啤酒加料分类，有水果料、蔬菜料及其他料之分；按生产工艺分，有鲜啤酒（生啤酒、扎啤）、熟啤酒；根据啤酒的糖度分类，含糖量高于2.5%的为普通啤酒，低于2.5%为干型啤酒。啤酒服务有以下要求：

（1）啤酒的饮用温度在10℃左右时泡沫最丰富，既细腻，又持久，香气浓郁，口感舒适。

（2）斟酒前，应将玻璃器皿洗干净，忌油腻。

（3）啤酒的储存方法，没有经过杀菌工艺的啤酒多用桶装或大罐散装，只能保存几天；熟啤酒在10℃~25℃的环境中，保存时间为3个月；高级熟啤酒保存时间为3~6个月；特级熟啤酒保存时间一般为9~12个月。在啤酒的储存中，一定要防止环境温度忽高忽低的急剧变化。熟啤酒冬天的保存温度不能低于5℃，否则就可能受寒浑浊，夏天温度高于25℃时也容易浑浊。

（三）葡萄酒

人们把果实类酿造酒统称果酒，常见的果酒有葡萄酒、猕猴桃酒、沙棘酒、刺梨酒、五味子酒、黑加仑酒等。葡萄酒服务要求如下：

（1）宴会进行红葡萄酒服务时，应提前30分钟开瓶，因为葡萄酒的香味释放得慢，另外，红葡萄酒与空气中的CO_2充分反应能使酒品的风味更好。

（2）葡萄酒的饮用温度：白葡萄酒、桃红葡萄酒、香槟酒一定要冰镇，特别是香槟酒，要将酒瓶放到冰桶里降温。香槟酒的温度以4℃~6℃为最宜，白葡萄酒、桃红葡萄酒以10℃为宜，红葡萄酒以18℃为宜，夏季环境温度超过30℃时，红葡萄酒可适当冰镇到20℃左右再饮。

（3）在储存葡萄酒时，要将酒瓶躺着放，使瓶塞经常保持湿润，防止变干，避免空气进入酒瓶内引起酒质的变化。

（四）配制酒

我国的配制酒有以天然的果品、鲜花香料为主的配制酒，如桂花陈酒、味美思、玫瑰露酒、马林蜜酒、青梅酒。还有以药料为主的配制酒，如五加皮酒、菌陈酒、莲花白酒、木瓜酒、人参酒、虎骨酒等。

三、宴会常用的外国酒水及其服务要求

（一）外国蒸馏酒

宴会常用的蒸馏酒的类别很多，除了选择我国白酒之外，还有国际上流行的五大类外国蒸馏酒：白兰地、威士忌、金酒、伏特加、兰姆酒。

1. 白兰地（Brandy）

白兰地，泛指一切用果实为原料酿造的蒸馏酒。以法国白兰地最为有名。比较讲究的白兰地饮用方法是净饮，使用白兰地杯，喝酒时用手掌握住白兰地杯壁，让手掌的温度通过酒杯稍微加热酒液，使其香味挥发。

2. 威士忌(Whiskey)

根据产地和风味可分为苏格兰威士忌、爱尔兰威士忌、加拿大威士忌和美国威士忌。威士忌酒是世界名酿，不少人喜欢纯饮，使用古典杯。威士忌可以作为餐前酒，也可以作为餐后酒饮用;可以纯饮，也可以兑饮。

3. 金酒(Gin)

金酒又叫杜松子酒，香港人叫毡酒，源出自荷兰，又叫荷兰白酒。金酒餐前餐后饮用因人而宜，荷式金酒纯饮时，常用利口杯或古典杯，并需要稍冰镇，金酒也可以兑水饮用。

4. 伏特加酒(Vodka)

伏特加最初流行于俄罗斯及东欧国家，现在已发展成世界性蒸馏酒品种。伏特加是一种纯正的烈性饮料酒，“大口大口喝伏特加酒，佐之鱼子酱和熏鱼，直至一醉方休。”常常被人们用来作为描写波兰人和俄罗斯人酷爱伏特加酒的象征。

伏特加酒即可纯饮，也可混饮。纯饮时选用霜冻过的立口杯，加冰时用古典杯。有时为了改变伏特加单调的风味，饮用时可加入果汁、汽水、矿泉水。同时它也是调制鸡尾酒和其他混合饮料的基酒之一。

5. 兰姆酒(Rum)

兰姆酒也称罗姆酒、朗姆酒，是甘蔗制糖业的一种副产品，因此，也称糖酒、密酒。兰姆酒的饮用方法很多，兑水、兑可乐均可。琥珀兰姆酒适宜纯饮，白兰姆酒适宜加冰块饮用，而绝大多数兰姆酒又可做混合酒饮用。纯饮时，用鸡尾酒杯加一片柠檬片服务。加冰块时，用古典杯服务。兰姆酒与菠萝汁混合可制成著名混合饮品“松贝”(Zombie)。兰姆酒可供净饮，调制各种饮料，烹调菜肴。

6. 特吉拉酒(Tequila)

特吉拉酒也称龙舌兰酒，是以仙人掌科植物为原料经发酵蒸馏而成，故又名仙人掌酒。特吉拉酒饮酒方式也很独特，常用于净饮。每当饮酒时，墨西哥人总先在手背上倒些海盐末来吸食。然后用淹渍过的辣椒干、柠檬干佐酒，恰似火上浇油，美不胜言。

(二) 配制酒

配制酒也称合成酒，是以食用酒精、蒸馏酒和各种酿造原料为基酒，加入一定的香料、糖、果汁、药材等配制而成的一大类饮料酒。

国外配制酒的主要品种有味美思(Vermouth)、比特酒(Bitterr)、玛德拉酒(Madeira)、利口酒(Liqueurs)、茴香酒(Anises)等。

(三) 鸡尾酒

鸡尾酒(Cocktails)是由两种或两种以上的酒加饮料、果汁、汽水等混合而成，具有一定的营养价值和欣赏价值的饮品。一杯好的鸡尾酒应当是色、香、味、型俱佳。

餐前饮用鸡尾酒，一般采用开胃类鸡尾酒，如酸性或稍烈的冰镇鸡尾酒，开胃葡萄鸡尾酒等，具有促进食欲的效果。饭后多饮用甜性鸡尾酒、烈性鸡尾酒。鸡尾酒服务时，需要现配现饮，不可久置。

四、宴会常用非酒精饮料与服务

宴会常用的非酒精饮料包括茶、咖啡、可可、碳酸饮料、果蔬饮料、蛋白饮料、保健饮料、矿泉水等 。

(一)茶

茶、咖啡、可可是世界性的饮料，但茶叶作为饮料的历史最悠久。在我国的各种宴会中，茶叶的饮用最广，数量也较大。

1. 茶的选用设计

茶的品种繁多，因为人们的生活习惯、饮用的季节和茶的功用不同，宴会的档次不同，茶的选用要和宴会的整体格调和谐一致。

从茶的保健功用上选用：一般消炎降火应喝绿茶为主，胃肠虚寒者以喝红茶为宜，体质不寒不热的人，则以喝乌龙茶为佳。根据季节向客人推荐茶叶：春季宜饮花茶，花茶性温，如茉莉、桂花等花茶，香而不浮，消除春困。夏季宜饮绿茶，夏天骄阳高温，出汗多，此时宜饮龙井，碧螺春等绿茶，同时，绿茶以新为贵，应及早饮用。秋季宜饮乌龙茶，秋天天气干燥，青茶性适中，不寒不热。冬季宜饮红茶，红茶性味甘温，含有丰富的蛋白质，可补益身体，此外，冬季人们的食欲增加，进食油腻食品增多，饮用红茶还可去油腻、开胃口，使人体更好地顺应自然环境的变化。根据宴会的档次推荐茶：高档宴会选上等的好茶，一般宴会选普通的绿、花茶。

在高档宴会中，茶艺师可以当场询问对方的喜好，根据客人情况推荐茶叶，如女士可以选择有减肥、美容效果乌龙茶，男士推荐降脂降压效果好的普洱茶等 。

2. 茶的沏泡

要冲泡一杯色、香、形俱佳的茶，除了按客人的需求选择茶外，在沏泡的过程中还要掌握七大要素：即茶具的选用、泡茶的水质、茶水比、冲泡水温、冲泡时间、次数和续水等。

(二)咖啡

西餐宴会免不了吃一些甜品，如布丁、冰激凌等食品，如果这时送上一杯合适的咖啡，会给客人带来无限惬意。因此，在主题宴会预订中，要不失时机地推销咖啡饮品，即能使顾客满意，又能扩大营业收入。

咖啡与食品的搭配原则是：口味浓厚的咖啡与口味浓重的饭菜相配；反之，口味较清淡的咖啡与口味较清淡的食品相匹配。如南美咖啡、夏威夷咖啡口味较为温和、顺滑，这种咖啡应与较清淡的春夏季甜点来搭配；而产于非洲的咖啡口感一般较厚重，适合与丰盛、但又易消化的甜点相配；印度尼西亚咖啡香醇浓厚，适合与较油腻、甜的食品；深度焙烤出的咖啡及意式咖啡对用巧克力制作的食品则较为适宜。

（三）可可

“可可”的名称来源于印第安土语，意思是上帝赋予的食物，主要生长在亚热带地区、拉丁美洲、非洲和印尼等地。可可的加工品可分为可可豆、可可块、可可粉、可可脂等。

可可粉具有浓郁的芳香味，但却极易受潮，若受潮受热后都会产生酸味，甚至变霉不能使用，因此，可可粉要在低温干燥处存放。

（四）清凉饮料

主题宴会使用的清凉饮料主要有：碳酸饮料、果汁饮料、糖浆类和蛋白饮料等。必须注意的是，果汁开罐后保鲜时间很短，没有饮用完的浓缩果汁放到冰箱中，一般可以保存 10 ~ 15 天，非浓缩果汁可以保存 3 ~ 5 天，稀释后的浓缩果汁只能能保存 2 天，鲜榨的果汁可以保鲜 24 小时。因此，在主题宴会中，应尽量做到用多少，兑多少，以免造成浪费。果汁饮用时需先放入冰箱中冷藏，最佳饮用温度为 10℃。

（五）矿泉水

宴会中矿泉水饮用量较大，服务时要做到以下几点：

（1）矿泉水最佳的饮用温度：矿泉水一般采用常温饮用，宴会前也可以用冰箱冰镇到 4℃左右，以适应部分喜好冷饮宾客的需求。矿泉水最好不要煮沸，因为矿泉水一般含钙、镁较多，有一定硬度，常温下钙、镁呈离子状态，极易被人体所吸收，起到很好的补钙作用。而煮沸时钙、镁易与碳酸根生成水垢析出，这样既丢失了钙、镁，还造成了感官上的不适。

（2）在饮用桶装矿泉水时，要将饮水机放在阴凉避光的地方，千万不能放在阳光直射的地方，以免滋生绿藻；饮水机要定期消毒，最好半年一次。

（3）矿泉水服务时，应当着客人面打开瓶装矿泉水，再斟倒入杯内，若是斟倒含气矿泉水，最好选用香槟杯，以观赏其晶莹活跃的气泡。

（4）矿泉水应在保质期内使用。

第三节 主题宴会酒水设计

一、主题宴会酒水设计思路

主题宴会的酒水设计有一定的规律，这些规律的形成是千百年来人们不断实践探索的结果。其基本思路是按宴会的主题、档次、客人的需求，讲究餐与饮的搭配艺术，制定好酒与菜的搭配设计、酒与酒的搭配设计、酒与其他饮料的搭配设计。设计得当，会对宴会的酒水、菜肴的销售起到促进的作用。但随着科学文化的不断发展和人民生活水平的逐步提高，酒水与菜肴的搭配艺术也应在实践中不断发展和完善。

(一)酒与菜的搭配设计

菜肴与酒品配饮得当，能充分体现和加强菜肴的色、香、味。酒水与菜肴的搭配有一定的规律性。根据佐餐酒的基本原理，酒与菜总的搭配规律是:风味对等、对称、和谐，为宴会消费者所接受和欢迎。在设计时，一般由预订员推荐，最后则视客人的意见而定。

1. 酒与菜之间的搭配原则

(1)色、香、味淡雅的酒品，应与色调冷、香气雅、口味纯的菜点相配合。

(2)色、香、味浓郁的酒，应与色调暖、口味杂的菜配合。

(3)冷酒对冷盘，爽清相宜。

(4)鱼、贝、海鲜、鲜咸类适宜配饮淡雅的干白葡萄酒，二者交相辉映，互增洁白晶莹的特色。

(5)厚重的牛肉、羊肉、禽、野味类菜肴，适宜配饮浓郁的红葡萄酒，相互映衬，更显浓郁、香馥的风格。烧、烤、大菜可以配红葡萄酒，也可以配香槟酒。

(6)中餐宴会中竹叶青酒专配鱼虾菜肴，状元红酒专配鸡鸭菜肴，加饭酒专配冷菜冷盘，黄酒与河蟹鲜味相投。

(7)咸味菜肴选用干、酸型酒类，甜食选用甜型酒类，辣食选用强香型酒类。

(8)中国菜选用中国酒，外国菜尽可能按其国家的饮食习惯搭配酒水。

(9)佐餐酒以佐为主，酒处于辅助地位。因此配餐的佐餐酒品不能喧宾夺主，抢去菜肴的风头，在口味上不应比菜肴更浓烈或甜浓。

2. 葡萄酒与食物的搭配设计

(1)以某种葡萄酒烹制的菜肴，则选择相同的酒佐餐。

(2)采用某一地区饮食风格，则选择来自同一区域的葡萄酒。

(3)先饮用酸性的酒，再喝口味较清淡的酒。

(4)先饮用单宁酸含量较低的白葡萄酒，再喝单宁酸含量高的红葡萄酒。

(5)先饮用酒龄较短的葡萄酒，再喝长期成熟的葡萄酒。

(6)先品尝清淡的葡萄酒，再饮浓烈的葡萄酒。

3. 常见的葡萄酒与食品搭配组合

(1)海鲜、贝类食物以搭配香槟和不甜的白葡萄酒特别美味。

(2)鱼翅最好的搭配是香槟，当在汤中加上一滴干邑白兰地就更能增添鱼翅的美味。

(3)鸡肉和猪肉口味细微，当使用清淡的调味料或快炒时，香槟和不甜的白葡萄酒是很好的搭配。但若猪肉被烤成“叉烧”，那么搭配一瓶清淡的红葡萄酒将会更好。

(4)如果是熏鸭或烤鸭，可以选择比较清淡的红葡萄酒。

（5）面：以海鲜或贝类为主的面可以选择干白葡萄酒，如果是广东牛肉烩面，则可搭配浓郁丰厚的红葡萄酒。

（6）点心：如果是油炸的点心，搭配香槟和清淡、微甜的白葡萄酒最佳，香槟酒也可用来搭配点心饮用。在选择搭配点心饮用的酒类时，务必留意与点心甜度上的协调，这样才能充分享受到两者口感结合的绝佳风味。

（7）乳酪：食用某一区域的乳酪时，应佐以产自相同地区的葡萄酒。

（二）酒与酒的搭配设计

主题宴会中酒与酒之间的搭配也有一定的规律可循，其设计思路是先抑后扬，目的在于使酒水饮用逐步走向高潮。如果宴会主办者预订多种酒品时，一般的搭配原则是：

低度酒在先，高度酒在后；软性酒水在先，硬性酒在后；有汽酒在先，无汽酒在后；新酒在先，陈酿酒在后；淡雅风格的酒在先、浓郁风格的酒在后；普通酒在先，名贵酒在后；干洌酒在先，甘甜酒在后；白葡萄酒在先，红葡萄酒在后（甜型白葡萄酒除外）。

这样的艺术设计，是为了使宴会中的每一种酒都能发挥其最佳作用，如果高度酒在先，低度酒在后，就会使后者显得寡而淡；如果甘甜酒在先，干洌酒则会染上甜味的痕迹。

（三）酒水与饮料的搭配设计

酒与其他饮料的搭配没有明显的规律性。主题宴会往往根据当地的爱好习惯、口味来搭配，我国民间饮酒常有橘子汁冲啤酒、葡萄酒掺果汁等作法，东欧人则喜欢用水兑酒饮用，英美人喜欢放冰块、冰水释烈性酒后再痛饮 。

主题宴会中除了饮酒外，还搭配一些非酒精饮料，如咖啡、茶、果汁、矿泉水等。

主题宴会酒水的设计是根据客人的生活习惯、要求及餐与饮的最佳搭配进行的，但是，每次设计并不是固定的模式，必须不断创新，开发新模式、新产品，才能使企业获得更大的经济效益。

二、中餐宴会酒水的设计

中餐宴会通常提供中国白酒、白兰地、葡萄酒、啤酒、果汁、汽水、矿泉水等。预订宴会用什么酒，应事先征求客人的意见，由客人确定酒水的品种和数量，餐厅事先准备，按酒水的属性配菜，依据饮用的多少与菜品一并计价。

酒水设计时，要掌握酒水选用原则，酒水的档次应与宴会的档次、规格、寓意协调一致。高档宴会选用的酒品应是高质量的，如在我国举办的许多国宴，往往选用茅台酒，因为茅台酒被称为我国的“国酒”，其质量和价格在我国白酒中独占鳌头，其身价刚好与国宴相匹配；普通宴会则选用档次一般的酒品。否则，低档宴会选用茅台酒，则酒的档次高于整桌菜肴，往往掩盖了菜肴的风采，让人感到食而无味。一般来讲中式宴会往往选用中国酒，不同的宴席在用酒上也注重与其地域相适宜，如接待外地客人的宴会选用本地产的名酒。酒店按照夏，秋季普遍爱喝的啤酒，冬、春季普遍爱喝白酒，四季搭配葡萄酒与果汁的习惯，以及本餐厅经常供应的酒水设计。设计时，要多准备几种酒水组合方案供顾客选择。下面以2005年4月在陕西省政府举办第九届东西部贸易洽谈会暨黄帝岭祭祖活动招待会为例：

(一)斟酒服务人员设计

吧台:按每5桌配备一名酒水员。

主人、主宾:一名业务素质最高的斟酒服务员。

主桌:每5位宾客由一名斟酒服务员斟酒服务。

其他餐桌:每桌设计一名斟酒服务员。

斟酒服务员来源:从陕西省政府综合楼及大唐芙蓉园宴会厅、餐厅抽调业务素质高的酒水服务员。

(一)招待会酒水服务程序与工作标准

(见表7-1。

三、西餐宴会酒水的设计

西餐宴会的特点是用酒丰富，高级宴会一般用5-7种酒，上什么菜，跟什么酒，用哪种杯，都有严格的模式。下面以法式西餐为例进行设计：

1. 冷盘和海味杯、开胃小菜

选择具有开胃解腥开胃酒，也称餐前酒，如味美思、比特酒、干白葡萄酒、雪利酒等。

使用雪利杯，斟酒时，酒杯里倒上冰水。

2. 汤类(potage)

一般不用酒，特殊情况可用一些干型酒，比如干雪利酒、干白葡萄酒，使用雪利杯。

3. 鱼、海鲜类(Plst de Resistauce)

选用酒度较低的白葡萄酒，用白葡萄酒杯。宴会前要事先冰镇酒水。

表 7-1　　招待会酒水服务程序与工作标准

工作程序	工作标准及要求
时间	2005 年 4 月 5 日 下午 6:30
地点	大唐芙蓉园
酒水设计方案	白酒:15 年西凤酒(陕西凤翔) 葡萄酒:李华红葡萄酒(陕西杨凌) 啤酒:汉斯啤酒(西安) 果汁:猕猴桃果汁、圣桑果汁(陕西杨凌) 碳酸饮料:雪碧(西安分厂) 矿泉水:大荔矿泉水,陕西大荔 茶:紫阳银针(陕西紫阳)
准备工作	(1)在宴会厅两侧面设计宴会吧台。 (2)4 月 5 日上午领取酒水。要求将瓶身擦净,注意观察商标是否完整,并从外观上检查酒水质量,如酒水内有无沉淀物、悬浮物、浑浊现象等,瓶身有无破裂。 (3)宴会前两小时要将准备齐全的酒水进行分类,合理地摆放,使其整齐、美观,又便于取用。 (4)准备酒具:白酒杯、红葡萄酒杯、果汁杯各 880 个(其中 10% 的酒杯为备用杯),从右向左依次摆放在每个客位餐碟上方。
斟酒服务的规则	(1)在宴会开始前 15 分钟,服务人员将葡萄酒和烈性酒作为礼酒斟好,以备客人举杯祝贺饮用。葡萄酒斟 1/3 杯,白酒斟 80%。 (2)待客人入座后,根据客人的要求再斟倒饮料及其他酒水,以 70% ~80% 满为宜。 (3)宾主讲话时,服务员要停止一切操作,站在吧前面的位置,并保持肃静。 (4)负责主桌的服务员要事先将葡萄酒斟好,并放在托盘上,当讲话结束时要及时送上酒水,供宾主举杯祝贺饮用。 (5)当主人、主宾离席逐桌敬酒时,服务员可托着酒水,跟随其后 1.5 米左右,以便随时续斟。 (6) 宾客进餐期间,要随时观察每位宾客的酒水饮用情况,见到杯中白酒、果汁只剩 1/3 杯时,要及时续斟。但啤酒却要待客人饮用完后再斟,以免影响口味。 (6)斟酒顺序:从主宾开始,按男主宾、女主宾,再主人的顺序顺时针方向绕桌斟酒。
吧台酒水管理	(1)准备好所负责餐台的酒水。 (2)熟悉宴会提供所有酒水的品名、产地、葡萄酒的年份、特点,以便回答客人的有关询问。 (3)宴会前 30 分钟开葡萄酒瓶,以提高酒品的风味。 (4)为了减少浪费,对于酒瓶内不满一杯的果汁和葡萄酒,可以在吧台兑倒在另一半瓶中,并擦净瓶身。 (5)宴会结束后,负责回收将所有的空瓶或半满的酒瓶,并进行盘店。 (6)负责填写酒水的领料、退料、使用量。

4. 副菜(小盆、又名头菜，Eutees)

选用红葡萄酒，用红葡萄酒杯，外国的红葡萄酒的沉淀较多，开瓶时尽量避免晃动，斟酒时需要滗酒。

5. 主菜(大盆 Plat de Resistauce)

选用干红葡萄酒，其中小牛肉、鸡肉等白色肉类最好用酒度不太高(11 度~13 度)的干红葡萄酒，比如法国布娇莱红葡萄酒、马孔红葡萄酒、波尔多葡萄酒等。牛肉、羊肉、火鸡肉等红色肉类最好用酒度较高的(13 度以上)干红葡萄酒，比如法国罗纳谷地红葡萄酒、圣爱米红葡萄酒、意大利红葡萄酒等。在高档酒会中，香槟酒是跟随主菜的主酒，酒中有充足 CO_2 的气体，开瓶时发出清脆的响声，在宴会上增加隆重热烈的氛围。

6. 甜点(Sweetmeat)

选用巴得酒，用甜酒杯。该酒为深红色的葡萄酒，味甜而酸，有较浓的葡萄味，宜进甜食时使用。除此之外，还可以选托盖酒、赛美伦酒、索太尔纳酒等。

上水果和干酪时，一般不跟酒。

7. 餐后酒

选用利口酒，使用利口杯。利口酒的种类很多，酒度高而甜，有帮助消化的作用。或者跟用威士忌酒、白兰地酒等均可。

四、鸡尾酒会酒水的设计

(一)鸡尾酒会酒水品种的设计

鸡尾酒会以酒水为主，食品为辅。鸡尾酒会的设计主要内容是鸡尾酒和饮料，因为酒会的高低档次不同，宾客数量不等，环境、气候有别，客人的口味、酒量各异，故供应酒品的种类、数量的差异较大。

就调酒师而言，准备适量的下列酒水为宜：白兰地、威士忌、伏特加、兰姆酒、金酒、味美思、利口酒、葡萄酒、香槟酒、啤酒等。中国酒还可以准备汾酒、茅台酒、竹叶青酒、三花酒、五加皮酒等。非酒精饮料有番茄汁、橙汁、柠檬汁、菠萝汁、汽水、矿泉水、姜汁、可乐、苏打水等。

在鸡尾酒会上，大多数酒是用来调制鸡尾酒的，一般非酒精饮料以单饮的方式服务于宾客。调制鸡尾酒时，要注意符合当地宾客的口味、心理特征。如中国鸡尾酒在口味上，大多数饮酒者喜欢酸甜型鸡尾酒，并有向“半干型”酒类发展的趋势；在色泽上，多数人比较喜欢水果的颜色；在香气上，中国鸡尾酒同样体现了基酒的特色，即浓香、清香、米香、酱香和复香(兼香)等。

(二)鸡尾酒人均消费数量定额

鸡尾酒人均消费数量定额是指在一次主题宴会消费活动中，每位就餐者平均消耗酒水的数量。精确的酒水消耗预测，可以帮助我们避免两种现象：一是当预测数低于应该消耗的数量，酒会刚开始，吧台上的酒水空空如也；另一种现象，酒会即将结束，勾兑好的鸡尾酒堆积如山。造成这种现象的原因是多方面的：

1. 人均消费量与酒会活动时间、人数的对应关系

一家餐饮研究机构对鸡尾酒会进行调查统计，综合出人均消费量、活动持续时间、和参加人数之间的关系，如表 7 - 2 所示。

我们从上图中可以至少得出两个结论：一是参加活动的人数越多，特定时间内的食物消耗量则呈下降趋势；二是活动延续的时间越长，消费的数量在同一单位时间计量段内则越少。

表 7－2　　　　　鸡尾酒会酒水消费统计表

用量＼时间 人数	30 分	45 分	1 小时	1 小时 15 分	1 小时 30 分	1 小时 45 分	2 小时
20～50 人	2	3	3.25	3.5	3.75	4	4.25
55～100 人	2	3	3.25	3.5	4	4.25	4.5
105～200 人	1.75	2.25	2.75	3.25	4.25	4.5	4.5
225 人以上	1.5	2	2.5	2.25	2.25	3.75	4

2. 人均消费量的多少同菜单内部结构存在着密切关系

每一份菜单都会有不同的结构，在不同的菜单结构情况下，人的消费量会发生变化。鸡尾酒会提供的餐饮品共分饮料与佐饮品两大类：佐饮品往往是小点心之类的食品，如果佐饮品的小点心以咸食为主，饮料销量便可能会增加；佐饮品小点心的数量、种类丰富，饮料消费量就可能下降。

经过对鸡尾酒会上所用的饮料和佐饮品的小吃的调查统计，得出以下结论：鸡尾酒会应为每位宾客准备 4～5 杯酒水，佐饮品应以咸点心为主。

人均消费量定额的确定还应考虑到顾客的构成和心理因素：如顾客的年龄、身份、职业、性别、消费动机等。酒会开始时，服务员应巧妙地让客人了解酒会供应的鸡尾酒和单饮饮料的种类和特色。如果客人没有具体要求，可按常规同时送上几种酒水，给客人一个直观的选择机会。

五、冷餐酒会的酒水设计

冷餐酒会作为正餐，食物极为丰盛，除冷菜外，还有热菜，菜肴、点心可达 40～50 种。国内的冷餐酒会供应的酒水多采用“中西合璧”方式。中国酒水有茅台、汾酒、白葡萄酒、红葡萄酒、可乐、矿泉水、汽水、啤酒。外国酒按要求提供金酒、白兰地、威士忌、伏特加、兰姆酒、味美思、利口酒、葡萄酒、香槟酒、啤酒等。

冷餐会酒水按实际消耗计，可事先准备 3～10 种，或配置一些鸡尾酒。

[案例 7－1]　埃斯科菲耶晚宴酒水设计与酒水服务程序

一、酒水员工作程序

1. 酒水员的检查清单（见表 7－3）

表 7-3 酒水清单

酒名	领取酒水量	使用酒水量	剩余酒水量
酒会			
Moet et Chandon Brut	______	______	______
Beaujolais Blanc	______	______	______
LilletBlanc	______	______	______
Crème de Cassis	______	______	______
晚宴			
Corton Charlemagne	______	______	______
Chateau Lafite Rothschild	______	______	______
Bonnes Mares	______	______	______
Chateau Climens	______	______	______
V. E. P. Chartreuse	______	______	______
Cognac Hennessy Bras D'Or	______	______	______
Liqueur de Poire	______	______	______
Crème de Menthe	______	______	______
酒水负责人	______________ 组# ______ ______________ 组# ______		

2. 酒水员工作职责

(1)酒水员将对所有的酒水负责，应重点保管好葡萄酒，烈性酒、香槟酒。

(2)所有葡萄酒必须在星期五晚上(4 月 27 日 19 时)，用冰箱冷藏起来。

(3)开瓶器将由酒水员提供。

(4)所有酒将由酒水员发出。

(5)为了严格执行酒水控制制度，在宴会服务中，所有用过的饮料空瓶应返还给酒水员;宴会结束后，服务员必须将空瓶和半满酒水的酒瓶子也返还给酒水员。

(6)酒水员不允许喝宴会酒水，也不能向任何其他工作人员提供任何酒，包括指挥者在内。

(7)必须保存好饮料发放和收回的清单。

3. 晚宴酒水发放顺序

(1)科尔通 · 夏勒芒白葡萄酒(Corton Charlemagne)

(2)拉菲特酒(Chateau Lafite Rothschild)

(3)博讷马尔酒(Bonnes Mares)

(4)克莱门斯葡萄酒(Chateau Climerns)

二、酒水服务人员工作程序

1. 斟酒员的位置和对斟酒员的要求

(1)斟酒员负责所有斟酒的服务。

(2)所有上酒服务的指令都由指定的主管传达。

(3)准备好所负责餐台的酒水。

(4)熟悉宴会提供所有酒水的品名、产地、葡萄酒的年份、特点，以便回答客人的有关询问。

(5)斟酒时，要注意酒水的冰镇、开瓶、滗酒、斟酒动作规范。斟倒时要做到斟、停、转、收四步骤。

(6)斟葡萄酒时，只倒1/3杯满。

(7)客人用餐时，要随时注意餐桌客人饮酒情况，随时为客人添酒。

(8)负责将所有的空瓶或半满的酒瓶子交回酒水员。

2. 酒水服务员分工表(见表7－4)

表7－4　　餐桌服务

主台负责人：＿＿＿＿＿＿＿＿服务员1、2号桌

＿＿＿＿＿＿＿＿服务员3、4号桌

＿＿＿＿＿＿＿＿服务员5、6、7号桌

＿＿＿＿＿＿＿＿服务员8、9、10号桌

重要宾客酒水服务：＿＿＿＿＿＿＿＿服务员1、2号桌

＿＿＿＿＿＿＿＿服务员3、4号桌

三、酒会工作程序及标准(表7－5)

表7－5　　酒会服务程序与工作标准

工作程序	工作标准及要求
时间	20 年4月28日 下午5:00 (F)
酒水服务人员	10个司酒的服务员
地点	宴会酒吧
准备	两个酒吧设计的酒水： 法国英耶特·香敦酒 波尔多红葡萄酒、博若莱红、白葡萄酒(法)、利莱白葡萄酒(法) 基尔酒(鸡尾酒)－加两份奶油调味液，需1/3杯的白葡萄酒
酒吧设备	(1)75只高香槟酒杯 (2)75只白葡萄酒杯(8.5盎司) (3)1包鸡尾酒餐巾纸 (4)烟灰缸 (5)3个酒篮 (6)11个托盘
说明	(1)所有玻璃器皿都要蒸汽燕擦拭清洁。 (2)酒吧在20XX年，4月27日(星期五)布置好。 (3)香槟酒和葡萄酒应在4月27日(星期五)放在冰箱里。 (4)所有饮料仅在吧台提供。 (5)所有服务员在招待会上都要清洗用过的酒杯以及科克酒吧托盘。

四、晚宴工作程序及标准(表 7-6)

表 7-6　　晚宴酒水服务程序与工作标准

工作程序	工作标准及要求
时间	20 XX 年，4 月 28 日 下午 6:00　　(F)
酒具	法国埃斯科菲酒具:白葡萄酒杯 、红葡萄酒杯
斟酒服务的规则	(1)科尔通·夏勒芒白葡萄酒(Corton Charlemagne)——. 斟酒员在主管指示后，要在汤撤下后和鱼上来之前上酒。要往离盘子最近的白酒杯里倒 1/3 杯。 (2)拉菲特酒(Chateau Lafite Rothschild)——要在鱼撤下后，主菜(羊羔肉)上来之前上酒。主管指示后，推车生与一名服务员收走用过的白酒杯，斟酒员斟第二杯酒 - 拉菲特酒。 (3)博讷马尔酒(BonnesMares)——要在冰霜(Granite)撤下后和乳酪上来之前上酒。斟酒员将博讷马尔酒倒入红酒杯中。 (4)克莱门斯葡萄酒(Chateau Climerns)——要在干酪撤下后和甜品上来之前上酒。应注意盛有拉菲特酒的酒杯和另一只盛有博讷马尔酒的酒杯子将一直等到上甜品时才被同时撤下。
服务要求	(1)每个桌边要有两位服务员，一位斟酒员，每两个桌子要有一名推车生和一名宴会服务主管。 (2)主管应该给所有的服务员、推车生和斟酒员以指导。 (3)在不需要服务时，男/女服务员要站在指定地点，双脚微微分开，手要背过去。

[案例 7-2]

留住回头客

餐饮企业怎样才能留住回头顾客呢？我们不妨看看台湾台中一家餐厅的成功做法。这家老板为了吸引住顾客，推出了一条独具匠心的促销方法，即为每位经常光临该店的顾客设置专用咖啡杯，而且每个专用杯上都绘上顾客自己的肖像漫画。这既是一种标记，又是一种纪念品。此法一推开，该店立即名声大振，回头客是越来越多，生意越做越红火。销售额也直线上升。

[评析]

这家餐厅促销的成功做法，给了我们哪些启示呢？其一，餐饮企业促销的酒水产品或服务的品质要有保证，这使顾客产生满意而吸引顾客的最起码条件。相对于饮食服务业来说，保证卫生是顾客最基本的要求。如果不设置专用咖啡杯，一个酒杯被多人使用，即使经过消毒处理，顾客对其卫生标准是否过关也会心存疑虑。而为顾客设置专用杯子，则消除了顾客的这种疑虑，符合人们越来越讲究卫生的生活习惯，使顾客在消费的过程中，就像在自己家里一样放心；其二，主题宴会的促销方式要有文化品味，提高促销酒水产品或服务的文化附加值，这是情感消费时代顾客对酒水产品或服务的更高要求，漫画咖啡杯的促销方式，正是迎合了情感消费时代顾客的这种心理。该店老板巧妙地将漫画这种为大众所喜爱的艺术形式融合到促销方式之中，顾客边喝咖啡，边欣赏自己的漫画肖像，获得了艺术美的享受和心理的愉悦；其三，成功的促销活动要善于揣摩和满足顾客的心理，善于沟通餐饮企业与顾客之间的情感。留住老顾客，并使其成为餐饮企业的义务推销员，介绍新顾客，这也是餐饮企业开展促销活动的目标。但最为主要的启示是：情感消费时代是文化促销的时代，是情感促销的时代，餐饮企业应当注重“以文化兴商，以情感促销”。

[案例 7－3]

啤酒到底多少度

某饭店中餐厅开宴后，实习生小刘立刻上前招呼，送上茶和香巾，又送上了饮料和啤酒。其中一位女宾说她想喝点啤酒，转身问小刘，这里的啤酒是多少度。小刘只知道度数不高，但准确的酒度她不知道。这时，小刘灵机一动，注意观察托盘上啤酒瓶的商标，见上面标着 11° 的字样，就告诉那位女宾，“啤酒酒度是 11°”。女宾一听连连摇头：“度数太高，我不要了，下午还有事。”旁边的一位男宾说：“哪有那么高的度数？给我看看。”边说边接过啤酒，看了看对小刘说：“这上面标的 11° 不是酒精度，而是麦芽汁的浓度。”又指着下面一个小字告诉小刘：“这才是啤酒的酒度，是 3.5 度。”小刘站在一旁感到非常不自在。

[评析]

服务员为宾客提供满意的服务，不但要有热情、礼貌、周到的服务态度，还必须有丰富的业务知识和娴熟的技能。尤其业务知识要有一定的广度与深度，不能只知其然，不知其所以然。提起啤酒，大家都知道是一种广为饮用的低酒精度饮品。通常啤酒酒精含量在 2%～5% 之间。啤酒商标上标明的 9～12° 是指所含麦芽汁浓度。这是两个完全不同的概念。由于实习生小刘对酒水知识了解很少，不能准确的向客人介绍，引起客人不满，且不利于推销。这足以说明，做好服务工作，掌握广博的业务知识是非常必要的。

【复习思考题】

1.主题宴会酒水设计作用是什么?

2.叙述主题宴会酒水设计的原则。

3.根据酿造方法和酒精含量可将酒水分为哪几类?外国蒸馏酒又分为哪几类?

4.如何进行主题宴会斟酒服务?

5.非酒精饮料有哪些种类,各自有什么特点?

6.茶的主要功用是什么,有哪些特点?

7.如何根据茶类选择茶具?

8.泡制茶叶的七要素是什么?

9.咖啡的特点是什么?世界单品咖啡的名品有哪些?

10.如何设计鸡尾酒会的酒水品种?确定人均消费数量定额?

11.某校将在6月份举办毕业展示会,旅游管理专业承办2000名毕业生的晚宴,人均酒水消费额为15元。你若是本次宴会部的经理,你将怎样进行宴会的酒水设计?怎样组织这次宴会酒水服务?

第八章　宴会成本核算与控制

● **本章提要**

宴会成本核算与控制是一个复杂的管理过程，它贯穿于整个宴会生产经营活动始终。没有宴会成本控制与核算，企业就不会赢得较高的利润水平，饭店的经营目标和任务也就难以完成。为此，我们围绕宴会的成本，从其具体控制、菜单定价和具体核算等几个角度出发，对其进行必要探讨与研究，以期能发现核算控制成本的真谛。

● **学习目标**

1. 了解宴会成本控制核算的一般思路。
2. 理解宴会成本核算意义和作用。
3. 掌握宴会菜单定价方法和宴会成本的具体核算。

宴会是人与人之间进行社交活动的重要形式。它以灵活多变的方式，祥和热烈的气氛，轻松欢快的节奏，庄重高雅的礼仪，被广泛运用在政治、经济、文化等社会生活当中，成为我们互通友谊，传达信息，解决纷争，交流感情的重要方式。

第一节　宴会成本的控制

在现代经济社会中，宴会活动的举办往往与商家的生产经营活动密切相关。从生产经营角度来看，宴会活动反映了特殊的市场需求。饭店餐饮部门通过宴会的生产经营活动，来达到满足广大顾客消费需要的基本目的，以期实现经营利润，提高企业的经济效益。企业经营利润的实现是以营业收入的提高和餐饮成本的控制为前提的。具体到宴会经营上来讲，就是宴会活动收入的增加及其成本的有效控制。收入的增加及成本的有效控制为进一步拓宽利润空间奠定了基础。下面我们围绕宴会成本，重点探讨一下在宴会生产经营过程中其成本是如何得到科学全面控制的。

其实，宴会成本的控制贯穿于宴会生产经营活动的全过程。

一、宴会成本的构成及控制内容

(一)宴会成本的构成

所谓宴会成本,是指宴会生产经营过程中的全部消耗。主要包括原材料成本,人工成本和其他成本三部分。

1. 原材料成本

在宴会生产经营中要消耗大量的食品原料和饮料产品,它们的价值随着生产经营活动的进行转移到宴会产品价值中去,并在宴会产品实现销售收入时得到补偿,这个消耗转移并得到补偿的成本价值就是我们这里所要探讨的宴会原材料成本。其实,原材料成本在整个宴会成本中占的比例最大,它是宴会部门的主要支出。据实际测算,我国餐饮原料的成本率在45%左右,与一般普通餐的原料成本率相比是比较低的,这主要是因为宴会生产经营中,原料的综合利用率较高所致。

2. 人工成本

人工成本是指在宴会生产经营活动中耗费的人工劳动成本。它主要包括工资、福利费、劳保、服装费和员工用餐费用等。人工成本和原料成本一样,都属于宴会成本控制的主要对象。从宴会成本构成上来看,我国目前餐饮业中人工成本的比率占到营业收入的20%左右,其可挖掘的潜力比较大。

3. 其他成本

宴会成本中扣除原材料成本和人工成本后,剩余的成本部分就是我们这里探讨的其他成本。其他成本内容构成比较杂乱,主要有宴会生产经营过程中消耗的物料用品成本、燃料、水电费、低值易耗品的摊销、固定资产折旧、商品进价和流通管理费用以及其他支出费用等内容。

(二)宴会成本的分类及特点

为了加强对宴会成本的控制与管理,利用科学的分类标志,对其进行合理的划分和分类,有助于我们根据不同成本性质特点,采取不同的成本控制策略,提高宴会成本控制水平,实现企业经营目标利润。

1. 按宴会成本的可控程度划分

可以分为可控成本和不可控成本。可控成本是在指宴会成本管理中,通过部门职工和管理人员的主观努力可以控制的各种消耗。如原材料成本就是一种可控成本。职工和管理人员在宴会生产经营的各个环节,加强控制,认真管理,则食品成本就会发生变化。不可控成本是指通过部门职工和管理人员的主观努力很难加以控制的成本开支。如劳动工资,固定资产折旧等费用和利息,都属于不可控成本。即使通过部门人为的努力,在一定经营时期也是很难改变的。

可控成本和不可控成本的划分为宴会管理中的成本控制提供了理论根据,它可以引导宴会管理人员将成本控制的主要精力放在可控成本的控制上。具体来讲,就是把主要精力放在宴会原材料成本的控制上。这是因为原材料成本在整个宴会成本中所占的比率最大，控制起来其效果最为明显，从而使成本消耗得到有效控制，经济效益得到提高。而对于那些在短时间内无法改变的不可控成本，则可相对地减少控制精力，从而做好整体的宴会成本控制工作。

2. 按成本性质划分

按成本性质划分，成本可分为固定成本、变动成本和半变动成本。固定成本是指在一定时期和一定经营条件下，不随宴会生产和销售（业务量）的变化而变化的那部分成本。如固定员工的工资、设施设备折旧费等。变动成本则是指在一定时期和一定经营条件下，随产品生产和销售量（业务量）的变化而变化的那部分成本。在宴会成本构成中，食品原材料成本，水电费，燃料消耗，洗涤费等，均属于变动成本。半变动成本是由固定成本和变动成本两部分组成，它介于固定成本与变动成本之间，其总额既随业务量变化又不成正比例的那部分成本。如人工总成本，水电总费用等。半变动成本实质上是一种混合成本，既有变动的部分，又有固定的部分。我们这里就以人工总成本为例探讨一下这个半变动成本。宴会的人工总成本是由临时工人工资和固定工人工资两部分构成的。固定工人工资不随业务量的变化而变化，它属于固定成本部分；而临时人员工资随着业务量的变化而变化，它具有变动的性质。所以人工总成本是一个既有固定性质又兼有变化性质的混合成本。

按照成本性质对宴会成本进行划分，有助于宴会管理人员根据成本与业务量的依存关系来分清成本的性质，引导宴会部门经营者把成本管理的重点主要放在变动成本上，采取各种措施，控制其成本消耗。从成本结构上来看，变动成本所占比重较大，对目标利润的实现影响最为直接，它们发生额的大小直接与管理控制人员对成本控制的效果密切相关。抓住关键问题，抓住主要成本，就成为宴会成本控制的关键；而固定成本对宴会产品的产销量影响很小，管理人员完全可以节省精力，把心思放在可控成本的控制上，即变动成本的控制上。对于半变动成本，我们可以借助一定的方法，对其进行分解。变动部门可参照变动成本的控制思路进行管理，固定部分则可依固定成本控制方法进行把握。

在宴会成本控制中，我们要结合宴会生产经营的特点，把成本控制工作落实到生产经营活动过程中的每一个环节，防止出现成本泄漏点。针对宴会生产经营活动中间环节多，成本控制点多，我们要在每个环节上建立成本控制责任制，利用岗位成本责任制把成本控制与岗位管理结合起来，建立宴会成本控制体系，为防止成本泄漏在不同环节上出现奠定科学的基础。

（三）宴会成本控制系统

宴会成本控制系统是针对不同环节上的成本控制建立起来的。为了有效地控制宴会成本，针对宴会生产经营活动中环节多，控制范围广的特性，我们按照宴会成本控制要求，把具体的成本控制划分为两大部分，即生产经营控制和生产要素控制。并在此基础上把它们细化到不同阶段，不同环节上。这样确保不同阶段，不同环节上的成本得到应有地控制，防止和杜绝成本泄漏，实现对宴会成本的全面控制。宴会成本的控制系统，我们可以借助图 8－1 来表示。

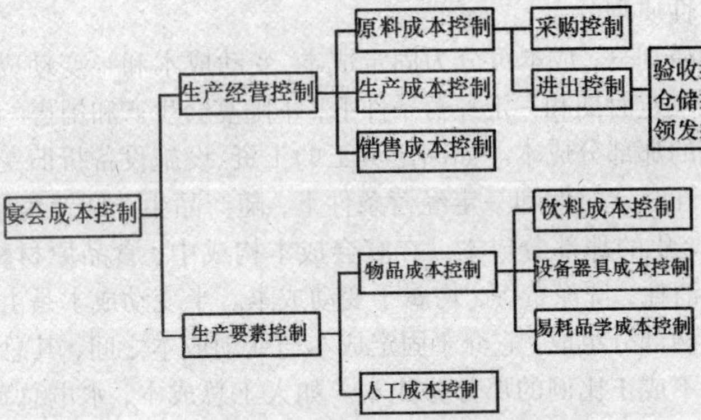

图 8－1　宴会成本控制系统简图

借助宴会成本控制系统，可以较好地完成宴会成本的全面控制。在进行成本全面控制的同时，还要抓住主要成本因素，即食品原料成本。我们在制定指标数额、确定岗位要求、明确人员责任时，要紧紧围绕成本控制系统的结构，把控制任务数量化、具体化，建立与之相应的成本控制中心和责任中心，并在此基础上运作和循环，达到科学全面的成本控制目的。

二、宴会成本控制方法分析

宴会成本的控制是借助一定的方法来完成的。所谓方法就是解决和处理问题的一种思路和程序。利用相应的思路程序，从不同环节、不同角度出发，抓住主要成本进行全面分析和控制，力求在生产经营控制和生产要素控制两个方面取得全面控制效果。

(一)原材料成本控制

1. 菜单计划

宴会菜单是宴会生产经营工作的指挥棒，它的计划设计是饭店餐饮计划管理工作的重要体现。通过宴会菜单计划，科学调配餐饮部门的人、财、物等资源要素，合理组织宴会生产经营活动。具体来讲，就是在制定宴会菜单计划时，要从固定菜单、变动菜单的具体品种出发，结合原材料的市场供应情况和价格变动状况，适时地调整所选用原材料的品种，特别是要把握各种食品原料出产的季节性，在不影响菜品质量特色的前提下，有效地控制原料成本。通常是采用事先设计各式标准菜单，来完成此项事宜的。

2. 生产经营上的成本控制

由于宴会生产制作过程复杂，成本控制环节多，较易形成成本泄漏点，影响宴会成本的控制。因此，宴会成本控制就要根据业务管理过程来进行，主要是从以下环节来实施控制的：

(1)采购环节的成本控制

采购是原材料成本形成和成本控制的起点。饭店采购部门根据宴会生产的实际需要，合理选购各种原材料。在价格控制上，及时掌握市场行情，减少流通环节，真正做到货比三家，价比三家，适时、适地、适量地采购各种食品原料。利用“一次停靠”、“集中采购”等方法，严格控制材料成本和人工费用，合理选择不同加工程度的原料，适应宴会生产要求，使宴会综合成本趋于最低。同时，还应根据宴会生产要求，借助原材料采购规格书，对原材料的数量、价格、质量加以控制。

另外，在采购过程中还要保证正常的生产供应。对于不同种类的原材料，应采用不同的方法加以控制。鲜活原料的采购，通常采用日常即时采购法和长期订购法，科学处理采购费用成本与原料采购价格的关系，防止造成此环节上成本泄漏的出现，以免影响生产，造成不必要的成本浪费；对于可储存原料的采购，则采用定期订货法和永续盘存卡订货法来进行控制；对于那些大宗原材和贵重原材的采购，要由专门的部门和人员负责，采用重点控制的方法进行管理，从而突出对关键因素的控制。

(2)验收环节的成本控制。

原材料验收要借助一定的验收工作体系来完成。验收工作体系是由验收人员、验收制度、验收设备等几部分构成。不同的系统内容，在具体工作中发挥着不同的作用，各部分共同协作来完成对订购原料的确认，使得原材料的质量、数量、价格与订购要求保持一致。在具体查验过程中，要严格验收制度，利用制度来规范验收操作程序，培养建立良好验收操作习惯。针对有些原材料易发生短斤缺两，以次充好，要重点进行点验；对易发生纠纷的原料建立专门的处理程序，由专人负责；对出现的折扣、折让，要严格控制，确保成本控制工作的安全到位。

(3)仓储收发环节的成本控制

储存一定数量的原材料，是为了确保生产正常、均衡、不间断的进行。而储存一定数量的原材料必然引起成本费用的发生，通过储存成本控制，降低库存资金的占用，减少各项费用支出，加快资金周转，节省成本开支。在仓储管理中，要制定食品和饮料的库存资金占用计划，利用计划来控制库房成本。另外,还可利用库房标准成本与实际成本进行比对，借助差额进行控制。在控制中，要抓住那些价格高，存量大的原材料进行重点控制。

在领发料环节上，要建立健全各种控制制度，严格制定和执行收发料环节上的岗位责任要求，针对不同种类的原料，采取不同的发料方法。一般说来，鲜活易腐原料采取直拨的方式来进行，这样既可以减少不必要的环节和费用，又能确保原材料质量新鲜可靠，成本会计师只需查阅每天验收日报表，便可快速确定直接原料成本；而可贮存原料则采取库房发料的方式来完成。在库房发料过程中，要充分发挥各种领料单、发料单的作用，利用不同的联次和栏目内容，控制发出原料的品种、数量、金额，明确相关人员责任，建立严格的签字制度，使此环节上的成本控制和监督落在实处。

(4)生产环节上的成本控制

生产环节上的成本控制是以厨房为基础，以食品原材料为对象，根据实际成本消耗来进行。为了有效地控制成本，可根据厨房生产的花色品种，事先制定标准成本；然后每天做好生产和销售的原始纪录，结合统计分析，与标准成本进行比较，确定成本差额；利用成本差额进行探讨研究，及时发现生产管理中成本消耗存在的问题，找出原因，提出改进措施，从而有效地控制成本。一般来讲，成本差额分析是以成本率差异来进行的，最好控制在正负1%～2%左右，若出现偏差，则需查明原因，对其实行专项控制。其实，上述方法正是“三标准”成本控制方法的体现。所谓“三标准”就是：第一，标准分量，即在菜肴配份上分量标准化；其二是标准菜谱。如前所述就是利用各种食品菜肴的标准配方卡，对相关的食品菜肴所需原料、配料、调料的准确数量，制作成本，烹调方法，售价等进行反映，并以此制作成为标准成本进行控制。其三是标准采购规格。这主要是对采购原料的规格、质量、重量、价格进行规范，它属于采购环节的成本要求，在此就不赘述了。总之，生产环节上的成本控制是贯穿于整个生产活动过程当中的。

(5)销售环节上的成本控制

宴会销售成本的控制主要包括促销成本控制、现场服务成本控制和销售收入控制。促销成本是指餐饮企业开展促销活动所花消各种费用的总和。促销活动涉及面广、成本漏洞点多，容易造成本失控。所以在进行促销成本控制时，首先要正确选择市场定位，明确其目标市场；其次是有效地开展促销活动。不同时期、不同餐厅所采取的促销措施均不同。针对顾客不同的情况建立客户档案，利用计算机对客户进行科学管理。总之，在促销活动的有效性上做文章，把饭店的经营特色、服务内容、服务手段等介绍给消费者，在保证促销效果的前提下，最大限度地降低促销成本。现场服务成本控制是对现场生产、现场消费所发生的费用进行的控制。具体控制是从现场发菜、现场服务和现场推销三个环节来展开的。在发菜环节上，科学设计领发菜肴的步骤和程序，有效控制上菜的速度和时间，避免点菜差错，为增加收入降低成本奠基；在现场服务环节上，通过优质、细微、具体的服务，稳定客源，最大限度的满足客人的合理需求；在现场推销环节上，利用已有的餐厅服务人员开展形式多样的推销活动。每天通过销售人员会议设计谋划推销产品的方法，交流推广各种推销技巧，定期对销售人员的工作实绩进行评估，并进行适当的奖励，以调动工作人员的积极性。销售收入的控制主要是围绕收入来进行的。这是因为收入流失的可能性大，漏洞比较多，加强对收入的控制，其实质就是对销售成本的控制。具体来讲，就是利用会计凭证、岗位责任和运作程序建立收入控制体系，借助标准收入制度对实际收入进行控制和反映，寻找收入控制的漏洞，防止贪污和逃账，为有效控制成本服务。

(二)人事费用消耗的控制

人事费用消耗控制的重点应放在奖金消耗和临时工工资消耗上。众所周知，宴会厅的生产经营具有较强淡旺季差异和销售的不稳定性。在正式员工相对稳定的条件下，他们的工资水平相对来讲是较为固定的，基本上属于固定成本费用，它们不受业务量大小的影响；而经营奖金与临时人员工资则大大受制于宴会经营的淡旺季的转变，受制于业务量大小的变化，是人事费用中变动成本的体现。我们首先来谈谈临时人员工资这部分费用消耗。在宴会经营旺季，一般都处在节假日，营业量常常达到高峰，工作量增加，需要大量的临时人员，这时工资费用就会增加，即随着业务量的增加而增加；相反，到淡季，由于业务量的减少，工资费用也会变小。这些人员主要包括宴会服务员，洗碗工，厨师及厨工。他们基本上都是宴会厅根据宴会预约来确定的。当然，在使用临时工要尽可能定时雇佣，挖掘半职临时工的工作潜力，提高工作经验和服务技术水平，降低费用成本。除此之外，还要加强临时工的技术培训，合理确定对临时工的雇佣时间，针对宴会经营的淡旺季，实行弹性工作制，从而把临时人员工资消耗降到最合理之处。

其次，我们再来探讨一下经营奖金问题。经营奖金是与经营状况、经营效益直接挂钩的一种人事费用，它是根据宴会部门的经营业绩和生产经营人员的工作贡献情况来确定的。说到底，它是一种以业务量为基础而变化的费用。业务大(经营业绩好)，则经营奖金的量就大；业务小，自然经营奖金的数量就小，它们之间存在着这样一种变化关系。为了实现对它们的控制和管理，我们仍然可以借助标准成本的方法，进行分析和对比，利用差额把握问题的关键，最终实现对成本控制和监督。

(三)水电燃料与事务费用的控制

宴会规模通常较为宏大，动辄便有数百人前来就餐，其间各种成本费用的发生，也就成为必然的。如水费，电费，燃料费便成为其他成本费用的主要内容。鉴于上述情况，我们还必须对其进行细致全面的分析研究。针对宴会生产经营过程中所使用的设备设施，从其具体操作要点说明其成本费用的控制。

1. 在照明设施方面，结合厨房及宴会厅的实际情况，合理确定灯光的开启关闭时间；对于重点区域要加大节约力度，尽可能使用各种节能灯具，使用空调的冷气开关应采用分段调节式，以达到有效节能的效果；对于其他耗电设施如洗碗机，冷柜等尽可采用节能操作方式，建立专人责任制，节约用电。另外还需注意一点，对时用时停的设施，应用时开启，无用时关闭，防止不必要的浪费，减少电器的“睡眠”耗电。

2. 在水的使用上，尽可能使用节水器具。

3. 在费用的计量方面，采用科学先进的计量手段，以各营业部门作为费用控制中心，加装分控装置，认真反映考核各单位设施使用的控制成效，让计量数据说话。

4. 要注意宴会生产经营过程中器皿耗损费用的控制。

总之，通过上述四个方面，我们可以有效地控制成本，减少成本管理过程中不必要的成本消耗，最终达到提高营业利润的目的。

第二节　宴会菜单定价

宴会产品的销售价格，是人们较为关心的敏感问题。由于宴会种类繁多，规格不一，选料要求不同，加之各饭店各宴会厅的设备条件、烹调技术、销售服务质量各不相同，很难由国家统一定价，因此人们只能从企业实际消耗出发，结合行业状况，利用价值规律，合理确定宴会菜单价格，为宴会经营服务。

当然，宴会菜单定价是一门技术很强的工作。

一、宴会菜肴的价格构成

任何产品的价格都是以价值为基础的，宴会菜肴的价格也不例外。宴会菜肴的价值是由三部分构成，用公式表示即为：

宴会菜肴价值 = 生产资料转移价值 + 劳动力价值 + 积累

在价值向价格转化的过程中，生产资料中的原材料价值转化为产品成本，剩余的生产资料价值与劳动力价值转化为流通费用，积累表现为税金和利润，这样宴会菜肴价值就转化为菜肴价格，用公式表示为：价格 = 产品成本 + 流通费用 + 税金 + 利润

在餐饮经营过程，为了计算方便，习惯上将流通费用、税金和利润合并为毛利，因此上述公式可以简化为：

菜肴价格 = 原料成本 + 毛利

这是菜肴价格计算的基本公式。

二、宴会菜单定价原则

宴会菜单定价是宴会经营的重要工作内容，是一项十分严肃的工作，在进行宴会菜单定价时应严格遵循以下原则：

（一）按质论价，优劣分档

由于宴会产品种类比较繁多，档次规格不一，制作过程中选料存在很大差异，加之各饭店餐厅的设备设施，加工技术水平，服务质量，销售程序各不相同，这就为按质论价，优劣分档奠定了基础。其实，优质优价，分档定价是价值规律在餐饮定价活动过程中的客观体现。在确定菜肴价格时，要从价值规律出发，对优质产品，优等设施，优良就餐环境和优等服务，制定较高的价格水平；对于基本情况相同产品则制定相同的价格。

(二)满足市场，把握供求

为了满足市场需求，我们不妨把市场进行合理划分。划分的目的就是为了了解和满足不同层次顾客的消费需要。对消费档次高的顾客，我们向其推出优质产品，高雅服务，良好舒适的就餐环境，此时价格可以定高些；而对于一般顾客，则可向其提供物美价廉、经济实惠的产品，满足其消费。通过科学合理的划分，适应市场需求，满足不同档次顾客消费，真正把菜品的定价与市场需求，供求关系结合起来。

当然，在进行市场划分时，应选择合理的划分标志。通过划分标志突出不同档次市场需求的特征。针对各档次的市场需求，提供不同菜肴产品和服务，制定出适合不同档次顾客消费需要的价格水平。价格已经确定后，还须依据市场行情，供求情况对其进行合理科学的调整，让价格水平与供求状况基本保持一致。

(三)既要相对稳定，又保持灵活

上述原则，实质是对价格变化的辩证反映，既稳定又灵活。所谓稳定是相对而言的，主要是指价格在变动时，不能过于频繁。价格频繁变动时往往给消费者带来心理上的压力和不可信感，甚至会挫伤消费者的购买积极性。所以，价格一经确定后，要保持一定期间内的稳定性，不要随意乱调价;而灵活性，是指在相对稳定的前提下，价格也可根据实际情况作适当的调整。通过价格的调整来调节市场供求关系，利用产品的季节性，淡旺季变化的特征，制定出符合市场要求的各种定价，如季节价，优惠价等，最大限度地满足市场需求。当然，价格在变动时，注意要把握一个度的问题。这个度的确定始终要以顾客的接受程度，价值规律的具体要求为限度。

(四)合理调节，适应竞争

价格是调节市场供求关系的经济杠杆，也是参与市场竞争的有力武器。随着我国旅游经济的发展，餐饮市场迎来了前所未有的历史发展时期。伴随着餐饮市场的发展变化，企业之间的竞争也愈来愈激烈。广大企业为了赢得市场份额，提高产品的市场占有率,往往采取调节价格的方式，参与市场竞争，利用价格优势吸引广大消费者。特别需要强调的是企业常常利用价格营销策略和技巧扩大销售，掌握市场竞争主动权。

(五)严格执行国家政策，接受物价部门的督导

宴会菜单的定价必须符合国家的价格政策，在国家政策允许的范围内合理地确定毛利水平。宴会菜肴价格的制定，要认真贯彻按质论价、分等论价、时菜时价的原则，以科学合理的成本、费用、税金和利润来制定产品售价。同时，也要主动接受物价部门的监督和指导，维护企业信誉，为消费者服务。

三、宴会菜单的定价方法

宴会菜单的定价方法比较繁多，企业可以根据实际需要灵活选用。既

可以单一方法独立使用，也可以几种方法相结合综合使用。总的来讲，方法的选择要以企业具体需要为基点，合理选择和组合。常见的宴会菜单的定价方法有以下几种：

(一)随行就市定价法

随行就市定价法是一种以同类同档次餐饮企业的价格为参照依据的定价方法，它具有简单，易操作的特性，被一些企业常常应用到实际餐饮经营活动当中。在参照其他企业的价格实施定价时，注意应选择成功的宴会菜单为依据，这样可以有效地避免将失败的范例用于本企业的经营活动之中。

“随行就市”的本意就是强调价格的灵活性。根据不同时期，不同季节，不同时段及节假日情况，灵活制定产品的销售价格，如返季节蔬菜、瓜果，清明前长江中下游的刀鱼，金秋十月江南的大闸蟹等。由于料稀质美，价格自然就要随市场行情而做适度地上扬。遇到周末、节假日制定酬宾价，适度让利于消费者，这些都是价格灵活性在“随行就市”定价法上的高度体现。

(一)毛利率定价法

毛利率定价法是一种较为常用的定价方法。由于在计算毛利率时与毛利额进行比对的标准不同，所以毛利率也有销售毛利率(内扣毛利率)和成本毛利率(外加毛利率)之分。利用毛利率计算菜肴价格时，也就有了内扣毛利率法和外加毛利率法。

1. 内扣毛利率法

内扣毛利率法是在核定单位产品成本的基础上，根据产品的花色品种，参照分类毛利率标准来确定菜肴的价格。计算公式是：

菜肴价格 = 原料成本 ÷(1 - 内扣毛利率)

例1：某饭店中餐厅销售清蒸鲈鱼和松鼠桂鱼，用新鲜鲈鱼、桂鱼净料分别为0.5公斤和0.75公斤，购买价依次为40元/公斤和25元/公斤，两种菜肴的配料成本分别为2元和1.55元，调料成本分别为2.5元和0.7元，内扣毛利率均为50%，请分别确定两种产品的价格。

清蒸鲈鱼的价格 = (0.5 × 40 + 2 + 2.5) ÷ (1 - 50%) = 49元

松鼠桂鱼的价格 = (0.75 × 25 + 1.55 + 0.7) ÷ (1 - 50%) = 41.5元

2. 外加毛利率法

外加毛利率法，是以产品成本为基数，按确定的外加毛利率加成计算出价格的方法。其价格计算公式为：

菜肴价格 = 原料成本 × (1 + 内扣毛利率)

例2：已知某菜肴主料成本为16.53元，辅料成本为3.41元，调味品成本为1.86元，外加毛利率为80%，请确定该种菜肴的价格.

菜肴价格 = (16.53 + 3.41 + 1.86) × (1 + 80%)

-21.80 × (1 + 80%)

=39.24 (元)

由于两种定价方法所参照的毛利率不同，而不同毛利率其计算对比的标准依据是不同的，所以同种产品计算出来的外加毛利率则大于内扣毛利率，但两种方法计算的毛利额是相等的。

在实际价格管理中，由于工作习惯和指标要求不同，企业的财务部门经常使用内扣毛利率，这样便于把握毛利在销售额中的水平；而厨房生产加工部门则喜欢使用外加毛利率，这样就存在一个毛利率的换算问题。事实上，两种毛利率之间存在着互相转换的内在联系。用公式表示如下：

内扣毛利率 ＝ 外加毛利率 ÷（1＋外加毛利率）

外加毛利率 ＝ 内扣毛利率 ÷（1－内扣毛利率）

（三）分类加价法

分类加价法是对不同菜肴分类制订加价率，进行价格计算的一种方法。利用这种方法进行价格计算时，需要按照一定的步骤程序来操作。具体分以下三步来计算。

1. 菜肴的分类

菜肴的分类方法很多，根据销售和成本进行分类主要可以划分四种类型：

①高销售量，高成本。

②高销售量，低成本。

③低销售量，高成本。

④低销售量，低成本。

从上四种分类当中，我们不难发现第二类菜肴是最能为餐厅得益类型。当然，在实际经营中，需考虑顾客各种要求，千万不要“嫌贫爱富”。所以，四类菜肴都会出现在企业的菜单上，这样有利于形成综合价格优势。

2. 确定每类菜肴的加成率

菜肴加率的大小，需要根据市场需求情况和经营经验来决定。各类菜肴的加成水平可以参照表 8－1 所示。

表 8－1　　各类菜肴加价率水平

菜肴类别	加价水平	假定加价率范围
高销售量，高成本	适中	25%～35%
高销售量，低成本	较低	15%～25%
低销售量，高成本	较高	35%～45%
低销售量，低成本	适中	25%～35%

在确定加价率的大小时，我们要综合考虑成本、销售量、利润的关系，合理确定不同菜肴的加价水平。一般高成本的菜肴加价率较低，销售量大的菜肴也要适当降低加价率，而成本较低的菜肴可以适当提高其加价率。需要注意的是，加价率可以视市场情况作适当调整。

3. 菜肴销售价格的计算

在计算菜肴定价时，首先确定加价率和费用率，然后再确定计算菜肴成本率，具体计算公式为：

菜肴食品成本率 = 1 -（费用率 + 加价率）

菜肴销售价格 = 产品成本 ÷菜肴成本率 = 产品成本 ÷［1 -（费用率 + 加价率）］

例4：某餐厅平均费用率为50%，该餐厅的高档菜全家福的标准成本为45元，其加价率为20%，计算该菜品的售价。

全家福的成本率 = 1 -（50% + 20%）= 30%

销售价格 = 45 ÷30% = 150元

这种方法的关键在于确定各类菜肴合理的加价水平。

（四）系数定价法

所谓系数定价法，是指按餐饮产品加工制作程度及人工耗费分类，制定各类产品的定价系数，以定价系数乘标准产品成本即为产品价格。这种方法的最大优点就是在定价时，它不但考虑菜肴的原材料成本，而且还兼顾到人工成本、费用等诸多因素。

1.菜肴的分类

在利用系数定价法时，首先须将菜肴按照加工制作的难易程度进行分类。一般来讲，按加工制作的难易程度，我们可以将菜肴分为三大类：

（1）制作类菜肴。此类菜肴制作工艺较为复杂，生产过程长，环节多，如烤鸭、菊花鱼、蒸肉等均属于这一类。

（2）半制作类菜肴。与制作类菜肴相比较，它生产工艺比较简单，容易加工烹制，如凉菜、清炒等，只需较少加工烹制的菜肴都可纳入本类。

（3）非制作类菜肴。所谓非制作菜肴是指那些极少需要再加工的菜肴，如水果、饮料等。

2.确定各类菜肴的定价系数

按照加工制作的难易程度对菜肴进行分类后，就需对不同类别菜肴的定价系数进行确定。计算各类菜肴的定价系数时只需将各类菜肴的营业收入与该类原料成本相比即可，用公式表示如下：

菜肴定价系数 = 营业收入÷原料成本

利用上述公式，可以计算出不同类别菜肴的定价系数。一般来讲，制作类的定价系数高于半制作类；而半制作类的定价系数又高于非制作类的定价系数。在实际工作中，定价系数一经制定则应保持相对的稳定性，不可随意经常变动，以免给实际核算控制工作带来诸多不便。

3.菜肴价格的确定

定价系数确定后，利用定价系数乘标准产品成本即可计算出菜肴价格，用公式表示如下：

菜肴销售价格 = 原料成本×定价系数

采用系数定价法定价，既可以实现菜单预算目标，又可以使不同类别菜肴价格之间拉开档次，满足不同层次顾客的消费需求，为企业适应市场竞争，扩大市场份额，创造良好先机。

例5,已知某餐厅经营指标信息成本如下表8－2所示。

表8－2

项　目	制作类	半制作类	非制作类	合　计
食品成本	168000	48000	241000	240000
营业收入	424000	120000	55680	600000

试利用系数定价法，计算各类菜肴的成本系数。如该餐厅中三丝鱼卷成本为25.34元，黄瓜蘸酱的成本为2.20元，水果盘的成本为5.50元，请按上表分类系数分别计算每道菜的销售价格。

首先计算各类菜肴的定价系数：

制作类菜肴的定价系数 ＝ 424000÷168000 ＝ 2.53

半制作类菜肴的定价系数 ＝ 120000÷48000 ＝ 2.50

非制作类菜肴的定价系数 ＝ 55680÷24000 ＝ 2.32

其次，再利用已计算出来的定价系数来计算菜肴价格：

三丝鱼卷的售价 ＝ 25.34×2.53 ＝ 64.10元

黄瓜蘸酱的售价 ＝ 2.20×2.50 ＝ 5.50元

水果盘的售价 ＝ 5.50×2.32 ＝ 12.76元

宴会菜单的定价方法虽然很多，但不同的方法有着各自不同的优缺点，饭店企业在进行具体的业务操作时，应从企业实际情况出发，合理选择定价方法，科学及时地制定菜肴价格为宴会经营服务。

第三节　宴会成本核算

宴会是餐饮经营的最高档次。对宴会经营活动进行必要的成本核算，是宴会成本管理工作的关键。通过宴会成本核算，管理者可以及时掌握宴会成本的有关资料和信息，为宴会成本控制工作服务。

详实、全面的宴会成本资料的掌握，是建立在各种健全的规章制度上。宴会管理者依靠规范的制度、进行科学合理地运作，可以随时了解宴会成本变动状态，适时对生产成本进行比较，寻找成本泄漏点，为宴会收益的提高奠定基础。

一、宴会成本核算的意义

宴会成本核算是饭店企业成本管理的重要内容。正确计算宴会成本对于不断改进成本,管理工作，贯彻执行国家物价政策，切实维护广大顾客的利益，为国家积累资金，提高企业经济效益具有极其重要的现实意义。

(一)维护广大顾客利益，正确执行国家物价政策

宴会属于高级享受方式的产品，消费水平高，毛利标准大，经营利润空间较为广阔。鉴于宴会产品的这种特性，把宴会毛利水平控制在正常水平，就成为维护顾客利益和贯彻国家政策的关键。为了实现这一基本目的，管理者就应从宴会活动开始，认真把握每一个生产经营环节。具体来讲，就是从宴会预订开始，了解顾客需求，掌握消费变化动态，为消费者提供全程优质服务，切实维护消费者的利益，把对顾客的承诺落实到具体的生产经营活动当中。确定产品价格，合理负担，公平买卖，坚决杜绝坑客骗客的现象出现，把毛利水平控制在国家政策允许范围之内。

(二)使企业合理盈利，为国家积累资金

宴会是饭店企业收入重要的经济来源。在正常情况下，饭店宾馆的宴会收入往往占餐饮部门部收入的60%～70%以上，最高时可超过各个餐厅的收入之和。与此同时，宴会毛利水平较高，正常情况下，毛利率在65%～70%以上，高档宴会的毛利水平可达80%～90%。从以上我们不难看出，宴会是餐饮管理中利润最高的部门。借助宴会这样产品，企业可以在成本控制、成本核算上大做文章。通过严格成本控制，合理地使用各种原材料，减少生产经营过程中不必要的消耗和浪费；利用成本核算，降低宴会成本，提高原材料的综合利用率，增加利润，为企业盈利国家积累资金服务。

(三)促进企业改善经营管理

宴会成本核算是一个复杂的过程，同时也是一个培养管理人员，造就高水平专业操作人员的过程。由于宴会活动方式多种多样，顾客需求千差万别，经营管理过程范围广、头绪多，使得核算过程异常复杂和琐碎。这就要求成本核算管理人员，通过全面的宴会成本核算，及时掌握宴会部门的营业收入、劳动效率、菜肴及点心的质量和数量、原材料消耗以及各种费用开支的情况，为成本的进一步控制核算提供确切资料和信息。企业管理部门借助这些资料信息与计划、标准成本进行对比，分析研究，从中发现经营管理中的薄弱环节，并采取相应措施，全面提升企业的经营管理水平。

二、宴会成本核算的原则

为了规范宴会成本核算过程，充分发挥宴会成本核算在企业管理中的作用，宴会成本核算必须遵循以下几条原则。

(一)严格遵守财经规律，规范宴会成本开支范围和标准

成本核算是一项重要的会计管理工作。在进行具体核算当中，必须严格遵守国家财经制度和纪律，一切宴会成本开支应与国家财经管理部门规定的成本开支范围保持一致。对于与宴会成本无关的各项开支，一律不得列入，防止人为地虚增成本，主观调节利润现象的出现。

(二)建立健全宴会成本核算原始纪录

宴会生产经营过程的原始记录是直接反映其生产经营活动的原始资料。它较为直观地反映宴会在生产过程中原材料、人工、费用的情况，具有较强真实性和客观性，是核算过程中的第一手资料，是宴会成本核算工作的基础。

在宴会成本核算过程中，利用业已建立起来的原始记录反映体系，对宴会活动中发生的各项业务进行细致全面的记录，及时根据成本费用的变化动态，正确归类和集中相关费用，为后续的成本控制和核算提供有力的信息资料支持。

(三)利用定额管理，严格控制宴会原材料成本

为了控制宴会生产活动中各项成本费用的消耗，建立定额管理制度，成为降低成本消耗水平的又一途径。所谓定额就是企业管理者从企业内部实际消耗情况出发，结合行业整体水平而制定的一种具有挑战性的成本消耗数额或金额。它具有较强的先进性，是参与宴会成本考核，分析产品成本水平的重要依据。利用定额制度有利于调动生产、管理人员工作积极性，实现多环节、全方位控制核算成本的目的，为防止宴会生产过程中乱领乱用、违规操作、盲目生产做了科学的准备。

(四)坚持专业核算与群众核算相结合

专业核算群众化，是指将宴会成本核算工作落实到每一个人身上，每一个岗位上。众所周知，宴会成本核算工作离不开广大员工和管理人员，若离开广大员工，专业宴会核算的任务就难以完成。这是因为核算工作所表现出来的业务是由广大员工来完成的，如果没有“群众的支持”，宴会成本的专业核算只能是一句空话。同时群众核算又必须以专业核算为前提，也就是我们所讲的群众核算专业化，这个专业化主要指群众核算的科学性和目的性。在群众进行宴会成本核算时，同样是借助相同的会计核算原理对同一成本核算业务进行反映，两点有程度上的差异，而不存在本质的不同，这种宴会成本核算方式是民主理财的重要体现。

三、宴会菜肴的配置及成本核算

虽说宴会与筵席有所区别，但两者之间存在着密切关系。宴会上的一桌整套菜肴及席面称为筵席，它是宴会重要组成部分，是宴会的核心。现在人们基本上将宴会与筵席视为同义词语，所以我们在进行成本核算时，也无多大必要对其进行严格区分，只有抓住筵席的成本核算，也就是抓住宴会成本核算的关键，所有成本问题就迎刃而解。

(一)筵席菜肴的组成

我国筵席丰富多彩，款式万千。筵席不是个别菜肴的简单拼凑，而是经过精选而组合起来的综合整体。要计算筵席成本，就必须研究筵席菜肴组合，从筵席菜肴的组成上来分析与成本核算的关系。

筵席菜肴一般包括冷菜、热菜、大菜、点心和水果等内容。由于在其他

章节中有专门介绍，在此我们就不赘述了。

(二)筵席中各类菜肴的配置比例

筵席结构的均衡，取决于冷菜，热菜，大菜、点心及水果三大板块成本比例的合理。在通常情况下，筵席成本的分配是有区别的：

1. 一般筵席

冷菜约占整个筵席成本的10%，热菜约占30%，大菜、点心、水果约占60%。

2. 中等筵席

冷菜约占整个筵席成本的15%，热菜约占30%，大菜、点心、水果约占55%。

3. 高等筵席

冷菜约占整个成本的20%，热菜约占30%，大菜、点心、水果约占50%。

(三)筵席成本核算

筵席成本的核算主要有两种方法。

1. 标准筵席菜点成本计算

这种成本计算方法是基于筵席各个菜点成本计算的结果来确定成本的。通常是先计算筵席各菜点的成本，然后再将各菜点成本相加，最终求出筵席成本。在成本的基础上，按相应的毛利率，计算出筵席菜肴的价格。

例7:已知某餐厅的中等筵席一桌(酒水另计)，菜品组合有:凉菜、热菜、面点、汤类、水果等，耗用原材料成本如下：

凉菜:

孔雀开屏 16.80 元　中煲醉蟹 23.65 元　金华火腿 15.84 元

酱薄肉片 12.38 元　白切鸡 13.26 元　五香花生米 2.16 元

甜香瓜条 3.78 元　酱猪耳朵 14.85 元　凉拌烧鹅 13.92 元

热菜:

鸡汁鱼脯 18.4 元　醋溜鳜鱼 23.76 元　珊瑚海参 25.64 元

水晶虾球 32.58 元　黄烧裙边 28.45 元　无锡排骨 18.54 元

蜜汁火鸡 19.25 元　桃仁鸡卷 24.58 元　将军过桥 28.32 元

金钱里脊 26.52 元　什锦素烩 8.75 元

面点:

桔酪元宵 19.78 元　两米桔羹 13.54 元　百果花糕 28.39 元

正月春卷 20.15 元

汤类:

豆腐参汤　15.45 元　酸辣汤　8.92 元

水果:

香蕉　11.2 元

主食:

米饭　4.85 元

请计算该筵席的成本。

该筵席的成本是把各菜点的成本相加即可。

凉菜成本 = 16.8 + 23.65 + 15.84 + 12.38 + 13.26 + 2.16 + 3.78 + 14.85 + 13.92

= 116.64（元）

热菜成本 = 18.4 + 23.76 + 25.64 + 32.58 + 28.45 + 18.54 + 19.25 + 24.58 + 28.32 + 26.52 + 8.75 = 254.79（元）

面点成本 = 19.78 + 13.54 + 28.39 + 20.15 = 86.86（元）

汤类成本 = 15.45 + 8.92 = 24.37（元）

主食成本 = 4.85（元）

水果成本 = 11.2（元）

筵席总成本 = 116.64 + 254.79 + 86.86 + 24.37 + 4.85 + 11.2 = 498.71（元）

营销售毛利率为 50%，那么该筵席的售价为：

498.71 ÷（1 − 50%）= 997.42（元）

2. 预订筵席的菜点成本计算

预订筵席成本核算较为复杂，主要有三个步骤。

（1）根据筵席规格和价格，确定筵席成本：

筵席成本 = 筵席售价 ×（1 − 销售毛利率）

（2）依据筵席成本分配比例，计算各类菜点成本。

（3）在各类菜点成本基础上，确定菜点成本。

例 8：某顾客预定中级筵席一桌，售价 900 元，请计算筵席的成本及组成各类菜点的成本。假定毛利率为 55%。

①确定筵席成本

筵席成本 = 900 ×（1 − 55%）= 405（元）

②确定各类菜点成本

假设冷菜，热菜，大菜及点心水果占筵席成本的比重分别为 12%，20%，55%，13%。各类菜点的总成本为：

冷菜总成本 = 405 × 12% = 48.60（元）

热菜总成本 = 405 × 20% = 81.00（元）

大菜总成本 = 405 × 55% = 222.75（元）

点心水果总成本 = 405 × 13% = 52.65（元）

③ 确定筵席菜点的品种所应有的道数，并计算各个品种的成本。

组织宴会生产。根据《分类宴会设计标准》和分类菜点的成本，安排菜点花色品种。在实际生产过程中，具体选择哪类品种，各选几种，要根据宴会类别、特点和分类菜点的成本合理确定。由于内容较繁琐，在这我们就不一一说明了。但有一点需要注意，那就是筵席所有品种菜肴的成本之和应为 405 元。若发现菜肴的质量和数量方面不符合筵席要求，应作适当的调整，务必使整个筵席结构配置趋于合理，防止名不符实现象的出现。

在实际生产过程中，还应根据菜点品种列出原料配方、投料数量及单价，然后根据上述资料计算出各种菜肴品种成本。对于实际成本与标准成本之间出现偏差，企业要据实分析，寻找原因，有效地控制成本水平。

四、酒水成本的控制与核算

常言道：无酒不成席。以酒示礼，以酒待客已经成为宴会活动的重要内容。在日常宴会成本核算时，酒水成本自然就成为成本管理的重要对象之一。

其实，酒水成本的管理与食品成本管理一样，没有多大的差异，都是从具体生产经营活动环节上实施控制核算。虽然我们在前边的原料成本控制中谈到过酒水成本控制，但过于泛泛，缺乏针对性，故而在此“旧话”重提。

（一）采购

酒水采购控制的目的是为了向餐饮经营活动提供价格合理、质量上乘各种酒水产品。在实际工作中，餐饮部门根据本企业自身性质、顾客类型、顾客消费偏好、市场价格以及库存和销售状况，合理确定所需产品的品种和数量，依据科学规范的采购程序来控制具体的采购活动，防止出现成本管理漏洞，避免造成不必要的成本损失。

验收环节是酒水成本控制核算的又一重要环节。完成采购环节各项工作后，与之相连接的就是验收环节。验收环节的工作中心是围绕采购数量点盘、价格的核对及质量的检验等问题开展的。这些因素的变化，都会引起成本因素的波动变化，所以控制工作是在这些具体工作的过程中展开的。

（一）仓储

酒水是一种特殊产品，它对贮存环境条件有较高的要求。贮存得法则能提高和改善酒品本身价值；反之，则会变质变味，造成不必要的成本损失。

在进行必要地仓储管理时，首先应从企业实际情况出发，建立合理的酒水贮存方式，强化酒水贮存过程中的各项管理制度，明确岗位责任，提高管理人员的安全防范意识。其次，对不同的酒水产品采取不同的方法来贮藏，在贮存各个环节上建立健全各种原始账、卡、单记录，及时反应库存的动态变化状态。同时，严格控制库房环境、卫生，合理布局酒水产品的贮存分布，为产品的贮存提供一个清洁卫生、温度适宜，各方面都符合管理要求的贮存场所。最后就是合理确定酒水产品的贮存数量。存货量的控制主要是通过永续盘存表来完成的。其格式见见表 8－3 所示。

表 8－3　　　　　　　　酒水产品永续盘存表

代号　　　　每瓶容量			标准存货
酒水名称　　单位成本			
日期	收入	发出	结条

通过上表，可以全面掌握酒水的收发情况，及时了解库房酒水产品的数量变化，对防止出现短缺等问题，显得尤为重要。当然，会计管理人员还可借助此表，对整个控制核算进行更加深入的探究，帮助成本决策人员寻找成本控制的关键。

（三）酒水产品的发放

在发放环节上，我们建立了一整套严格的规章制度。

1. 建立酒水产品领发料程序制度。

2. 把程序化制度与会计凭证传递制度结合起来。利用各种表格、凭证来控制核算成本。

3. 把业务当事人的责任固化在相应的岗位上，利用各种凭证的形成、传递、交接，来明确相关环节上的责任和义务。

4. 通过不同岗位上工作职责，对业务流程过程中所发生事项进行控制和核算。

在发放环节上，通常使用的凭证单据是各种不同形式的领料单或发料单，见表 8－4 所示。

表 8－4　　　　　　　　酒水领料单

班 次 酒 吧			日 期 付货员	
酒水名称	瓶 数	每瓶容量	单 价	小 计
总瓶数		总成本： 审批人： 发料人： 领料人：		

5. 利用各种领发料凭证计算相关成本。

在计算成本时需要注意一个问题是酒水的补领和退回问题。对于补领和退回问题，相关成本核算人员，要认真核对，及时确认宴会活动过程中酒水的真实耗消，为成本核算服务。

(四)酒水产品的配制

鉴于顾客消费需要，饭店餐饮部一般都设有专人负责酒水产品的配制工作。

在酒水调制过程中，一定要制定标准酒谱。标准酒谱是管理者对鸡尾酒、混合酒等饮品实施生产控制、经济核算的工具。

1. 酒水产品的配制标准

酒水产品配制标准是计算控制酒水产品成本的前提。酒水产品配制标准制定主要从三个方面来进行:第一，要解决标准酒水单问题。具体的酒水饮料单是根据企业经营状况和顾客消费类型来确定的。第二，标准用量的问题。标准用量说的就是酒水量度的控制问题。这个问题通常是采用标准计量器具来进行化解的。在工作中，常用的标准计量器具有:标准量杯、标准量酒嘴、手动酒液计量器和电动酒液计量器等。第三，标准牌号。主要规范酒水产品品质问题。

2. 标准操作配方

酒水饮料的标准配方是餐饮标准食谱在酒水管理中的一种表现形式。标准操作配方，既决定着各种配料的名称、用量、成本;同时，还决定着酒水饮品的制作加工过程，对每份(杯)饮料的标准成本形成尤为重要。如在配制杜松子酒时，因用料比例大小不同，最终的产品成本率就会发生很大差异，从而影响标准成本的大小。标准操作配方的格式见表 8－5 所示。

表 8－5　　酒水饮品标准配方

品名:干马提尼 编号:049 类别:混合酒类			标准成本:6.10 元 成本率:29% 售价:21.00 元	
配 料	用 量	成本(04.8.12)	成 本	成 本
哥顿干金酒 仙山露干味思酒 腌制橄榄	45mt 5 滴 1 个	4.70 0.40 1.00		
配制需用器具:				
配制方法:				

3. 每杯饮品的标准成本

每杯饮品标准成本的确认是从以下两种情况来说明的:

(1)纯酒:纯酒成本计算有两种方法。

一是利用瓶酒的容量，除以每杯纯酒的标准容量计算出每瓶可斟的杯数，再用它去除每瓶酒成本，计算出每杯成本。如计算苏格兰威士忌酒一杯纯酒成本，若该酒一瓶容量为 750ml，换算的盎司数为 25.4，杯子的容量为 1.5 盎司，假设该酒每瓶进价为 78 元，那么每杯苏格兰威士忌酒的成本为:

每瓶可斟的杯数 = 25.4 盎司 ÷ 1.5 盎司/杯 = 16.9(杯)

每杯饮品标准成本 = 78 元 ÷ 16.5 杯 = 4.7(元)

这里使用16.5 杯，是因为通用的数量标准规定，即一般此类酒一瓶可斟16.5 杯。

另一种方法是，先用每瓶酒的进价除以每瓶的盎司数，求出单位盎司成本，再乘每杯纯酒标准用量，求出每杯纯酒标准成本。假如每公升通用牌号杜松子酒的进价为180 元，每公升酒有33.8 盎司，且每杯该饮品的标准用量为1.5 盎司，则每杯酒的标准成本为多少(设每瓶杜松子酒可允许溢出量为1 盎司)?

若不考虑每瓶酒的溢出量为：

每盎司成本 = 180 ÷ 33.8 = 5.3(元)

每杯酒标准成本 = 5.3 × 1.5 = 7.95 元

若考虑每瓶酒的溢出量则为：

每盎司成本 = 180 ÷ (33.8 − 1) = 5.48 元

每杯酒标准成本 = 5.48 × 1.5 = 8.22 元

根据上述结果，及时填制标准成本记录表，以利于实际成本的控制和核算。

(2)混合饮品和鸡尾酒。

这类标准成本的确定，一般是建立在细致、全面的原始记录的基础上的。

这里主要使用的是饮品标准配方细目和成本计算表，见表8 – 6 所示。

表8 – 6　　　　　　　　标准配方细目和成本计算表

<table>
<tr><td colspan="5">饮品名称　　　　　　　　标准配方编号
日 期
每杯售价
成本</td></tr>
<tr><td rowspan="2">饮品名称</td><td colspan="2">每瓶资料</td><td colspan="2">每瓶资料</td></tr>
<tr><td>容量</td><td>成本</td><td>容量</td><td>成本</td></tr>
<tr><td></td><td></td><td></td><td></td><td></td></tr>
<tr><td></td><td></td><td></td><td></td><td></td></tr>
<tr><td></td><td></td><td></td><td></td><td></td></tr>
<tr><td></td><td></td><td></td><td></td><td></td></tr>
<tr><td>合计</td><td></td><td></td><td></td><td></td></tr>
<tr><td colspan="5">调酒方法：</td></tr>
</table>

利用上表，可以对配制加工过程中耗用的各种材料进行归类记录，对所记录的原材料的耗用量进行计算，求出相关成本，进行累加最终确定标准成本。

4. 标准售价的确定

每杯饮品的标准售价，是根据标准配方调配出每杯标准成本来计算的。具体讲,就是每杯成本除以成本率计算出标准售价的。如每杯成本为3.00元，成本率为20%则每杯饮品的标准售价为3÷20%＝15(元)，在实际操作中，除上述情况外，还有瓶装不经调配酒水饮品的成本控制和核算。由于这部分内容核算处理方法较为简单，一般是由管理人员事先制定瓶装成本和售价，服务人员按瓶装标准销售，以此控制和核算酒水产品的成本。

(五)销售环节成本控制

酒水饮料的成本控制，最终还是要以酒水饮料销售的方式来进行的控制。不论是酒吧销售还是瓶装杯装销售，它们始终是以各自的标准成本作为成本控制参照，及时计算和分析成本差额，发现成本控制过程中的问题，为酒水销售成本控制服务。

经过上述几个环节的核算和控制，宴会酒水成本就可以得到有效的管理。

【案例8－1】

宴会成本核算

春花酒店接到宴会订单一份，预订中等规格宴席8桌，每桌价格为2300元(酒水另计)，若该宴会的毛利率为75%。试计算该宴会的成本及各类菜点的成本。

第一步:计算宴会总费用:

宴会总费用＝2300×8＝18400(元)

第二步:计算宴会的总成本和单位成本:

宴会总成本＝18400×(1－75%)＝4600(元)

宴会单位成本＝4600÷8＝575(元)

第三步:依据宴会总成本及中等规格筵席种类菜点成本的比重，计算各类菜点的总成本，假定查阅《分类宴会设计标准》得出此类筵席分类菜点成本分配比率为冷菜20%，热菜50%，面点19%，水果5%，汤类6%，则宴会分类菜点成本和单位成本为:

冷菜类总成本＝4600×20%＝920(元)

冷菜单位成本＝920÷8＝115(元)

热菜类总成本＝4600×50%＝2300(元)

热菜单位成本＝2300÷8＝287.5(元)

面点类总成本＝4600×19%＝874(元)

面点单位成本＝874÷8＝109.25(元)

水果类总成本＝4600×5%＝230(元)

水果单位成本＝230÷8＝28.75(元)

汤类总成本＝4600×6%＝276(元)

汤类单位成本 = 276 ÷ 8 = 34.5(元)

第四步:根据分类菜点的成本，安排确定每桌菜点花色品种。

依据《分类宴会设计标准》，假设宴会每桌菜点安排如下品种(当然在选择时要根据分类成本的大小和宴会的具体要求来确定品种):冷菜 9 种，热菜 11 种，面点 4 种，汤类 2 种，水果 1 种，主食 1 种。

经过反复权衡比较，本例每桌分类菜点花色品种具体如例 7 中所列举的菜品内容，在此就不重复了(具体品种参照例 7)。

第五步:检查、分析、比较宴会成本。

检查分析对比后，我们会发现实际成本与理论核算的结果存在误差。具体误差值计算如下:

凉菜:绝对误差 = 116.64 − 115 = 1.64(元)

相对误差 = 1.64 ÷ 115 × 100% = 1.43%

热菜:绝对误差 = 254.79 − 287.5 = −32.71(元)

相对误差 = −32.71 ÷ 287.5 × 100% = −11.38%

面点:绝对误差 = 86.86 − 109.25 = −22.39(元)

相对误差 = −22.39 ÷ 109.25 × 100% = −20.49%

汤类:绝对误差 = 24.37 − 34.5 = −10.13(元)

相对误差 = −10.13 ÷ 34.5 × 100% = −29.36%

水果:绝对误差 = 11.2 − 28.75 = −17.55(元)

相对误差 = −17.55 ÷ 28.75 × 100% = −61.04%

综合:绝对误差 = 498.71 − 575 = −76.29(元)

相对误差 = −76.29 ÷ 575 × 100% = −13.27%

【评析】

通过上述计算分析，我们可以看出，本次宴会成本核算控制总体效果比较差。具体表现在每桌的绝对成本误差为 −76.29 元，整个宴会绝对成本误差为 −610.32 (498.71 × 8 − 4600)元，相对误差为 −13.27% 左右。整个宴会成本中除凉菜成本控制的较为到位外，其他品类的成本都存在较大程度的误差，其中最低的为热菜类成本为 −11.38%，最高的水果的达到 −61.04%。在某种程度上成本出现失控现象，造成此类情况的主要原因可能是成本控制不严，原材料投入不足，存在克扣哄骗顾客的现象。

在今后经营中，饭店的宴会成本核算要以实际情况和相关的成本分配比例为依据，合理确定各类菜点的实际成本，为各类菜点成本的科学控制服务。

【案例 8 − 2】

成本控制的真功夫

宴会成本控制的好坏，决定着其利润空间的大小。下边我们就以成都西藏饭店为例，探讨其在宴会成本控制上是如何作为的?

为了有效的控制成本，饭店选择了几个主要成本费用项目作为突破口，全面落实各项控制措施。

一、集中主要精力，抓住主要成本

在原料采购方面，减少中间环节，供销直接见面，降低各项采购费用。在餐饮部下设置两个管理部门，两部各有一正一副四位厨师长。厨师长每周轮流带队做市场调查，其中各一人专管成本。他们利用市场调查建立原料采购价格、质量保障参照体系。这样既加强了内部管理，又有效地控制了供货商。

为了确保采购质量，对供货商实行“宽严并济”的政策。每月 26 日报财结财，绝不拖欠，谓之“宽”；以次充好、缺斤少量，少则罚十、重则罚百，谓之“严”。如若不服处罚，则终止供货关系。最厉害的一次罚了供货商 3 万元。

在内部管理上，所有人员均不得与供货商建立私人关系，坚决杜绝回扣现象。

对原料进行全面综合的使用，做到边角料也不浪费。用他们的说法，叫做“刀下留钱”。

二、加强内部管理，控制人工费用

用人权利下放，各部实行工资总额包干，充分调动每个员工的积极性。餐饮部借鉴邯钢的“市场成本否定法”，强化人员管理，并将个人业绩与其利益挂钩，使广大员工明白：只有提高效率才有出路。在收入结构上，采取低工资、高奖金的办法，这样既考虑了宴会经营季节性，又牢牢的控制了成本，同时还调动了员工的积极性，真可谓一举多得。

三、严格控制水电费用消耗

做到滴水不漏，滴电不跑。在宴会生产经营过程中，从办公室到操作和服务现场都一一分设水表和电表，谁的水长流、灯长亮，就罚谁。把费用控制工作落实到最细微处。

四、利用数理统计指标，科学控制物料器皿费用消耗

按营业收入的千分之三为损耗率，这是按数理统计正态分布规律而制定的标准。经过不断的努力，花了两年功夫，终于达到的指标要求。与此同时，餐饮部还建立报表分析制度、经常性的检查制度和奖惩分明的激励制度。让人不可思议的是：这家饭店仅成本控制的各类报表就多达 20 多种，各项成本消耗的明细尽在其中。不仅如此，在客源分析表上对婚宴、团体、会议等集体性质的餐饮活动进行全方位的分析，密切关注各类客源升降动态，灵活调整营销策略，为成本控制服务。在日常化检查上把重点放在垃圾筒的检查上。凡发现浪费原料的，除在晨会上曝光批评外，还要

进行经济处罚。在激励制度上，赏罚分明体现了饭店管理的鲜明个性。有一位业务骨干，在一次宴会预定业务时，因不听劝告，结果给企业造成6000元的损失，餐饮部“挥泪斩马谡”，分文不少照扣。这样极大地震动员工，发挥了制度的威慑作用，为宴会成本控制工作奠定了坚实的群众基础。

经过艰苦努力，饭店取得了很大的成功。当年实现营业收入高达1600万元，餐饮部实现纯利润300万元，真正利润率为25%。人均创利为2.3万元。

【评析】

这家饭店成功的关键在于：抓营销的同时，严格抓好现场管理，实现全面成本控制，从管理中出效益，从成本中挤“利润”，取得了极为显著的业绩。若将同类饭店的成本项目与其比较，该饭店餐饮部至少有四分之一的效益来自管理。在目前由于“开源”面临的市场压力大，于是“节流”便成为主要矛盾，毫不夸张地说，能否对成本费用进行卓有成效的控制，已成为饭店生死攸关的头等大事。

【复习思考题】

1. 谈谈宴会成本的构成。
2. 试说明宴会成本是如何划分的？
3. 简单说明宴会成本控制系统的构成。
4. 简述宴会成本控制的方法。
5. 何为毛利率定价法？它具体有哪两种方法？在实际定价中如何运用？
6. 谈谈分类加价法是如何进行定价的？
7. 举例说明系数定价法计算操作步骤。
8. 怎样理解宴会成本核算的基本原则？
9. 举例说明筵席成本核算。
10. 谈谈鸡尾酒标准售价的制定。

第九章　主题宴会营销

● **本章提要**

主题宴会不仅要选择适销对路的产品、制定适当的价格来向目标顾客提供满意的产品，而且要采取恰当的营销活动扩大销售额，使企业获取一定的利润。本章着重阐述了主题宴会营销策略和促销方法，为企业营造良好的经营环境，争取到更多的客源，宴会产品在市场竞争中占有明显的优势。

● **学习目标**

1. 了解主题宴会市场营销的含义。
2. 理解宴会营销策略。
3. 掌握主题宴会促销方法。

第一节　主题宴会营销策略

主题宴会营销的目的是满足顾客的需求，同时企业获取一定的利润。要达到这个目的，必须通过宴会的营销策略，尽可能地争取到更多的客源，为饭店带来较大的利润，保证宴会在经营上取得最佳经济效益。

一、主题宴会市场营销的含义

主题宴会市场营销是指宴会经营者为使顾客满意，并实现经营目标而开展的一系列有计划、有组织的活动。

主题宴会营销的任务是企业通过各种渠道影响和说服消费者来购买宴会产品，使目标市场的顾客了解在哪个餐厅支付最合理的价格，享受到符合他们口味的菜肴和服务产品，并通过已经消费的顾客影响到更多的就餐者前来消费，这就是美国著名市场营销学家杰罗姆·麦卡锡提出的产品(Product)、价格(Price)、渠道(Place)和促销(Promotion)四个营销要素组合形成的4Ps市场营销方式。由于四个要素的首字母均是“P”，该市场营销组合及营销方式被称为“4Ps”(其中s表示复数)。

随着经济的发展，主题宴会市场营销环境发生了很大的变化，宴会消费个性化、理性化、多样化和人文化特征日益突出，为此，在4Ps营销组合的基础上，主题宴会市场营销又引入了美国市场营销学家罗伯特·劳特伯恩于1990年提出4Cs市场营销理念。

4Cs市场营销是由顾客(Customer)、成本(Cost)、便利(convenience)和沟通(communication)四个对宴会市场营销有影响的因素组合形成的营销方式。主要内容是：

1. 主题宴会顾客

4Cs市场营销方法把产品的重要地位让给了顾客，认为宴会顾客是餐饮企业一切经营活动的核心，创造顾客比创新产品更重要，满足顾客的欲望和要求比宴会产品的性能和质量更重要。

2. 成本

4Ps市场营销的价格是以宴会产品的成本为依据，价格思维模式是“宴会产品成本＋适当利润＝宴会产品价格”。而4Cs市场营销方法将价格的基础延伸为宴会市场营销全过程的成本。其成本包括：

(1)宴会产品成本。这是企业提供宴会产品所付出的成本，是宴会价格的下限。

(2)顾客的购买成本。即消费者除了支付宴会产品成本外，还要支付购买和消费宴会产品的时间消耗、体力消耗、精力消耗以及消费者承担的风险(如顾客购买到质价相背或假冒伪劣餐饮产品带来的损失)等形成的成本。

因此，4Cs市场营销的价格思维模式则变成“消费者接受的价格－适当的利润＝宴会成本上限”，这里的宴会成本是指宴会顾客的购买成本，这里的价格变成了宴会顾客的“接受”价格。在新的价格模式中，餐饮企业必须通过各种营销手段来降低顾客的购买成本，使其达到宴会成本的上限之下，才能保证餐饮企业的正常利润。

3. 便利

所谓便利是指方便顾客，维护顾客利益，为顾客提供尽可能多的全方位、全过程服务。4Cs市场营销强调餐饮企业提供给顾客的便利比选择营销渠道更加重要，便利原则贯穿于宴会市场营销的全过程。如购买前，通过外部和内部推销向顾客提供有关宴会产品的质量、特点及各种利益等充分、准确的信息；购买和消费过程中，尽可能为顾客提供较大的消费方便，如减少等候、方便停车、提供满意的菜肴 、快速结账、外带食品的包装等；购买后，对顾客的意见及时处理和回复，注重收集顾客的反馈信息。

4. 沟通

4Cs市场营销强调餐饮企业与顾客的双向沟通，力图将顾客和餐饮企业的关系建立在共同利益之上。通过投诉和征求客人的意见来协调矛盾，融合感情，争取回头客。

二、主题宴会营销策略

主题宴会市场的竞争，归根到底是针对顾客的竞争。消费者的购买行为有一定的模式和规律，只有通过系统的市场调查，分析研究宴会客源市场消费者购买行为特点，才能有针对性地制定市场营销策略。

(一)以服务为主导经营策略

主题宴会的主旨在于以标准、规范及独特的服务形式表现出来，从而达到餐饮产品、环境气氛、服务水准三者的高度统一。在宴会市场竞争激烈的今天，当餐饮产品的差异性比较小的情况下，采用以服务为主导的策略，努力提高宴会服务质量，会增加宴会产品的附加值。

1. 宾客至上策略

顾客为餐饮企业带来了利润，因而也是主题宴会存在的前提。坚持"顾客就是上帝"、"客人永远是对的"的客人至上的策略，尊重客人的人格、习惯、风俗和爱好，能良好地处理与客人之间的关系，从而创造出一流的服务。如宴会中气氛热烈，客人说话的声音越来越大时，服务员将背景音乐的音量调低一些；包厢中，酒过三巡，客人"衣带渐宽"时，服务员将空调开大一些，诸如此类，都会使客人感觉到服务的细致周到。

2. 超值服务策略

超值服务是指宴会期间对于客人的各种各样的需求，只要是合情、合理、合法的，都尽力去满足客人的服务。在宴会产品相似，竞争极为激烈的情况下，与其说客人购买主题宴会产品，还不如说客人是来享受服务，得到其他方面的满足，如人格被尊重、个人癖好被承认、个人隐私被保护、价格合理、食物质量好、安全等。这些因素是每一家餐厅应该慎重考虑的，只有让顾客的心理需求得到满足，才能争取到顾客。一般来说，企业对以上的信息了解得越清楚，就越能掌握市场需求及顾客偏好的变化规律，制定出高效率的宴会营销策略。例如某餐饮企业针对顾客求尊重的消费心理制订了"规格多不厌，数量小不嫌，要求尽量满足，困难不外推"的服务原则与措施，结果宴会的生意应接不暇。

(二)以价格为杠杆的经营策略

菜单的价格直接影响顾客的消费行为，影响宴会的吸引力和餐厅的客源，也直接影响着企业的经济效益，因此，菜单的定价是宴会活动的重要环节。菜单定价，既要考虑成本、利润等诸多因素，还要兼顾市场竞争和目标客人的支付能力等。实际上，当企业市场定位后，菜单的价格范围基本已定，因为价格完全取决于市场的接受能力。因此餐饮企业要全面考虑影响价格促销的因素，并且要权衡眼前利益和长远利益，不能顾此失彼。一般以市场占有率为定价目标，多采用薄利多销策略定价；以竞争为定价目标，多采用随行就市策略定价；以经营利润为定价目标，采用高价促销策略定价；以企业生存为目标，定价时只求保本经营。除此之外，还可以考虑短期优惠价策略、价格折扣策略等。详细内容见第八章第二节。

(三)以产品为核心的经营策略，

主题宴会产品要在“新”、“奇”、“特”的设计和宴会的实施上做文章，不断地强化富有情趣的内容 。“情”就是注重以真挚的感情去感化公众；“趣”就是增强趣味性，吸引社会公众与舆论的注意，让顾客留下一个愉快的印象，以主动地购买宴会产品。

(四)以现代化设施设备为基础的经营策略

随着科学技术的提高，现代化的餐饮设备成为宴会服务不可缺少的工具，也是衡量举办大型宴会的能力的标准之一。宴会设施设备即减轻了工作人员的劳动强度，改善了宴会厅的环境气氛，又能提高餐饮食品的制作质量，使客人感到满意，提高了劳动生产率和经济效益。

设施现代化是现代化服务的中心环节，但它必须与热情周到的服务态度、标准规范的服务方式相匹配。科学技术的不断发展，为消费者带来了更新更高的需求，因此，主题宴会的经营者应认清趋势，不断改进和美化宴会经营环境，尽可能增添各种符合宴会主题的设备，无论是灯光照明、电视音响、空气调节、保鲜冷冻，还是各种清洁服务设备，为客人提供多功能服务。

三、主题宴会的客源市场

(一)主题宴会的客源市场

客源是主题宴会存在和发展的前提，主题宴会经营的重点之一是认真地分析研究客源市场，以争取更多的顾客。主题宴会客源市场一般分为团体购买市场和个人购买市场，具体的分类方法如表 9 – 1 所示。

表 9 – 1

	客源类别	宴请目的
团体购买型	工商企业、事业单位	公务宴请，庆祝周年活动，庆祝新产品开发、开业庆典、举行各种会议、宴请上级部门或重要合作单位、合作协议签订仪式等。
	协会和学会	召开年会、学术讨论会等会议用餐，庆祝某一学术带头人的华诞，会员之间的大记事活动等
	政府机关	节日庆祝活动，举行各种会议，公务宴请等。
	大使馆	国庆招待会，各国传统节日庆祝活动等。
个人购买型	生日	生日宴请、满月宴请、周岁宴请等。
	婚姻	庆祝新婚宴、结婚纪念宴等。
	事业有成	祝贺高升、就职、开业、创业成功宴、祝贺退休等。
	朋友聚会	校友会、同乡会、饯行宴等。
	特殊节假日	元旦、春节、元宵节、国庆节、中秋节、劳动节、儿童节、圣诞节等。
	学业	入学、升学、毕业宴请等。

对于主题宴会市场来说，不同类型的客源，宴请的目的不同、消费额不同、宴会主题的选择不同、消费需求不同，如价格的需求、服务需求、礼品需求、娱乐需求、菜肴需求、酒水需求、活动需求、礼仪需求、安全需求等。因此，如何满足各种类型的宴请目的需求，最大限度地争取宴会客源，对于饭店销售是非常重要的。

餐饮管理人员要搞好宴会推销，首先要对周围单位进行调查，对本区域经常宴请的团体购买客户作好记录，定期进行销售访问，开发新客户；并汇集本宴会厅曾消费过的客户名单，统计他们通常进行什么宴请活动，举行什么样的会议，一般什么时候召开会议，客户对宴会有什么特殊要求，宴会的消费价格是多少，宴会负责人是谁等信息，通过公共关系的建立，培养更多的回头客。

(二)主题宴会市场定位

宴会市场定位就是根据市场的竞争情况和企业的自身条件，寻找属于自己的那部分市场。市场定位准确与否，直接关系到餐饮经营的成败。市场定位的主要目的——是把本宴会厅与其他竞争者区别开来，排除干扰，独树一帜；二是触动顾客的心灵，使顾客购买产品时能把本宴会作为上乘的选择。准确的市场定位可以帮助企业及时把握市场机会，制定相应的营销计划，采取有效的竞争策略和手段，树立企业及产品形象，迅速占领目标市场。

宴会市场定位一般要以市场细分作为基础，通过对细分层的各个子市场进行分析比较，根据自身的特点、整体要求及市场竞争状况，从中选择最适合自己进入和占领的主题宴会客源子市场。

宴会的经营档次定位应与饭店的档次相一致。五星级豪华饭店应该具有与之相适应的高档餐饮功能；一、二星的经济饭店，应追求大众化的宴会市场定位。

第二节　主题宴会促销

主题宴会促销是一种沟通、激励活动。主题宴会产品的市场营销，不仅要选择适销对路的产品，针对目标消费者制订适当的价格，而且要采取合理恰当的方式对宴会产品促销，这样才能保证主题宴会市场营销活动合理、有效地进行。

- 主题宴会推销形式
  - 外部推销
    - 非人员推销
      - 宴会厅外观环境推销
      - 电话推销
      - 广告推销
      - 新闻推销
      - 网络推销
      - 宴会宣传资料推销
      - 特殊促销活动
    - 人员推销
      - 销售部人员推销
      - 通过名人推销
      - 通过回头客推销
      - 饭店员工全员推销
  - 宴会厅内部推销
    - 餐厅推销
      - 清洁卫生
      - 餐厅的气氛与情调
      - 主题宴会席间娱乐推销
      - 菜单酒单促销
    - 员工推销
      - 员工形象推销
      - 员工的公关意识和推销技巧

一、主题宴会的外部推销

饮食是人类赖以生存的最基本的条件，人们的消费活动不仅是满足生理需求，而且是一种高层次、综合性的审美活动。随着人们对物质生活和精神生活追求的提高，宴会消费者不仅要求菜肴美味可口，色、香、味、形俱佳，而且对饮食消费环境的美化、便利等因素提出了更高的要求，从饭店建筑造型美丽壮观到与周围环境的和谐统一；从饭店的标志独特到采光的绚丽多彩；从交通便利到有一定接待能力泊车场等，都成为宴会服务内涵的组成部分，其好坏不仅影响对顾客的吸引力，而且会影响到餐饮企业的形象。

(一)非人员推销

1. 宴会厅外观环境推销

宴会的外观环境是指借助餐厅的地理位置、店名、建筑风格、及其装饰等特定或自然状况做推销。

(1)宴会厅的建筑造型

宴会厅的建筑造型考虑的因素较多。第一，宴会厅的建筑造型要与周围的环境和谐统一，形成舒适协调、相得益彰的建筑气氛；第二，建筑物的外观与餐饮企业的档次一致，使顾客对服务质量形成一个合理的期望值；第三，宴会厅的建筑既要外表美丽壮观，坚固耐用，内部实用方便，采光好、视野好，顾客的安全性、便利性等物质因素，同时还要重视鲜明的时代感，新颖多变的立体变化、独特的民族特色、浓郁的地方色彩等精神因素。如广州白云宾馆、南京的金陵饭店的矩形体建筑，美国亚特兰大桃树广场旅馆的曲面体建筑，上海的锦江分馆，上海扬子江大酒店等各种具有中国传统特色的重檐塔楼屋顶的建筑等。今日中国饭店建筑造型既有千姿百态，标新立异，也有乡土风味，以“土”取胜，还有复古的情调，古色古香。归纳起来，主要有宫殿仿古式、园林式、民族式、现代式、综合式等造型形式。

现代宴会厅建筑特点是：高，这里指楼层高、装饰精度高、造价高、标准要求高；美，建筑通过装饰，可以给就餐者一种超凡脱俗、回归大自然的心理感受；多，建筑的造型千姿百态、宴会厅的装饰风格多、手法多、装饰材料多、表现形式多；快，主要指宴会厅装饰周期快、交付使用快，这是由餐饮业的竞争决定的，一些饭店隔几年装修一次，有的每年局部装修，以改变宴会厅环境，给就餐者以新感觉；广，指的是宴会厅建筑设置的地点广、美学风格选择广、作用广，有些饭店邻海、临江、临湖而建，有的甚至建在湖心，给人以席开水面之感。

(2)招牌

招牌是饭店的典型标志，是我国餐饮行业特有的传统装饰艺术，也是一种十分巧妙的宣传工具。饭店为了宣传自己的功能、质量、水平和树立饭店形象，通过精心设计的新颖、简洁、醒目的招牌图案吸引顾客。饭店的招牌很多，其中最主要的是饭店店标，或称店徽。实际上它是商标的一种形式，是为推销饭店这一无形产品服务的。

企业的标志招牌要突出企业形象、特征，使其与主题宴会的经营观念有机地结合起来。饭店店标设计与商标设计一样，日趋艺术化、立体化、形象化、广告化。在设计中常用以下几种手法：

①单纯的图形。运用高度提炼、夸张和强调的手法，以突出自然形象的本质特征，如广州白天鹅饭店洁白优美的天鹅造型，具有较高的审美价值；

②字母表示 。目前国内外特别是国外很多饭店都以经过处理装饰的字母作为店标，具有明了易记、富有抽象美的效果；

③图形与字母组合。往往把字母嵌在花形图案之间；

④象征性和符号化。符号比文字更易记忆，以符号代替文字，使人看了更能一目了然，如广州中国大酒店的店徽是两个复合的宫灯，构成一个“中”字，别具匠心，构思巧妙，目的在于加深表达寓意。

(3)告示牌

企业门口的告示牌的主要内容是：招贴菜肴特选、特别套餐、节目菜单和增加新的服务项目等。制作告示牌同样要经专业人员设计，风格与餐厅的形象一致。另外，告示牌用词要情感化，如“本店晚上九点打烊，明天上午十一点再见”，比“营业结束”的牌子来得更亲切。同样，“本店转播世界杯足球赛实况”的告示，远没有“欢迎观赏大屏幕世界杯足球赛，餐饮不加价”的推销效果佳。

(4)宴会厅的橱窗推销

宴会厅的玻璃窗及正门所占面积较大，其中一个重要的因素是用于宴会推销。在橱窗可以陈列宴会厅供应的特色套餐、广告宣传资料。同时，透明的玻璃橱窗显示出宴会现场的消费气氛，当潜在的消费者从窗户看到宾客满座的宴会厅时，接受到了直觉的形象感受，创造购买欲望，将可能消费变为现实的消费行为。

2. 电话推销

电话推销是双向推销：一方面是通过电话主动向外寻求宴会预订业务；另一方面是接听打进来的宴会预订或咨询预订的电话。

顾客是饭店的上帝，在任何时候提供的信息都应引起我们的高度重视。因此，在听接电话时应注意：宴会厅或销售部应有专人值班负责电话推销；电话铃响，值班员应迅速接听；电话交谈中，要语言诚恳，礼貌待人；接听电话时做好记录；介绍宴会产品和服务时力求语言精确，重点突出；商定面谈和进一步接触的时间；感谢客人的来电。

3. 广告推销

宴会广告是饭店餐饮推销最常用的方式之一。一个有效的宴会广告创意能够塑造饭店的良好形象，刺激消费者的需求，影响消费者的餐饮决策。宴会广告媒介包括广告牌、电台、电视、出版物，以及外墙的布幔、横幅、气球等载体向公众传递宴会信息。注意广告的内容易简不易繁，要突出宴会主题及消费者关注的卖点。宴会部在决定制作广告时，还要考虑制作广告的时机、广告媒介、广告费用等因素。

4. 宴会宣传资料推销

宴会宣传资料主要是宣传单或小册子，是主题宴会推销的基本工具之一。一般由饭店委托设计公司根据宴会的主题精心设计，往往陈列在餐厅的醒目位置、前台的资料架或客房的“服务指南”上。

一份好的宴会宣传资料要求纸质好、印刷质量高、装帧精美。其基本内容有：宴会的主题、饭店的名称和标志、宴会厅的设施、环境、餐桌的摆台、宴会厅的接待能力、宴会经营项目、宴会的菜品和特色、接待宴会的成功经验、厨师的烹调技术等。有些小册子还包括几套不同档次的宴会菜单样本。宴会设施和菜肴的宣传要尽量利用图片和照片，为顾客提供一种证据，使顾客产生信任感，增加购买欲望。为了解除顾客对价格太高的疑虑，可在介绍菜品的同时列出菜品的价格。

5. 新闻促销

经调查表明，新闻促销是一种投入小，产出高的一种促销手段，因为新闻报道是记者采写，对顾客来说，可信度大的多，权威性也高。评论、报导等新闻宣传虽然表面不带有明确的推销目的，但它可以通过对观众、听众、和读者的反复强化，使顾客了解企业的产品、企业的人和事，以具体、生动的形象，给顾客留下深刻的印象，为今后的销售奠定基础。

新闻促销的方式主要有：文章评论宣传、新闻宣传、节目宣传等。新闻促销的时机主要有饭店的周年纪念日、本店获得各种荣誉称号、员工获技术大赛奖励、政府部门招待会、名人在本店消费、大型宴会活动等。

6. 网络推销

网络推销是指网上进行销售，是一种快捷、简便地传递宴会销售信息的方式。饭店应安排专人管理相关网页，及时获取和回复顾客的宴会预订咨询。

(一)人员推销

人员推销是指面对面地与顾客洽谈宴会预订业务，向宾客提供信息，进行宴会产品推销。人员推销包括宴会销售部员工面谈推销、通过名人推销、通过回头客推销、饭店员工全员推销等。人员推销与其他形式的推销相比较有以下特点：印象亲切，联系直接，便于直接向顾客推荐餐厅的产品和服务，有机会纠正顾客对本产品和服务的偏见，改变其错误印象，可以随时回答顾客的提问，并可以直接从顾客那里获得明确的肯定承诺和预订。所以，人员销售特别适合于宴会的推销。

1. 宴会销售部员工面谈推销

宴会销售部在日常工作中要建立各种资料信息簿，宴会客史档案，注意当地市场的各种变化，了解本地区的活动开展情况，寻找推销的机会。特别是那些大公司和外商机构的庆祝活动、开幕式、周年庆典、产品获奖、新产品发布会、年度会议等信息都是极有推销意义的。

到公司、企业的办公室上门推销应做到：简短明确地做自我介绍，自报自己的姓名、单位及来访目的。如："早上好！我是××，在××宾馆任职。很想请您代我们承揽一些生意，比如宴会、酒会等。"介绍宴会产品和服务的特点时，要针对所掌握的对方需求产品，引起对方的兴趣，突出本饭店能给予客人的利益和额外利益，还要设法让对方多谈，从谈话中了解对方的真实要求，找到自己的产品和服务与对方要求的一致之处。

面谈推销时要善于掌握与顾客达成共识的最佳时机，商定交易，签订主题宴会预定单。一旦签订了订单，还要进一步保持联系，采取跟踪措施，逐步达到确认预订。即使最终不能成交，也能通过分析原因，总结经验，与对方继续保持联系，争取再次向对方进行推销的机会。

2. 通过回头客推销

顾客也是餐饮生产活动的参与者，因此，宴会营销的核心之一是保住老顾客。顾客与顾客之间的关系及消费倾向，对其他人的消费行为也会产生影响。同时，保持老顾客比开发新顾客投入的成本要少得多。对于服务业来说，顾客的需求越来越高，对服务标准的要求也在不断提高，随着顾客期望值的不断变化，竞争对手们往往把赢得老顾客看作具有竞争性的有力武器。

餐饮企业最常用的保住老顾客的方法是：建立顾客档案，除经常对宾客进行各种形式的回访外，还要分析宾客的兴趣、爱好，区别对待每一类顾客，使服务具有个性化色彩。

3. 饭店员工全员推销

全员推销是指在饭店和宴会部门工作的一切人员，只要面临推销机会，就应积极地推销本饭店的产品和服务。在宴会销售活动中，参加产品和服务推销工作的人员不仅仅是餐饮销售部门的专职人员，还包括许多其他人员，如宴会厅服务员、厨师等。在客人购买和使用宴会产品时，服务人员与客人接触的机会最多，这就意味着他们推销宴会产品的机会也最多。他们往往通过周到细致的服务和销售技巧，为宴会推销大量的产品和服务，创造十分可观的收入。

二、主题宴会内部推销

餐厅的环境、气氛情调、清洁卫生是宴会厅的无形推销，直接影响到客人的就餐情趣和满意程度。

（一）宴会厅环境推销

宴会厅的环境是通过内部装潢设计格局、空间处理、家具陈设、色彩、灯光及温度、湿度控制等方面营造出来的。

1. 清洁卫生

顾客外出用餐，把餐饮的清洁卫生作为最基本的要求。因此，清洁是餐饮的命脉，是企业竞争的焦点，是争取回头客的基本保证。

宴会厅的清洁卫生包括各个方面：环境卫生、厨房操作卫生、菜肴卫生、员工个人卫生等。因此，宴会厅的卫生管理任务是：保持餐厅内外环境卫生，各服务岗位和服务员个人卫生，制定卫生标准和达标要求，并认真实施和监督，使清洁卫生工作做到制度化、标准化和经常化。要求宴会厅内部的天花板、墙面、吊灯干净，地面、桌椅光洁整齐，餐具清洁卫生，包括餐厅的后台，厨房也必须保持干净。凡经营成功的现代化宴会厅，都视清洁卫生为企业的生命线，进行了比较大的投入，除了日常清洁外，在重要宴会前、节假日前或营业淡季，都要对宴会厅的环境进行较彻底的清洁和整修，并十分重视餐饮操作和服务过程的卫生管理，如宴会厅的洗手间不但干净清洁，而且备有感应式洗手液、烘手器，放有绿色盆景，再加以抒情的背景音乐，会使客人感到心旷神怡。

2. 宴会厅的气氛与情调

宴会厅是饭店最主要的宴饮场所，也是重点装饰对象。它往往同时兼作多功能大厅。除了承接大型宴会外，还可供会议、展览、电影、舞会、表演等使用。因此主题宴会厅通过环境的设计，营造某一主题特色，强调环境和文化内涵，以此吸引客人消费。

无论装修何种类型的宴会厅，遵循的基本原则应该是：因地制宜，因需制宜，古今结合，风格独特，手法多样，重在形色，突出民族特点，体现文化内涵。

（1）宴会厅的装饰

宴会厅的气氛和情调很大的因素在环境布置和装饰上，以此来突出宴会的主题。人们来参加宴会，首当其冲的是视觉形象，所以宴会无论是在室内餐厅还是在花园草地露天举行，重视环境的布置，才能达到理想的效果。因此，设计者一定要在具备民俗、民艺、各地风格及美学知识的基础上，充分利用场地空间，通过宴会厅的装饰、展示台的摆放、座位的布置、菜品的造型等来合理布局，营造就餐环境。

中式宴会厅的装饰布置应有中国风格和特点。根据中国传统的就餐心理，它应该反映富有中国特色的建筑和室内装饰陈设风格，以画栋雕梁、朱红漆大柱子、宫灯、圆洞门等传统装饰来渲染热烈喜庆的气氛。宴会厅的构图中心在主墙面上，现代大型饭店均以大幅壁画对其进行重点装饰。如上海宾馆宴会厅“嘉会堂”的大幅壁画“华堂春满”，吸取了汉代画家的古朴风格；北京长城饭店的宴会厅设计既立足中国风格，又不失现代化风范，整个大厅以红色为基调，木质装修及地毯均为红色，配以金黄色半圆壁柱，顶棚为古铜色氧化铝箔贴面板，顶棚上布置九盏水晶玻璃吊灯作为重点装饰，整个大厅被一种热烈、喜庆的空间气氛和辉煌、华贵的美感所笼罩，象征中国人民热情好客的精神。

西餐宴会厅是最讲究情调的地方，不同的国家有不同的情调，英国式的古典庄重，法国式的活泼明朗，美国式的不拘一格等。如厅内四壁镶着玻璃，屋顶悬挂帷幔，餐桌摆着可点蜡烛的烛盏，气氛舒适、情调高雅。

在布置高档宴会的厅堂时，要处理好“围”与“透”的关系，“突出”与“陪衬”的关系，家具与陈设观赏品的关系，光线、色彩与来宾喜好的关系，做好厅堂的花卉布置和餐桌的设计、餐具的摆放等几项工作。要善于运用内部装修的一切手段，创造适于人们交际、就餐与娱乐的气氛，并且力求表现出各具特色，给人以良好的印象。

主题宴会的环境布置的最终目的是扩大销售量，增加利润，在激烈的竞争中对宴会厅的装饰投资是很有必要的，但关键在于创意，而不是盲目追求材料的高档化，忽视成本控制。

(2)POP 广告推销

POP 广告(Point of Purchase Advertising)促销，又称卖场广告，是指在宴会厅现场的门口、走道、柜台、墙面、天花板，以顾客为对象的彩旗、海报、横幅、陈列品等宣传物进行推销。POP 广告是弥补媒体广告不足的一种促销手段。通过强化销售现场对餐饮顾客的影响力，来刺激顾客增加餐饮产品的购买量。

(3)餐具、用具

主题宴会与其他餐饮活动一样，涉及的设备广泛，重视餐具用具的选择更能营造宴会主题的气氛。不同的地方有不同的餐具搭配习惯及独特的风情，如杭州菜中的叫花鸡就必须用的荷叶、木垫板、小锤子；云南的气锅鸡要使用真正的气锅上菜；宁夏的三泡台要用泡茶杯；以森林环保为主题的宴会中可以提供陶制的盘碟来代替常用的瓷器；以海南风光为主题的宴会用椰子盅、芭蕉叶来做器皿。

(4)灯饰

现代的灯具不但用于照明，而且还起到了一定的装饰作用，因此被称为灯饰。宴会厅装饰常常借助于厅内的照明艺术，以进一步控制整个厅内空间气氛与情调。不同类别、不同档次和规模的宴会对餐厅光线的要求不同。例如，西餐厅的照明度适宜偏暗，光线要柔和；中餐宴会厅光色要温暖，要求灯光辉煌，兴高采烈，因此采用金黄或红黄的光色以表现这种气氛。商务宴请是一些单位处于商务上和工作上的需求，这种宴请一般规模较小，往往边吃饭边商谈，因而需要安静的就餐环境，可以采用吊灯与烛光结合方法照明。但是不论何种形式，何种情调，对室内照明设计来说，都要求灯具造型与装修格调相协调。

(5)色彩

人对于颜色的反应与生俱来，尤其随着人们生活水平的提高，餐厅的色彩对于人们的购买决策起着越来越重要的作用。色彩是无声的促销员，善用色彩的魅力，以智取胜，突破传统定势；以奇制胜，激发人们潜在的消费欲望。

3. 宴会的主题确定

宴会的主题是营销的核心，是贯穿整个营销活动的主线。它决定了宣传促销方式、餐厅装饰、服务形式、娱乐形式、员工制服以及用具选择等具体内容。一个成功的宴会，必须主题明确，营销的策划才会有明确的定位，才能够将活动中的各环节、各因素有机地组合起来。

确定主题前，要求管理人员广泛调查研究，了解市场行情，根据市场需求和自身条件进行策划。主题的确定要有鲜明的个性，引人注目，简明易懂。策划的主题越简单明了，也就越易被公众接受；越明快透彻，也便能得到更广泛的传播。

中华饮食历史悠久，饮食文化博大精深，其宴会主题命名极其讲究，富有文化内涵。标新立异、独树一帜的主题往往最能吸引人，选用怎样的主题，取决于顾客的宴请目的、爱好、并体现文化气息。如随着澳门回归进入倒计时，澳门饮食业别出心裁地设计了“回归宴”。澳门南粤酒店的“回归宴”菜谱上有由龙虾、乳猪、鱼翅等组成的丰盛菜式，每道菜都有一个充满回归气息的新名字:“竹笙鸡炖翅”更名为“庆歌升辉展翅新”，“干烧伊面”也有了“国富家强长寿年”的美名。令人叫绝的是“回归宴”除点心外的十道名菜，首尾两字连起来，分别是“热烈庆祝澳门回归祖国”和“迈向新世纪齐迎千禧年”。

(二)主题宴会席间娱乐推销

宴会的娱乐形式很多，有书法、绘画、杂技、歌舞、演唱会等。以乡土为主题的宴会，其娱乐形式要突出热闹、平民化的特点；以国宴、正式宴会为主题要体现隆重、热烈的氛围。因此，娱乐形式与宴会活动相结合，一定要从总体出发，从目标顾客、餐厅的具体风格和情况去考虑，使娱乐强化主题，使顾客理解内涵。主题宴会席间娱乐活动设计方法详见本书第五章第三节。

娱乐形式和餐饮经营相结合的主旨是促进宴会销售，娱乐活动无论是免费开放还是计价收费，都必须根据宴会预算的运做资金，将娱乐活动费用计入成本，合理开支，发挥娱乐活动在宴会经营中的最大经济利益。

背景音乐是主题宴会必不可少的娱乐形式。由音乐组成的背景是无形的促销，它通过声音的传播，影响人的心理，产生一种预期的遐想意境。背景音乐所表现出的民俗风情、自然景色、精神内涵等历史文化渊源，都是反映主题的极好素材。主题宴会背景音乐的表现形式和体裁内容很广泛，但有别于饭店日常所播放的曲目，例如国宴上乐队演奏两国国歌，婚宴上的《婚礼进行曲》，生日宴会上的《祝你生日快乐》，中餐宴会上的民族音乐《塞上曲》、《梅花三弄》、《百鸟朝凤》等，春节选用《春节序曲》、《步步高》、《喜洋洋》、《新春乐》、《金蛇狂舞》、《娱乐升平》等；江浙沪风味的主题宴会，选用《紫竹调》、《茉莉花》、《采花舞曲》、《太湖美》、《姑苏行》、《杨柳青》、《小小无锡景》、《月儿弯弯照九州》等音乐作品；北方风味主题宴会，选用《小放牛》、《走西口》、《对花》、《绣金匾》、《山丹丹开花红艳艳》等；圣诞节选用《平安夜》、《伟大的时刻》、《白色的圣诞》、《圣诞快乐》、《圣诞之夜》、《银铃》等；西餐宴会上的西方古典音乐如莫扎特的钢琴曲、萧帮的小乐曲等；以表现意大利风情的主题宴会，可选用《桑塔·露琪亚》、《重归苏莲托》、德里戈的《小夜曲》等。同时，背景音乐要与宴会的进程相一致，如迎宾时的《迎宾曲》、祝酒时的《祝酒歌》、席间的《步步高》和送客时的《欢送进行曲》等。餐厅的音乐属于典型的背景音乐,其音量的大小控制在以不影响餐桌两人对面轻声讲话为宜。音乐的主题应以欢快、轻松为宜,使客人在恬静典雅的环境中轻松地用餐。主题宴会背景音乐设计方法详见本书第五章第三节内容。

舞台设计时所应掌握的基本原则是:确认宴会主题、形式新颖独特，符合宴会需求，注意灯光设置。一个成功的舞台布置好需经过巧妙的设计，搭配所需的硬件设备，如灯光、投射灯、音响设备等，辅以花卉的自然美与人工布景的修饰美相结合的艺术造型，为宴会营造出一种欢快气氛。

（三）菜单酒单促销

宴会菜单、酒单是宴会产品进行介绍和推销的宣传品。在顾客预订宴会时，需要使用宴会菜单、酒单样本推销，因此，饭店根据目标市场的消费档次多准备几套风味、价格不同宴会菜单、酒单样本，宾客即可以按菜单的组合选择，也可以从菜单中挑出一些自己感兴趣的菜肴进行组合搭配。菜单上最好附上特色菜肴的照片，进一步吸引客人的购买欲望 。在编排菜肴时，除需注意菜品的色、香、味、形、器及菜肴的搭配外，还应注意菜品的营养价值。

某个主题宴会一旦确定下来，就需要打印宴会菜单。宴会菜单一般置于就餐台面上，使其具有一定的推销和收藏价值，来宾往往作为宴会活动的纪念品带走。菜单的制作应精美，菜单的装饰风格要与餐厅服务内容、餐厅装饰风格相协调。宴会酒水饮料的选择也要与宴会的主题协调，要根据酒水的种类、价格的高低分类，吸引不同需求的客人。

（四）员工促销

餐厅每一个员工都是推销员，他们的外表，服务技能、工作态度都是对宴会产品的无形推销。

1.员工形象推销

（1）着装

统一、整洁、得体的服饰是提高宴会经营水准，规范服务行为，体现个性特色，强化企业形象的重要方面。员工服饰是餐饮企业的名片和徽章，也是企业形象的重要组成部分。宴会服务员着装应清洁整齐、统一。要佩带员工工牌，既可以培养员工的责任和荣誉感，又方便顾客与工作人员联系。

主题宴会中服务人员的服装也是衬托和渲染主题和气氛的一部分。不同的宴会主题，餐厅的环境布置不同，服务员的服饰装束也应该有所区别。主题宴会服务人员服饰设计方法详见本书第五章第三节内容。

（2）员工的仪表风度

主题宴会服务人员的仪表风度是主题宴会销售的重要组成部分。良好的仪表风度是主题宴会的一种服务、一种宣传，也是一种品牌、一种效益。它的基本要求是：精神振作、仪表端庄、衣冠整洁、热情有礼、诚实可信、精明能干、富有责任心。

2.员工的公关意识和推销技巧

宴会厅的服务人员积极地参与推销，这对于提高餐饮收入具有很大的意义。在宴会服务中，许多顾客都希望成为企业的“关系顾客”，希望得到最亲切的关怀，渴望与服务提供者的关系更加亲密，更加私人化。因此，宴会厅服务员在服务中要强化公关意识，建立、培养、加强与顾客的关系，在提供优质服务的过程中赢得顾客的信任。

服务人员在提供服务的过程应注意推销技巧，如客人走进宴会厅要面带微笑，主动招呼，上菜时要熟悉产品，适时介绍产品的烹调特点、历史典故、强调由哪个名厨师制做，以引起客人的兴趣。在介绍菜肴时还要强调本宴会菜式在原料、烹调方法、口味上的“创新”和“特色”。菜品的介绍不仅要有趣味性，而且还要有针对性，根据客人的特点和心理来介绍推荐菜肴，如针对老年人应重点介绍酥、软、易消化的菜肴，针对外地宾客多介绍本地名菜、名点等，使客人对宴会产品产生美好的印象，留下深刻的记忆。

三、文化理念推销

文化环境体现着餐饮企业经营的特色，它是宴会档次提高的主要依据之一。客人的需求很大程度上不是物质上的，而是心理上的。因此，餐饮企业所能满足顾客的不仅是简单的物质产品，而且还有享受性的精神产品。这种享受性的产品发展到高层次就是文化性，也就是我们常说的“企业气息”。不同主题的宴会在销售中应注意贯穿文化内涵，把各类“文化菜肴”适时地讲解和展示给用餐顾客，让客人了解菜品的文化价值，使客人在物质和精神上都得到满足。

1. 知识促销

知识推销是指餐饮企业在进行宴会产品销售的同时，能够巧妙地把宴会知识或多或少地传输给顾客，使客人在预订或消费的同时获得了新知识，这不仅为顾客今后的消费提供了指导，而且通过这种方式展示了服务人员的素质，缩短了餐饮企业与顾客之间的距离，有助于使顾客成为“回头客”。

2. 绿色促销

绿色促销是一种新型的营销观念，其宗旨是在主题宴会的举办中尽量节约材料消耗，保护地球资源，防止生态污染与恶化，确保人们使用产品的安全、卫生、方便，提高人们的健康水平。引导人们进行绿色消费，培养环境保护意识，优化生存空间等，对于餐饮企业来说，应该积极使用绿色食品，这不仅有利于人们的身体健康，而且也会因餐饮企业能够关注公众，具有社会责任感而得到人们的青睐。

3. 情感促销

激烈的市场竞争创造出纷繁复杂的促销竞争手段。情感促销是一种以产品的个性、形象、文化内涵、情感祈求为主要内容的抽象和感性的竞争方式。它在当前主题宴会营销活动中逐渐处于重要的地位，以致被人们称为“攻心为上”的营销策略，甚至被誉为一种跨世纪的促销观念。

情感促销的优点在于无成本或低成本。如为菜肴产品起个响亮的名称、用微笑获得顾客好感、靠店堂色彩调节顾客情绪等，都是不需要任何成本的感情促销。

4. 健康促销

在生活水平不断提高的今天，各个年龄段的人都越来越重视自己和家人的身体健康。不少餐饮企业以人们的健康为切入点开展主题宴会促销活动，既适应了人们的生理需要，又符合人们的健康心理要求，因而总能立于不败之地。例如针对少年儿童顾客，餐饮企业应适时推出加入维生素的食品，针对老年顾客，则推出有利于舒筋活血、健体强身的滋补或无糖的食品等。健康促销成功的原因就在于企业从关心人们的身心健康出发，宣传自己的产品，使顾客感到餐饮企业同自己的利益是一致的，故容易为顾客所接受。

四、主题宴会推销活动

丰富多彩的活动是主题宴会活力的重要体现。许多饭店为了扩大影响、提高声誉、拓展市场、增加经济效益，还为宾客提供外卖宴会服务、节日促销、季节促销、展示促销等形式多样的推销活动。

1. 外卖宴会服务

外卖服务(Outside Catering)是指饭店员工到宾客驻地或指定地点为其提供宴请服务。

我国的外卖宴会服务起源于宋代，当时的餐饮市场上出现了专门料理有关宴席、婚丧庆吊饮食的组织——“四司六局”。其四司为账设司、厨司、茶酒司和台盘司，六局为果子局、密煎局、菜蔬局、油烛局、香药局和排办局。他们分工合作，承揽筵席的一切事务。到了清代，宴会外卖服务成为一些饭店的经营项目，成为“出堂服务”，即派厨师出堂，上门为客人操办筵席。现在各地都有上门提供宴会服务的厨师，饭店也纷纷推出此项服务。

由于外卖宴会服务对饭店的餐饮生产技术、服务组织、设施设备、现场布置、安全保卫等工作都提出了更高的要求，因此收费较高，一般是宴会价格加上25%的服务费。不同形式的宴会还有不同的最低人数限制和最低价位要求。常见的外卖服务形式有冷餐酒会、鸡尾酒会、中、西餐宴会等。

2. 节日促销

中国的节日很多，近年来随着各种国外“洋节”的进入，这无疑也给餐饮企业带来更多的商机。

春节是中国人的传统大年，也是饭店大打促销战的极好机会。近年来越来越多的家庭选择到饭店吃年夜饭，使之成为餐饮企业的一块大“蛋糕”，各地大大小小的餐馆、饭店纷纷在主题宴会节日促销上下工夫：大年初一是“贺岁宴”，送“压岁钱”；大年初二是“娘家宴”，赠谢母糕点；大年初三则是“朋友欢聚宴”；正月十五是团圆宴。随着中外经济、文化的不断沟通与融合，圣诞节也为广大年轻人所接受，加之各种合资、外资企业圣诞节期间在各大宾馆、饭店举办酒会、宴会活动的增加，在一定程度上也引导了这一消费时尚。还有在一些娱乐设施比较齐全的宾馆，还把客房消费、健身娱乐等同节日宴“捆”在一起，以抽奖、赠礼、免费拍“全家福”等促销手段，吸引更多的顾客。

3. 食品展示推销

(1)现场烹调表演推销

表演促销是指烹调或调酒师运用自己熟练的技术与服务为客人现场展示高超的技艺，使顾客在就餐同时既能够品尝菜肴、酒水的美味，又能够一饱眼福，使味觉与视觉同时得到美的享受，增强消费的吸引力，这是一种极具特色与潜力的促销手段。

目前许多宴会运用这一策略，在餐桌旁，面点师用熟练的技法拉出细如发丝的龙须面、调酒师用花式的调酒技法，让调酒壶在手中上下翻飞，令人惊叹的技术无疑起到了很好的促销效果。

(2)成品陈列推销

实物的展示往往胜于很多文字的描绘，餐厅将烹调得十分美观的菜肴包上保鲜膜后展示在陈列柜里或餐车中，增强了消费吸引力。

(3)原料展示推销

当顾客目睹了鲜活的原料时，容易对质量产生满意感。因此，一些餐厅在门口用水缸养鲜鱼活虾，任凭顾客挑选，厨师按顾客的要求加工烹调，无疑也是一种主题宴会促销手段。

［案例 9－1］

家乡宴

某天，饭店销售部接到政府有关部门的预订：一个由 32 位台湾老人组成的旅游团将来本市，准备入住该饭店，虽然这些客人逗留时间不长，但要求很高。他们大多是浙江宁波籍的古稀老人，都是解放前夕去台湾的。多年来，他们天天惦念家乡，有一个共同的心愿，就是在有生之年亲眼看一看家乡的变化，再亲口尝一尝地地道道的家乡菜。预订员询问了客人的饮食习惯等信息，并通过传真收到了几份台湾客人在上海用餐的菜单，使宴会厅掌握了许多非常有价值的信息。

第二天，旅游团准时抵达饭店时，晚餐设在装饰豪华的宴会厅里。当服务员送上八碟地道的宁波菜时，老人们仿佛似一群孩童般地欢呼起来，不一会儿，黄泥螺、蟹酱、鳗等冷菜便被一扫而光。接下来，服务员送上一道道经过精心制作、口味正宗的热菜，同样被“消灭”干净。晚餐后，宴会厅经理和服务员主动向客人征询意见，台湾客人异口同声地说，这是他们到大陆后吃得最香、最满意、最开心的一顿饭，并向饭店表示诚挚的感谢，表示回台湾后，向亲朋好友推荐该店的家乡宴。

［评析］

客人进饭店有着各种各样的需求，除了生理需求外，还有心理和精神等方面的需求。所以，饭店管理者和服务员还必须研究客人的心理、向往和价值观念，把满足客人的多方面需求作为追求目标，进行科学管理，尽可能为顾客提供超值服务，争取回头客，才能增强企业的竞争能力。

本案例中餐饮销售预订员掌握了客人的消费心理。为接待好这批客人，避免客人吃重复的菜肴，投其所好，他们不遗余力地调查研究，积极地搜集有关信息，为离开宁波近半个世纪的老人们回归故里，设计了一顿地地道道的家乡宴，成功也就在意料之中了。

［案例 9－2］

客人喜欢吃龙虾

一天下午 17：00，北方某饭店 12 号房间的某公司总经理李先生打电话到宴会部，说当晚他想宴请一批客人，要求预定一桌 3000 元标准的宴席，要求 19：30 准时开始，并指名一定要有龙虾，因为其中一位非常重要的客户特别喜欢吃龙虾。

宴会部孙经理接到电话后，立即通知采购员去采购，谁知这两天全市举行烹饪大赛，跑遍整个市场，也找不到一只龙虾，孙经理又联系了邻近的几家饭店，想借用一只，可是恰巧都没有。这时，有人建议向李先生解释一下，换别的高档菜，但孙经理觉得不妥，因为李先生特地说明是他的一位重要客户特别喜欢吃龙虾，换别的菜，李先生肯定不满意，而且也会影响饭店的形象。正当孙经理非常焦急之时，他曾联系过的一家饭店的餐饮部经理告诉他，近郊的某一市场上应该有龙虾，孙经理当机立断，立即通知开车去采购。此时指针已接近 18 ：30。当采购员拿着鲜活的龙虾匆匆赶回饭店时，已是 19 ：20。宴会开始，一切原料皆已准备就绪。当李先生和被宴请的客人看着鲜美的龙虾上桌后，不禁露出满意的微笑。

[评析]

对于“宾客至上”的服务原则，我们不能仅视为口号，而要融合贯通，运用到实际工作中。孙经理正是在坚持这个原则的基础上，不随意向客人说“不”，而是想尽办法，尽最大努力满足客人要求。这不仅体现了孙经理较强的服务意识，也体现了他超前的营销意识。当然，这其中也为自身增添了不少麻烦。然而，当满足了客人要求后，却为饭店带来了声誉，为拓宽今后的业务渠道奠定了基础。因此，我们在工作中，要善于分析问题，总结经验，以替客人着想的态度，用真诚的服务来赢取更多的客人。

[案例 9 –3]

节日宴

近几年来，餐饮业重视开发节日期间的餐饮市场。现代的消费者平时工作繁忙，一放假想轻轻松松过个节，于是许多人走进了酒店，这正是酒店促销的好机会。宝华海景大酒店在主题宴会营销上别出心裁，策划了一个贯穿除夕、元宵、情人节三个节日的主题宴会促销活动。除夕夜，酒店根据消费者的心理，大力推出团圆宴，除了宴会厅外，在饭店的外部也进行了精心的布置，营造了新春祥和、热闹、喜庆的气氛，如在宴会厅举办精彩、刺激的家庭游戏:每桌客人推选出一位家庭“大厨”，为家人烹制一道拿手好菜，赠送每桌一张全家福照片;宫廷晚宴选出“黄阿玛”或“格格”，并赠送礼品;参加抽奖可获免费客房、景点门票等。元宵节推出元宵团圆宴，举办猜灯迷活动。情人节举办烛光晚宴，酒店除赠送玫瑰花、元宵、巧克力之外，还举办“情侣对对碰”等活动。酒店在主题宴会营销上具有独创性，结果活动举办的非常成功，餐厅每天座无虚席。

[评析]

宝华海景大酒店在主题宴会营销活动中的成功，是与企业对消费者深入研究分不开的。首先，企业很好地激发了顾客的需求，他们借助过节的机会，通过向顾客提供节日消费需要的产品，并通过各部门协力推销，诱导顾客对需求的识别，有效地刺激了顾客的消费欲望，其次，酒店为节日的消费市场提供了多项优惠产品，使顾客在众多竞争餐饮产品中进行比较后，选择了本饭店的产品。

〔案例 9 –4〕

中原大酒店 2004 年第三季美食节活动方案

1. 活动名称

日本樱花美食节。本次活动是酒店饮食部 2004 年餐饮计划中的第三次美食节活动。活动主题是以日本樱花节为契机，利用节日加强中日饮食文化交流，突出日本樱花节的主题特色和气氛。

2. 活动时间

2004 年 4 月日本樱花节前 3 天开始，展销时间 20 天，地点选在本酒店日本餐厅。

3. 展销特点

本次美食节以“日本料理”为特色，以樱花节活动为表现形式。主要通过三个方面的策划与设计来突出展销特色。

(1)餐厅门前和过道布置日本樱花树，餐厅室内和边角增加樱花装饰，形成樱花节气氛。

(2)餐厅菜单选择日本樱花节食品。以日本春季、新鲜、开胃菜点为主，配传统日本海鲜。菜单重新设计与印制，形成特色和广泛吸引力。

(3)展销活动期间，餐厅举办日本樱花节踏花、歌舞活动。白天举办樱花节踏花、赏花美食活动，晚间在经过精心布置的日本餐厅表演日式歌舞节目，以增强节日气氛，扩大日本美食销售。

4. 客源组织

主要通过五种方式来宣传组织客源：一是由公关部在《××报》等 4 种报纸上同时连续刊登活动信息；二是在交通台、经济台节目提前 10 天做广告；三是向日本驻华大使馆、主要日资企业客人发出邀请卡；四是向餐厅老客户、回头客发出优惠卡；五是在酒店门前、大厅、电梯和各餐厅前面张贴“日本樱花美食节”活动招贴画。企业要确保樱花节期间每天的日本菜餐产品质量和餐厅服务员质量及卫生质量。

5. 效果预估

经上述努力，日本餐厅 160 个座位预计每天客人数比平时增加 80 ~ 90 人。餐厅上座率能达到 95% 左右，比平时提高 25% ~ 28%。本次樱花美食节活动预计可增加总收入 18.65 ~ 20.38 万元，扣除额外增加的策划、宣传广告和餐厅布置费用，其费用预算为 9.24 万元，整个美食节活动可增加盈利 10 万元左右。若加上日本资助商为推销自己的产品而为本次樱花美食节活动提供的餐厅环境布置赞助费用，则本次美食节可增加盈利 19.5 万元以上。

6. 阶段划分

本次“日本樱花美食节”活动计划 20 天。分为以下阶段来准备和完成。

(1) ×月×日 ~ ×月×日为创意策划阶段。

(2) ×月×日 ~ ×月×日为计划拟定与审批阶段。

(3) ×月×日 ~ ×月×日为菜单设计与原料准备阶段。

(4) ×月×日 ~ ×月×日为广告宣传、公关宣传、客源邀请阶段。本阶段工作与上阶段同时和交叉进行。

(5) ×月×日 ~ ×月×日前完成餐厅环境布置与美化，落实餐厅活动，举行开张剪彩。

(6) ×月×日～×月×日为正式展销阶段，重点做好展销业务组织和控制。

(7) ×月×日前完成本次活动的总结和经营效果分析，向酒店领导全面汇报。

【复习思考题】

1.什么宴会市场营销？4Cs市场营销的主要内容是什么？

2.怎样制定主题宴会的营销策略？

3.主题宴会的客源市场是怎样分类的，如何进行主题宴会市场定位？

4.简述主题宴会的人员推销形式？

5.如何掌握宴会面谈推销？

6.主题宴会内部推销有哪些形式？

7.主题宴会主要有哪些推销活动？

8 通过市场调查研究，分析本区域主题宴会促销活动的类型、方法、业绩。

第十章　典型主题宴会餐台设计实例

● **本章提要**

主题宴会餐台造型设计是主题宴会设计的核心内容之一，本章主要通过各大宾馆、酒店的典型主题宴会餐台设计实例，阐述主题宴会餐台设计的创意与操作手法。

● **学习目标**

1. 明确主题宴会餐台设计的手法和意图。
2. 了解各类主题宴会餐台的创新思路。

主题宴会餐台设计是餐饮服务技能技巧的重要组成部分，它的设计体现了饭店的高级服务水准与高级接待能力。宴会通常要求环境及文化氛围，装饰装潢与宴会主题相和谐，设计应突出主题创意，以顺应时代的潮流，将美好的设想、大胆的构思，融进宴请者特别需要的主题宴会中。下面以几个风格各异的主题宴会餐台设计为实例，以便学习参考。

一、"桂林山水宴"(国宴、商务宴)主题宴会餐台设计说明

设计单位与个人:广西桂林榕湖饭店 ;设计者:肖燕

曾经接待东盟会各国要员

[**餐台造型**]见彩插图 10 - 1

[**设计意图**]

"江作青罗带，山如碧玉簪"是桂林山水的最佳写照。大自然的鬼斧神工，造就了一颗璀璨的东方明珠——山水甲天下的旅游名城桂林。诸多的历代名人，世界各国的国家元首，要人纷至踏来，叹为观止。桂林榕湖饭店国宾楼，特此通过台面设计把桂林山水展示在世界各族人民的面前，歌颂勤劳、智慧的桂林人民用双手装扮美丽的桂林城，为世界各族人民架起了友谊的桥梁。

[**设计手法**]

桂林山水宴，气势堂皇，宴会餐台以金黄、红、浅绿为主色调，红色热烈，黄色至尊，淡绿色典雅，紧扣主题。选用质量上乘的餐具，晶莹剔透水晶杯体、金质餐具进行摆设，显示着尊贵、气派、典雅。中心展台设计别具匠心，利用民族工艺，将技术、艺术融为一体。设计师利用黄色的金丝

绒布精心制作，朵朵黄玫瑰铺在台面尤显尊贵，中心采用形态各异的桂林山石、民族风雨桥、古老的水车和刘三姐、阿牛哥乘坐的小船作为饰物，摆放错落有致，风雨桥寓意着搭建世界各国人民的友谊；刘三姐、阿牛哥的对唱，唱响着世界和平与发展。浅绿色的台布和中心的设计，形成了千峰环立，一水抱城，洞奇石美的独特景观。桂林山水宴会餐台雍荣华贵，气势恢宏，它富足而不失高雅，它传统而不失现代，这组餐台适合于政府宴请贵宾、高级商务洽谈，中国官员宴请外国使臣等。整个设计浑然一体，体现设计者深刻寓意。

二、"商务宴会"主题宴会餐台设计说明

设计单位与个人:顺峰餐饮管理集团

[**餐台造型**]见彩插图 10－2

[**设计意图**]

这是一组中法商务宴会，专为北京科技公司与法国达能公司合作签约而设计的，为中法两国的友谊搭建了桥梁。

[**设计手法**]

宴会主办方是中方公司，设计者选用了对法国贵宾最为尊重的法国国旗的蓝、白、红三色作为宴会设计主色彩。餐台选用了白色台布，台布上分别配两条蓝色、红色的缎带。台裙使用红、蓝两色绸质布料，宴会设计师用灵巧的双手将台裙现场别制成波浪造型。餐台插花采用了独特的风格，它摒弃了传统的圆形插花，大胆地使用了三角造型，其三角型的三边错落有致。三角形正中摆放着中法国旗，它庄严而肃穆。设计者用巴西木叶制作了三组叶状容器，每组容器中分别设计了不同的花型，左上侧使用紫色龙胆为主花，黄色玫瑰为辅花，色彩高贵亮丽，右上侧使用红色玫瑰配以浅粉色百合，热烈而不失温馨；下侧是白色玫瑰与绿色多头玫瑰相间，其色彩淡雅而显青春活力。整个三角造型似中国的万里长城，线条分明而意喻坚固，又似商务活动中的合同条款，清晰而明朗。这样的插花带给了宾主们全新的艺术感受。摆台从主人位开始依次摆放展示盘、金器和水晶杯，最后摆放大红色三明治造型的餐巾花。中法宴请选用红白蓝三色，其主题一望即知。

三、"学士宴"主题宴会餐台设计说明

设计单位与个人:广西桂林溶湖饭店；设计者:肖燕

[**餐台造型**]见彩插图 10－3

[**设计意图**]

进入 21 世纪餐饮业已集时尚和文化于一体，此宴会注重消费者的需求，为学子们、商人们、政客们精心设计的学士宴。

[**设计手法**]

厅堂背面的针葵及金桔的布置正如中国文人傲骨、坚忍、多姿、长青的

风范，墙壁的国画道不尽中国文人墨客的修养与境界。宴会餐台以红色和白色为主色调，不失高贵与热烈，为过于凝重的学士宴增添了生机。餐椅选用粉色椅套，装饰碟选用宝兰色调，更显其优雅的韵味，中心台面创意新颖，构思独特。兰草的矫捷、盆景的傲骨，更显挺拔向上，象征学士文人的清雅、率直，似永不停止的追求。文房四宝摆在台面中心，笔架、狼毫、砚台、镇尺、苍劲有力的楷体书法，展现了五千年璀璨的中国文化。鹅卵石、檀香扇、书签、文人、绣球的摆放错落有致。一盘未下完的棋，尤如学者的风雅、为学士宴添加了柔美的韵味。悠长的中国文化已溶汇于当代饮食之中。这组宴会餐台适用于各种顾客群体，年长的学者，年轻的墨客。闹中思静的企业家，甚至国际友人都可以在这样的环境中，品一杯清酒，享一碟佳肴，畅谈古今，纵横中外，多么的惬意。

四、“壮乡迎宾宴”主题宴会餐台设计说明

设计单位与个人:广西南宁明园新都大酒店;设计者:陈志敏

获第三届广西烹饪大赛宴会餐台设计金奖

[**餐台造型**]见彩照插图 10 -4

[**设计意图**]

“五里不同风，十里不同俗”不同的国家、地区和民族，有不同的风俗习惯，在餐饮消费中更呈现“百花齐放各具千秋”的恢弘气势，作者创作这一壮乡迎宾宴，主要是以壮族为代表的少数民族的奇异的风俗，悦耳的歌声，多姿的舞蹈，绚丽的服饰，在餐桌中构成一幅幅色彩斑斓的民族风情画卷来喜迎佳宾。

[**设计手法**]

宴会选用红色台布作为餐台底垫，上面铺设壮锦台布更显民族特色。台面中心以古典的竹垫衬底，花台采用了小菊、向日葵代表着丰收景象，春雨和巴西叶代表着山涧的流水，作品插出那飘扬的丝带，斜逸的枝叶，优雅的造型和深邃的意境使人仿佛聆听到美妙的山水的音乐与民族的歌舞。台面还选用了竹筒酒壶、绣球及具有壮乡代表的铜鼓为装饰，寓意着壮乡人民以民族的特色营造一个新颖、独特的就餐氛围，搭建一个连接各民族人民团结友谊的桥梁。餐具采用兰花竹子花纹的瓷器摆设，酒杯选用竹节杯与主题呼应，每个餐位上铺设天蓝色的壮锦布垫。餐巾也选用天蓝色壮锦亚麻布，菜单设计选用特色竹签为菜单，与台面主题风格协调，服务员身着壮乡服饰热诚的服务，溶进为宾客特别设计的主题宴会中。浓浓的壮乡色调，更显出壮乡人民的热情好客的古朴浓郁的民族风情。这组宴会，它古朴却不失华丽，适合各类来访、旅游、观光等宾客。

五、“茶宴”主题宴会餐台设计说明

设计单位与个人:广西南宁明园新都大酒店;设计者:何丽华

获第三届广西烹饪大赛宴会餐台设计金奖

[**餐台造型**]见彩插图 10－5

[**设计意图**]

茶叶具有解毒的功效，是一种健康的饮料，伴随着科学技术的发展，茶叶的各种医疗保健功能不断地被发现，茶将重新在人们生活中占据新的地位。饮茶之风更是盛况空前，茶文化热不断升温。它除了日常生活饮茶外还用于交际、议事、庆典、祭祀等方面，而当今中国的茶文化与中国饮食文化，相结合成为茶膳，更具特色。茶宴最突出的健康的理念，它能让您吃出健康，吃出精神，吃出好心情，是中国文化的一朵奇葩，它将一个具有民族特色的古老文化崭新的面貌展现在世人面前。设计同时也展现了以茶叶为菜肴的特色。弘扬了茶文化的内涵与艺术品味。

[**设计手法**]

餐台选用蓝色的落地台布及淡蓝色的四角台布，给人一种淡雅之感。台布中心摆放一个木制茶垫，以茶博、茶壶作容器，采有梅、蓝、竹、菊“四君子”及百合为花材，表现梅的隽秀，兰的飘逸，竹的挺拔，插出两组呼应的清雅的花台，用插花技法表现人们喝酒、品茶、赏花的意境中。餐具选用兰花瓷器、竹子花纹的日式骨碟及竹节杯，每位餐位前方摆上一组紫砂茶具，有茶托、闻香杯、茶杯、茶壶，台面四角分别摆上四个茶荷，在宴前每位客人都能品味到浓浓的中国茶文化。餐巾花型设计与主题密切配合，选用了一片叶(信阳毛尖)、翠叶常青(雪水云绿)、四叶萌芽(冰玉水仙)。菜单设计选用精美的檀香扇，菜肴设计以中国茶叶创制，如“童子敬观音”、“龙井虾仁”、“乌龙卧雪”“御扇茶香骨”等菜肴，表达几千年中国的植茶、制茶、饮茶的历史，通过台面的设计展现了中国的茶作为茶疗，而推动饮食的发展,积极弘扬健康向上的中国茶文化。

这组宴会是一个艺术欣赏品，给人一种在此饮茶，喝酒赏花，作诗的之感。适合文人、政客、商人休闲的宴请活动。

六、“万寿无疆宴”主题宴会餐台设计说明

设计单位与个人:广西南宁明园新都大酒店;设计者:宾玉敏

获第三届广西烹饪大赛宴会餐台设计金奖

[**餐台造型**]见彩插图 10－6

[**设计意图**]

这是一组传统的宴会，通过餐台的设计，表现了中国人们对长者的敬重和对生命自身寿数延锦的热望。

[**设计手法**]

餐台选用红、黄相间的动感台裙，其色彩传统，其造型现代。红的热烈，黄的富贵，使寿宴主题尽显其中。鲜红绸缎椅垫祝贺之意浓重，且是红黄相间动感台裙之延伸。宴会餐台因其主题选用金色和红色相间的丝绸制作台裙。服务员选用宽是桌高 1.5 倍的金色绸缎，另选桌高 0.5 倍的红色丝绸。将其一边与金绸的上三分之一处连接。别台裙时，将上三分之一

金绸缎向外折叠。然后从右至左侧作波浪型动感台裙(一个波浪花的动作分解:将折叠部分向左拉动约5cm固定，然后从固定处向右拉回约10cm，再次固定。波浪花大小无固定限制，但注意一张餐台的波浪花间距要均匀，台裙接口处要处理巧妙)。别好台裙后，用红色绸缎点缀餐台，中心插花座落在红绸之上。红色丝绸莲花宝座衬托了插花的色彩，鲜花中心的笑脸寿星是宴会设计之主笔，两只白鹤摆放在寿星前两侧，仙风傲骨，寿比南山。红艳艳的祝寿花和多头的玫瑰遥相呼应，五支火鹤象征长寿，黄色玫瑰和跳舞兰增添富贵之意。鲜花四周等距离摆放五支寿桃，寓意五福捧寿。整个餐台造型溶汇了子女对长者的孝敬之心与祝福。寿宴餐台选用黄色“万寿无疆”瓷质餐具，餐盘、汤碗、小勺、杯具、茶具均属相同风格，特色的餐具配金黄色餐巾。由于是传统中餐创意的寿宴餐台，设计者选用了餐巾杯花。灵巧的双手折叠出一份鸟语花香。当餐巾花摆放在餐台上时，更烘托了寿宴的气氛。为给客人助兴，宴会特别准备一只祝寿蛋糕。点上蜡烛，一曲生日快乐，情深意浓。摆好的寿宴餐台保留了传统的祝寿色彩，又突出了其艺术创意。寿宴的主人及前来参加宴会的客人们，一定会发自内心地感到满意。

七、“婚宴”主题宴会餐台设计说明

设计单位与个人:广西南宁明园新都大酒店；设计者:丘筠

获第三届广西烹饪大赛宴会餐台设计银奖

[餐台造型]见彩插图10-7

[设计意图]

该宴会的主题为“圣洁的爱”。这是一组中西结合的婚宴台面，将为新人们提供令人难忘的婚礼，设计者通过餐台造型设计，体现出对新人的美好祝福，并在异常欢快的气氛中，让新人如醉如痴地沉浸在无比的幸福之中。

[设计手法]

台面主要以白色、淡粉色来装点，给人以淡雅之感，白色代表了圣洁，粉色象征着爱情。布件采用白色和粉色为主色调。台面中心以反光镜子为转盘，中心的设计与主题密切配合，以白天鹅为容器插出三组呼应台花，在设计上通过天鹅相亲相爱的形势，拼出一个爱心，点明了主题。插花采用玫瑰、百合。粉色的玫瑰是浪漫爱情的象征，白色的百合既代表纯洁又寓意百年好合，反光镜作底衬，更显作品的动感与浪漫。餐具采用淡绿金边垫碟，并配有考究的金边高脚杯，更使台面高雅，口布折花采用了帐篷碟花，设计者为有情人设计了一个温馨的小屋，让有情人终成眷属。在台面的设计上你可感受到一对新人的浪漫的爱情故事。

八、“平安祝福宴”主题宴会餐台设计说明

设计单位与个人:顺峰餐饮管理集团

[餐台造型] 见彩插图 10.-8

[设计意图]

随着中西文化的相互交融，西餐文化的乐趣、情调，对国人影响，设计者精心构思的平安祝福宴，表达了宴请人对宾客祝福的方式。

[设计手法]

餐台选用果绿色及粉红色为主色调，给人以色彩明丽、轻松之感。果绿色的台面中心配上一条粉红色的缎带，层次感强烈，呈现出西洋风格。粉红色的缎带上设计六组台花，插上黄花、青草的枝叶绽放着无比的生命力，六支红蜡烛点燃了宴请人的祝福。餐具选用粉红色展示盘和淡雅花纹的主菜盘，主菜刀叉分别摆在展示盘的左右两侧，水晶高脚杯增添了台面的高雅，餐巾选用与中心相同的粉红色缎带色调与台面呼应。整个台面突出安宁、温馨、和睦，体现了宴请者对宾客平安的祝福。这组宴会适合用于家宴，如，母亲节、父亲节、圣诞节家宴等。

参 考 文 献

1. 蔡万坤:《餐饮管理》。高等教育出版社,1998 年

2. 万光玲编著:《餐饮成本控制》。辽宁科学技术出版社,1998 年

3. 马开良:《餐饮管理与实务》。高等教育出版社,2003 年

4. 陈金标:《宴会设计》。中国轻工业出版社 ,2002 年

5. 周宇:颜醒华《宴席设计实务》。高等教育出版社,2003 年

6. 万光玲、贾丽娟:《宴会设计》。辽宁科学技术出版社,1996 年

7. 蔡万坤 :《餐饮管理》。旅游教育出版社,2004 年

8. 黄浏英:《主题餐厅设计与管理》。辽宁科学技术出版社,2001 年

9. 陈觉:《餐饮服务要点及案例评析》。辽宁科学技术出版社,2004 年

10. 林锐钧:《顺峰餐饮服务管理规范》。中国国际出版集团、新世界出版社 ,2003 年

11. 霍斯特 · 哈尼施:《餐巾折花艺术造型》。百通集团、安徽科学技术出版社, 1998 年

12. 乌丝娜 · 布劳恩 · 伯恩哈德:《餐桌花饰》。宇宙出版公司、安徽科学技术出版社, 2001 年

13. 梁玉社:《餐台设计与布置》。辽宁科学技术出版社,1999 年

14. 万光玲、贾丽娟:《宴会设计》。辽宁科技出版社,1996 年

15. 陈永清:《筵席知识》。中国轻工业出版社,2003 年

16. 丁章华:《中国淮扬菜 · 淮扬宴席菜》。江苏科学技术出版社,2000 年

17. 蔡万坤:《新编酒店餐饮管理》。广东旅游出版社 ,2004 年

读者反馈意见

亲爱的读者：

感谢您对《主题宴会设计》的学习和热爱！为了今后能给您提供更优质的服务，请您抽出宝贵时间填写下面意见反馈表，以便我们更好地对本教材做进一步的改进。同时如果您在使用本教材的过程中遇到了什么问题，或者有什么好的建议，也请您来信、来电告诉我们。

地址：北京市丰台区科学城南极星大厦108室

电话：010－61229894/ 83794590

电子邮箱：caikai6223@263. net　　QQ：649319527　　QQ：1694299827

教材名称：《主题宴会设计》

个人资料：

姓名：＿＿＿＿＿＿年龄：＿＿＿＿＿所在院校/专业＿＿＿＿＿＿＿＿＿

文化程度：＿＿＿＿＿＿＿通讯地址：＿＿＿＿＿＿＿＿＿＿＿＿＿＿＿

联系电话：＿＿＿＿＿＿＿电子信箱：＿＿＿＿＿＿＿＿＿＿＿＿＿＿＿

您使用本书是作为：□指定教材、□选用教材、□辅导教材

您对封面设计的满意度：

□很满意、□满意、□一般、□不满意　改进建议＿＿＿＿＿＿＿＿＿＿＿＿

您对本书印刷质量的满意度：

□很满意、□满意、□一般、□不满意　改进建议＿＿＿＿＿＿＿＿＿＿＿＿

您对本书的总体满意度：

从语言质量角度看：□很满意、□满意、□一般、□不满意

从科技含量角度看：□很满意、□满意、□一般、□不满意

本书最令您满意的是：

□指导明确、□内容充实、□讲解详尽、□实例丰富

您认为本书在哪些地方应进行修改？（可附页）

＿＿＿＿＿＿＿＿＿＿＿＿＿＿＿＿＿＿＿＿＿＿＿＿＿＿＿＿＿＿＿＿

＿＿＿＿＿＿＿＿＿＿＿＿＿＿＿＿＿＿＿＿＿＿＿＿＿＿＿＿＿＿＿＿

您希望本书在哪些方面需进行改进？（可附页）

＿＿＿＿＿＿＿＿＿＿＿＿＿＿＿＿＿＿＿＿＿＿＿＿＿＿＿＿＿＿＿＿

＿＿＿＿＿＿＿＿＿＿＿＿＿＿＿＿＿＿＿＿＿＿＿＿＿＿＿＿＿＿＿＿